Office 2016 for Mac

龙马高新教育 ◎ 编著

苹果电脑办公应用
从入门到精通

北京大学出版社
PEKING UNIVERSITY PRESS

内 容 提 要

本书通过精选案例引导读者深入学习，系统地介绍使用 Office 2016 for Mac 办公应用的相关知识和应用方法。

本书分为 5 篇，共 18 章。第 1 篇"Word 办公应用篇"主要介绍 Office 2016 的安装与设置、Word 的基本操作、使用图片和表格美化 Word 文档，以及长文档的排版等；第 2 篇"Excel 办公应用篇"主要介绍 Excel 的基本操作、Excel 表格的美化、初级数据处理与分析、图表、数据透视表，以及公式和函数的应用等；第 3 篇"PPT 办公应用篇"主要介绍 PPT 的基本操作、图形和图表的应用，以及幻灯片的放映与控制等；第 4 篇"高效办公篇"主要介绍 Outlook 办公应用以及 OneNote 办公应用等；第 5 篇"办公秘籍篇"主要介绍办公中不得不了解的技能及 Office 组件之间的协作等。

在本书附赠的 DVD 多媒体教学光盘中，包含了 11 小时与图书内容同步的教学录像及所有案例的配套素材和结果文件。此外，还赠送了大量相关学习内容的教学录像及扩展学习电子书等。为了满足读者在手机和平板电脑上学习的需要，光盘中还赠送龙马高新教育手机 APP 软件，读者安装后可观看手机版视频学习文件。

本书不仅适合计算机初、中级用户学习，也可以作为各类院校相关专业学生和计算机培训班学员的教材或辅导用书。

图书在版编目（CIP）数据

Office 2016 for Mac 苹果电脑办公应用从入门到精通 / 龙马高新教育编著 . — 北京：北京大学出版社 ,2018.9

ISBN 978-7-301-29601-1

Ⅰ . ① O… Ⅱ . ①龙… Ⅲ . ①办公自动化 — 应用软件 Ⅳ . ① TP317.1

中国版本图书馆 CIP 数据核字 (2018) 第 123480 号

书　　　名	Office 2016 for Mac 苹果电脑办公应用从入门到精通
	Office 2016 for Mac PINGGUO DIANNAO BANGONG YINGYONG CONG RUMEN DAO JINGTONG
著作责任者	龙马高新教育　编著
责任编辑	尹毅
标准书号	ISBN 978-7-301-29601-1
出版发行	北京大学出版社
地　　　址	北京市海淀区成府路 205 号　100871
网　　　址	http://www.pup.cn　　新浪微博：@ 北京大学出版社
电子信箱	pup7@ pup.cn
电　　　话	邮购部 62752015　发行部 62750672　编辑部 62570390
印　刷　者	三河市博文印刷有限公司
经　销　者	新华书店
	787 毫米 ×1092 毫米　16 开本　24 印张　598 千字
	2018 年 9 月第 1 版　2018 年 9 月第 1 次印刷
印　　　数	1—3000 册
定　　　价	69.00 元

前言

Office 2016 for Mac 很神秘吗？

不神秘！

学习 Office 2016 for Mac 难吗？

不难！

阅读本书能掌握 Office 2016 for Mac 的使用方法吗？

能！

为什么要阅读本书

Office 是现代公司日常办公中不可或缺的工具，主要包括 Word、Excel、PowerPoint 等组件，被广泛地应用于财务、行政、人事、统计和金融等众多领域。本书从实用的角度出发，结合应用案例，模拟了真实的办公环境，介绍 Office 2016 for Mac 的使用方法与技巧，旨在帮助读者全面、系统地掌握 Office 2016 for Mac 在办公中的应用。

本书内容导读

本书分为 5 篇，共 18 章，内容如下。

第 0 章 共 5 段教学录像，主要介绍 Office 的最佳学习方法，使读者在阅读本书之前对 Office 有初步了解。

第 1 篇（第 1 ~ 4 章）为 Word 办公应用篇，共 36 段教学录像，主要介绍 Word 中的各种操作。通过对本篇的学习，读者可以掌握 Office 2016 的安装与设置，在 Word 中进行文字录入、文字调整、图文混排及在文字中添加表格和图表等操作。

第 2 篇（第 5 ~ 10 章）为 Excel 办公应用篇，共 50 段教学录像，主要介绍 Excel 中的各种操作。通过对本篇的学习，读者可以掌握如何在 Excel 中输入和编辑工作表、美化工作表及 Excel 中数据的处理与分析等。

第 3 篇（第 11 ~ 13 章）为 PPT 办公应用篇，共 27 段教学录像，主要介绍 PPT 中的各种操作。通过对本篇的学习，读者可以学习 PPT 的基本操作、图形和图表的应用及幻灯片的放映与控制等操作。

第 4 篇（第 14 ~ 15 章）为高效办公篇，共 8 段教学录像，主要介绍 Outlook 办公应用及 OneNote 办公应用等。

第 5 篇（第 16 ~ 17 章）为办公秘籍篇，共 10 段教学录像，主要介绍计算机办公中常用的技能，如打印机的使用等，以及 Office 组件之间的协作等。

📘 选择本书的 N 个理由

❶ 简单易学，案例为主

以案例为主线，贯穿知识点，实操性强，与读者的需求紧密吻合，模拟真实的工作学习环境，帮助读者解决在工作中遇到的问题。

❷ 高手支招，高效实用

每章最后提供实用技巧，满足读者的阅读需求，也能解决在工作学习中一些常见的问题。

❸ 举一反三，巩固提高

每章案例讲述完后，提供一个与本章知识点有关或类型相似的综合案例，帮助读者巩固和提高所学内容。

❹ 海量资源，实用至上

光盘中赠送大量实用的模板、实用技巧及学习辅助资料等，便于读者结合光盘资料学习。另外，本书赠送《高效能人士效率倍增手册》，在强化读者学习的同时也可以在工作中提供便利。

☢ 超值光盘

❶ 11 小时名师视频指导

教学录像涵盖本书所有知识点，详细讲解每个实例及实战案例的操作过程和关键点。读者可更轻松地掌握 Office 2016 for Mac 软件的使用方法和技巧，而且扩展性讲解部分可使读者获得更多的知识。

❷ 超多、超值资源大奉送

随书奉送 Office 2016 for Mac 软件安装指导录像、本书素材和结果文件、通过互联网获取学习资源和解题方法、办公类手机 APP 索引、办公类网络资源索引、苹果电脑常用快捷键查询手册、Office for Mac 2016 常用快捷键、500 个 Office 常用模板、500 个苹果 iWork 套件模板、Excel 函数查询手册、Office 十大实战应用技巧、《手机办公 10 招就够》手册、《微信高手技巧随身查》电子书、《QQ 高手技巧随身查》电子书、《高效人士效率倍增手册》电子书等超值资源，以方便读者扩展学习。

❸ 手机 APP，让学习更有趣

光盘附赠了龙马高新教育手机 APP，用户可以直接安装到手机中，随时随地问同学、

问专家，尽享海量资源。同时，我们也会不定期向用户手机中推送学习中常见难点、使用技巧、行业应用等精彩内容，让用户的学习更加简单有效。扫描下方二维码，可以直接下载手机 APP。

光盘运行方法

1．将光盘印有文字的一面朝上放入光驱中，几秒后光盘就会自动运行。

2．若光盘没有自动运行，可在【计算机】窗口中双击光盘盘符，或者双击【MyBook.exe】光盘图标，光盘就会运行。播放片头动画后便可进入光盘的主界面，如下图所示。

3．单击【视频同步】按钮，打开【视频教学录像】文件夹，如下图所示，双击要播放文件夹下的视频，即可使用计算机中安装的播放器播放相应的教学录像。

4. 主界面上还包括龙马高新教育 APP 软件安装包、素材文件、结果文件、赠送资源、使用说明和支持网站 6 个功能按钮，单击即可打开相应的文件或文件夹。

5. 单击【退出】按钮，即可退出光盘系统。

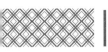 本书读者对象

1. 没有任何办公软件应用基础的初学者。

2. 有一定办公软件应用基础，想精通 Office 2016 for Mac 的人员。

3. 有一定办公软件应用基础，没有实战经验的人员。

4. 大专院校及计算机培训学校的教师和学生。

后续服务：QQ 群（218192911）答疑

本书为了更好地服务读者，专门设置了 QQ 群为读者答疑解惑，读者在阅读和学习本书过程中可以把遇到的疑难问题整理出来，在"办公之家"群里探讨学习。另外，群文件中还会不定期上传一些办公小技巧，帮助读者更方便、快捷地操作办公软件。"办公之家"QQ群的群号是 218192911（如果 QQ 群已满，请联系管理员），读者也可直接扫描下方二维码加入本群。欢迎加入"办公之家"！

创作者说

本书由龙马高新教育策划，左琨任主编，李震、赵源源任副主编，为您精心呈现。您读完本书后，会惊奇地发现"我已经是 Office 办公达人了"，这也是让编者最欣慰的结果。

在编写过程中，我们竭尽所能地为您呈现最好、最全的实用功能，但仍难免有疏漏和不妥之处，敬请广大读者不吝指正。若您在学习过程中产生疑问，或有任何建议，可以通过 E-mail 与我们联系。

读者邮箱：2751801073@qq.com

投稿邮箱：pup7@pup.cn

目 录 CONTENTS

第 1 篇　Word 办公应用篇

第 1 章　快速上手——Office 2016 的安装与设置

📽 本章 5 段教学录像

　　使用 Office 2016 软件之前，首先要掌握 Office 2016 的安装与基本设置，本章主要介绍 Office 2016 的安装与卸载、启动与退出、Microsoft 账户、修改默认设置等操作。

🎓 高手支招

第 2 章　Word 的基本操作

📽 本章 12 段教学录像

　　使用 Word 可以方便地记录文本内容，并能够根据需要设置文字的样式，从而制作总结报告、租赁协议、请假条、邀请函、思想汇报等说明性文档。本章主要介绍输入文本、编辑文本、设置字体格式、段落格式、添加页面背景及审阅文档等内容。

高手支招

第 3 章　使用图片和表格美化 Word 文档

📽 本章 9 段教学录像

　　一个图文并茂的文档，不仅看起来生动形象、充满活力，还可以使文档更加美观。在 Word 中可以通过插入艺术字、图片、自选图形、表格及图表等展示文本或数据内容。本章就以制作店庆活动宣传页为例介绍使用图片和表格美化 Word 文档的操作。

高手支招

第 4 章　Word 高级应用——长文档的排版

🎬 本章 10 段教学录像

　　在办公与学习中，经常会遇到包含大量文字的长文档，如毕业论文、个人合同、公司合同、企业管理制度、公司培训资料、产品说明书等，使用 Word 提供的创建和更改样式、插入页眉和页脚、插入页码、创建目录等操作，可以方便地对这些长文档进行排版。本章就以制作礼仪培训资料为例，介绍一下长文档的排版技巧。

第 2 篇　Excel 办公应用篇

第 5 章　Excel 的基本操作

📹 本章 11 段教学录像

    Microsoft Excel 提供了创建工作簿、工作表、输入和编辑数据、插入行与列、设置文本格式、页面设置等基本操作，可以方便地记录和管理数据，本章就以制作公司员工考勤表为例介绍 Excel 表格的基本操作。

第 6 章　Excel 表格的美化

📹 本章 7 段教学录像

    工作表的管理和美化是制作表格的一项重要内容，通过对表格格式的设置，可使表格的框线、底纹以不同的形式表现出来；同时还可以设置表格的条件格式，重点突出表格中的特殊数据。Microsoft Excel 为工作表的美化设置提供了方便的操作方法和多项功能。

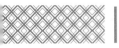
第7章 初级数据处理与分析

📀 本章 8 段教学录像

在工作中，经常对各种类型的数据进行处理和分析。Excel 具有处理与分析数据的能力，设置数据的有效性可以防止输入错误数据；使用排序功能可以将数据表中的内容按照特定的规则排序；使用筛选功能可以将满足用户条件的数据单独显示；使用条件格式功能可以直观地突出显示重要值；使用合并计算和分类汇总功能可以对数据进行分类或汇总。本章就以统计商品库存明细表为例，介绍使用 Excel 处理和分析数据的操作。

第8章 中级数据处理与分析——图表

📀 本章 7 段教学录像

在 Excel 中使用图表，不仅能使数据的统计结果更直观、更形象，还能够清晰地反映数据的变化规律和发展趋势，使用图表可以制作产品统计分析表、预算分析表、工资分析表、成绩分析表等。本章主要介绍创建图表、图表的设置和调整、添加图表元素及创建迷你图等操作。

🛠 高手支招

第9章 中级数据处理与分析——数据透视表

🎬 本章8段教学录像

数据透视表可以清晰地展示数据的汇总情况，对于数据的分析、决策可以起到至关重要的作用，本章以制作办公用品采购透视表为例学习创建数据透视表、编辑透视表的方法。

🛠 高手支招

第10章 高级数据处理与分析——公式和函数的应用

🎬 本章9段教学录像

公式和函数是 Excel 的重要组成部分，灵活使用公式和函数可以节省处理数据的时间，降低在处理大量数据时的出错率，大大提高数据分析的能力和效率。本章将通过介绍输入和编辑公式、单元格的引用、名称的定义与使用、使用函数计算工资等操作制作一份员工工资明细表。

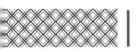
高手支招

第 3 篇 PPT 办公应用篇

第 11 章 PPT 的基本操作

▣ 本章 11 段教学录像

　　在职业生涯中，会遇到包含文字与图片和表格的演示文稿，如个人述职报告、公司管理培训 PPT、企业发展战略 PPT、产品营销推广方案等，使用 Microsoft PowerPoint 提供的为演示文稿应用主题、设置格式化文本、图文混排、添加数据表格、插入艺术字等操作，可以方便地对这些包含图片的演示文稿进行设计制作。

高手支招

第 12 章 图形和图表的应用

▣ 本章 9 段教学录像

　　在职业生活中，会遇到包含自选图形、SmartArt 图形和图表的演示文稿，如产品营销推广方案、设计企业发展战略 PPT、个人述职报告、设计公司管理培训 PPT 等，使用 Microsoft PowerPoint 提供的自定义幻灯片母版、插入自选图形、插入 SmartArt 图形、插入图表、添加动画效果等操作，可以方便地对这些包含图形图表的幻灯片进行设计制作。

第 13 章 幻灯片的放映与控制

本章 7 段教学录像

在商务办公中，完成商务会议 PPT 后，需要放映幻灯片。放映时要做好放映前的准备工作，选择 PPT 的放映方式，并要控制放映幻灯片的过程。例如，商务会议 PPT 的放映、论文答辩 PPT 的放映等，使用 Microsoft PowerPoint 提供的排练计时、自定义幻灯片放映、使用画笔来做标记等操作，可以方便地对这些幻灯片进行放映与控制。

第 4 篇 高效办公篇

第 14 章 Outlook 办公应用——使用 Outlook 处理办公事务

本章 3 段教学录像

Microsoft Outlook 是 Office 2016 办公软件中的电子邮件管理组件，其方便的可操作性和全面的辅助功能为用户进行邮件传输和个人信息管理提供了极大的方便。本章主要介绍配置 Microsoft Outlook、Microsoft Outlook 的基本操作、管理邮件和联系人、安排任务及使用日历等内容。

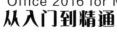
第 15 章 OneNote 办公应用——收集和处理工作信息

本章 5 段教学录像

Microsoft OneNote 是一款数字笔记本，用户使用它可以快速收集和组织工作、生活中的各种图文资料，与 Office 2016 的其他办公组件结合使用，可以大大提高办公效率。

第 5 篇 办公秘籍篇

第 16 章 办公中不得不了解的技能

本章 5 段教学录像

打印机是自动化办公中不可缺少的组成部分，是重

要的输出设备之一，具备办公管理所需的知识与经验，能够熟练操作常用的办公设备是十分必要的。本章主要介绍连接并设置打印机、打印 Word 文档、打印 Excel 表格、打印 PowerPoint 演示文稿的方法。

第 17 章 Office 组件之间的协作

本章 5 段教学录像

在办公过程中，经常会遇到诸如在 Word 文档中使用表格的情况，而 Office 组件之间可以很方便地进行相互调用，提高工作效率。

第0章

Office 最佳学习方法

本章导读

Office 2016 主要包括 Microsoft Word、Microsoft Excel、Microsoft PowerPoint、Microsoft Outlook、Microsoft OneNote 等常用组件，作为最常用的办公系列软件之一，Office 2016 受到广大办公人士的喜爱。本章就从 Office 可以在哪些领域应用为出发点，介绍学习 Office 的最佳方法。

思维导图

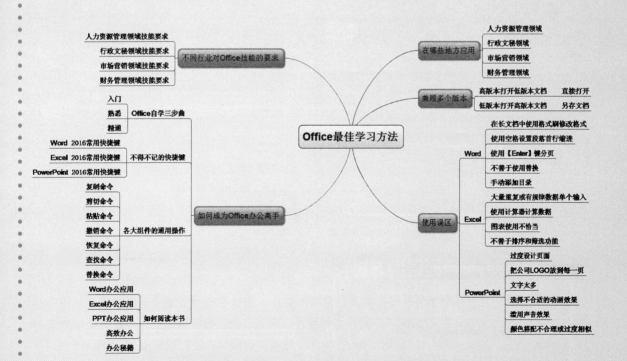

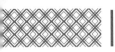
0.1 Office 都可以在哪些地方应用

Office 2016 是微软办公软件的集合，主要包括 Microsoft Word、Microsoft Excel、Microsoft PowerPoint、Microsoft OneNote、Microsoft Outlook 等组件和服务。通过 Office 2016，可以实现文档的编辑、排版和审阅，表格的设计、排序、筛选和计算，演示文稿的设计和制作，邮件的接收与发送、整理与共享笔记等多种功能。

Office 应用范围比较广泛，不管是工作、生活还是学习中，都会经常使用 Office 软件。例如，在工作中可以使用 Office 制作各类办公文档，在生活中可以使用 Office 软件记录日常开销、制定个人合同文档，在学习中可以使用 Office 记笔记、制订学习计划、整理文档集等。

在办公方面，Office 2016 主要应用于人力资源管理、行政文秘管理、市场营销和财务管理等领域。

1. 在人力资源管理领域的应用

人力资源管理是一项系统又复杂的组织工作。使用 Office 2016 系列应用组件可以帮助人力资源管理者轻松、快速地完成各种文档、数据报表及幻灯片的制作。例如，可以使用 Microsoft Word 制作各类规章制度、招聘启示、工作报告、培训资料等，使用 Microsoft Excel 制作绩效考核表、工资表、员工基本信息表、员工入职记录表等，使用 Microsoft PowerPoint 可以制作公司培训 PPT、述职报告 PPT、招聘简章 PPT 等。下图为使用 Microsoft Word 制作的公司培训资料文档。

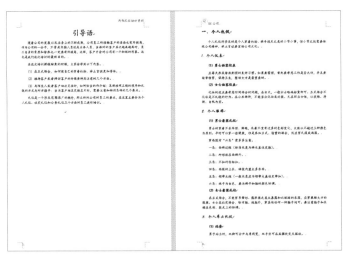

2. 在行政文秘领域的应用

行政文秘主要以协助领导处理政务和日常事务为主，所以在行政文秘管理领域需要制作各类严谨的文档。Office 2016 系列办公软件提供批注、审阅及错误检查等功能，可以方便地核查和制作的文档。例如，使用 Microsoft Word 制作委托书、合同等；还可以使用 Microsoft Excel 制作项目评估表、会议议程记录表、差旅报销单等；使用 Microsoft PowerPoint 制作公司宣传

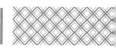
PPT、商品展示 PPT 等。下图所示为使用 Microsoft PowerPoint 制作的公司宣传 PPT。

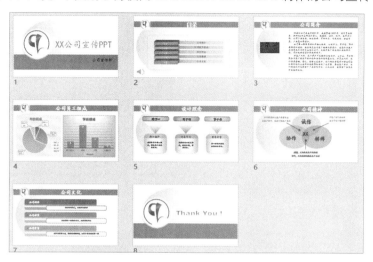

3. 在市场营销领域的应用

在市场营销领域，可以使用 Microsoft Word 制作项目评估报告、企业营销计划书等，使用 Microsoft Excel 制作产品价目表、进销存管理系统等，使用 Microsoft PowerPoint 制作投标书、市场调研报告 PPT、产品营销推广方案 PPT、企业发展战略 PPT 等。下图为使用 Microsoft Excel 制作的销售业绩透视表。

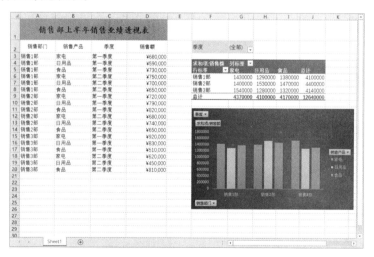

4. 在财务管理领域的应用

财务管理是一项涉及面广、综合性和制约性都很强的系统工程，它是通过价值形态对资金运作进行决策、计划和控制的综合性管理，也是企业管理的核心内容。在财务管理领域，可以使用 Microsoft Word 制作询价单、公司财务分析报告等，使用 Microsoft Excel 制作企业财务查询表、成本统计表、年度预算表等，使用 Microsoft PowerPoint 制作年度财务报告 PPT、项目资金需求 PPT 等。下图为使用 Microsoft Excel 制作的住房贷款速查表。

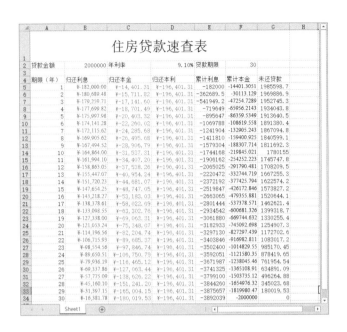

0.2 不同行业对 Office 技能的要求

不同行业的从业人员对 Office 技能的要求不同，下面就以人力资源、行政文秘、市场营销和财务管理等行业为例，介绍不同行业必备的 Word、Excel 和 PPT 技能，如下表所示。

	Word	Excel	PPT
人力资源	1. 文本的输入与格式设置 2. 使用图片和表格 3. Word 基本排版 4. 审阅和校对	1. 内容的输入与设置 2. 表格的基本操作 3. 表格的美化 4. 条件格式的使用 5. 图表的使用	1. 文本的输入与设置 2. 图表和图形的使用 3. 设置动画及切换效果 4. 使用多媒体 5. 放映幻灯片
行政文秘	1. 页面的设置 2. 文本的输入与格式设置 3. 使用图片、表格、艺术字 4. 使用图表 5. Word 高级排版 6. 审阅和校对	1. 内容的输入与设置 2. 表格的基本操作 3. 表格的美化 4. 条件格式的使用 5. 图表的使用 6. 制作数据透视图和数据透视表 7. 数据验证 8. 排序和筛选 9. 简单函数的使用	1. 文本的输入与设置 2. 图表和图形的使用 3. 设置动画及切换效果 4. 使用多媒体 5. 放映幻灯片
市场营销	1. 页面的设置 2. 文本的输入与格式设置 3. 使用图片、表格、艺术字 4. 使用图表 5. Word 高级排版 6. 审阅和校对	1. 内容的输入与设置 2. 表格的基本操作 3. 表格的美化 4. 条件格式的使用 5. 图表的使用 6. 制作数据透视图和数据透视表 7. 排序和筛选 8. 简单函数的使用	1. 文本的输入与设置 2. 图表和图形的使用 3. 设置动画及切换效果 4. 使用多媒体 5. 放映幻灯片

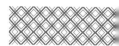

续表

	Word	Excel	PPT
财务管理	1. 文本的输入与格式设置 2. 使用图片、表格、艺术字 3. 使用图表 4. Word 高级排版 5. 审阅和校对	1. 内容的输入与设置 2. 表格的基本操作 3. 表格的美化 4. 条件格式的使用 5. 图表的使用 6. 制作数据透视图和数据透视表 7. 排序和筛选 8. 财务函数的使用	1. 文本的输入与设置 2. 图表和图形的使用 3. 设置动画及切换效果 4. 使用多媒体 5. 放映幻灯片

万变不离其宗：兼顾 Office 多个版本

Office 的版本由 2003 更新到 2016，高版本的软件可以直接打开低版本软件创建的文件。如果要使用低版本软件打开高版本软件创建的文档，就需要先将高版本软件创建的文档另存为低版本类型，再使用低版本软件打开文档进行编辑。下面以 Microsoft Word 为例介绍。

1. Office 2016 打开低版本文档

使用 Office 2013 可以直接打开 Office 2003、Office 2007、Office 2010、Office 2013 版本格式的文件。将 Office 2003 版本格式的文件在 Office 2016 版本的文档中打开时，标题栏中则会显示【兼容模式】字样，如下图所示。

2. 低版本 Office 软件打开 Office 2016 版本的文档

使用低版本 Office 软件也可以打开

Microsoft Word 2016 创建的文件，只需要将其类型更改为低版本类型即可，具体操作步骤如下。

第 1 步 使用 Microsoft Word 2016 创建一个 Word 文档，在 Word 菜单中选择【文件】→【另存为】选项，如下图所示。

第 2 步 弹出保存界面，在【文件格式】下拉列表框中选择【Word 97–2004 文档】选项，单击【保存】按钮即可将其转换为低版本。之后，即可使用 Word 2003 打开，如下图所示。

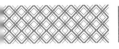

0.4 必须避免的 Office 办公使用误区

在使用Office办公软件办公时，一些错误的操作，不仅耽误文档制作的时间，影响办公效率，看起来还不美观，再次编辑时也不容易修改。下面就简单介绍一些办公中必须避免的 Office 使用误区。

1. Word

① 长文档中使用格式刷修改样式。在编辑长文档，特别是多达几十页或上百页的文档时，使用格式刷应用同一样式是不正确的，一旦需要修改该样式，则需要重新刷一遍，影响文档编辑速度。这时可以打开样式窗格来管理样式，再次修改样式时，只需要在样式窗格中修改，修改之后应用该样式的文本将自动更新为新样式，如下图所示。

② 用空格调整行间距。调整行间距或段间距时，可以使用【段落】对话框中【缩进和间距】选项卡下的【间距】组来设置行间距或段间距，如下图所示。

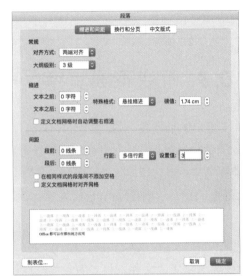

③ 使用空格设置段落首行缩进。在编辑文档时，段前默认情况下需要首行缩进 2 个字符，切忌不可使用空格调整，可以在【段落】对话框【缩进和间距】选项卡下的【缩进】组中来设置缩进，如下图所示。

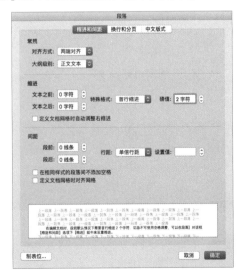

④ 按【Enter】键分页。使用【Enter】

键添加换行符可以达到分页的目的，但如果在分页前的文本中删除或添加文字，添加的换行符就不能起到正确分页的作用，可以单击【插入】选项卡下的【分页符】按钮或单击【布局】选项卡下的【间隔】按钮，在下拉列表中添加分页符，也可以直接按【Command +Enter】组合键分页，如下图所示。

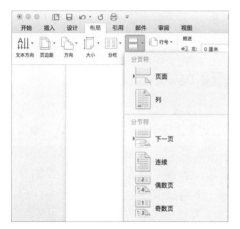

⑤ 用表格对齐特殊文本。如果要求文本在页面某个位置（如距左边界 5 厘米）对齐，部分初学者会使用表格设置，然后隐藏表格边框。这种方法不方便并且不容易修改，此时，可以使用制表位进行对齐，如下图所示。

⑥ 不善于使用替换。当需要在文档中删除或替换大量相同的文本时，一个个查找并进行替换，这样不仅浪费时间，替换操作还可能不完全，这时可以使用【替换】对话框进行替换操作，不仅能替换文本，还能够替换格式，如下图所示。

⑦ 使用复制在跨页表格中添加表头。初学者往往使用复制的方法在跨页表格中添加表头，最快的方法是选择表格后，打开【表格属性】对话框，在【行】选项卡下选中【在各页顶端以标题行形式重复出现】复选框，如下图所示。

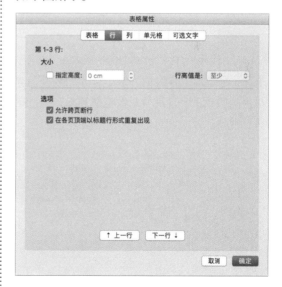

⑧ 手动添加目录。Word 提供了自动提取目录的功能，只需要为需要提取的文本设置大纲级别并为文档添加页码，即可自动生成目录，不需要手动添加，如下图所示。

2. Excel

① 大量重复或有规律数据一个个输入。在使用 Excel 时，经常需要输入一些重复或有规律的大量数据，一个个输入会浪费时间，可以使用快速填充功能输入，如下图所示。

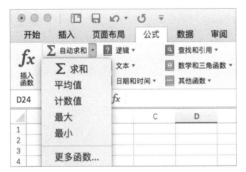

② 使用计算机计算数据。Excel 提供了求和、平均值、最大值、最小值、计数等简单易用的函数，满足用户对数据的简单计算，不需要使用计算机即可准确计算，如下图所示。

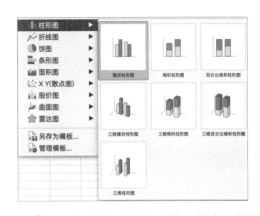

③ 图表使用不恰当。创建图表时首先要掌握每一类图表的作用，如果要查看每一个数据在总数中所占的比例，这时如果创建柱形图就不能准确表达数据，因此，选择合适的图表类型很重要，如下图所示。

④ 不善用排序或筛选功能。排序和筛选功能是 Excel 的强大功能之一，能够对数据表中的数据快速按照升序、降序或自定义序列进行排序，使用筛选功能可以快速并准确筛选出满足条件的数据。

3. PowerPoint

① 过度设计封面。一个用于演讲的 PPT，封面的设计水平和内页保持一致即可。因为第一页 PPT 停留在观众视线里的时间不会很久，演讲者需要尽快进入演说的开场白部分，然后是演讲的实质内容部分，封面不是 PPT 要呈现的重点。

② 把公司 LOGO 放到每一页。制作 PPT 时要避免把公司 LOGO 以大图标的形式放到每一页幻灯片中，这样不仅干扰观众的视线，还容易引起观众的反感情绪。

③ 文字太多。PPT 页面中放置大量的文字，不仅不美观，还容易引起观众的视觉疲劳，给观众留下念 PPT 而不是演讲的印象。因此，制作 PPT 时可以使用图表、图片、表格等展示文字，吸引观众，如下图所示。

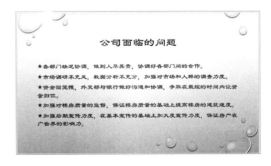

④ 选择不合适的动画效果。使用动画是为了使重点内容等显得醒目，引导观众的思路，引起观众的重视，可以在幻灯片中添加醒目的效果。如果选择的动画效果不合适，就会起到相反的效果。因此，使用动画的时候，要遵循动画的醒目、自然、适当、简化及创意原则。

⑤ 滥用声音效果。进行长时间的讲演时，可以在中间幻灯片中添加声音效果，用来吸引观众的注意力，防止听觉疲劳。但滥用声音效果，不仅不能使观众注意力集中，还会引起观众的厌烦。

⑥ 颜色搭配不合理或过于艳丽。文字颜色与背景色过于近似，如下图中的描述部分的文字颜色不够清晰。

0.5 如何成为 Office 办公高手

1. Office 自学三步曲

学习 Office 办公软件，可以按照下面 3 步进行学习。

第一步：入门
① 熟悉软件界面。
② 学习并掌握每个按钮的用途及常用的操作。
③ 结合参考书能够制作出案例。

第二步：熟悉
① 熟练掌握软件大部分功能的使用。
② 能不使用参考书制作出满足工作要求的办公文档。
③ 掌握大量实用技巧，节省时间。

第三步：精通
① 掌握 Office 软件的全部功能，能熟练制作美观、实用的各类文档。
② 掌握 Office 软件在不同设备中的使用，随时随地办公。

2. 快人一步：不得不记的快捷键

掌握 Office 软件操作中的常用快捷键可以提高文档编辑速度。下面介绍 Word 2016、Excel 2016 及 PowerPoint 2016 中常用的快捷键。

① Word 2016 常用快捷键，如下表所示。

按键	说明
Command +N	创建新文档
Command+O	打开文档
Command +W	关闭文档

续表

按键	说明
Command +S	保存文档
Command +C	复制文本
Command +V	粘贴文本
Command +X	剪切文本
Command +Shift+C	复制格式
Command +Shift+V	粘贴格式
Command +Z	撤销上一个操作
Command +Y	恢复上一个操作
Command +F	打开"导航"任务窗格（搜索文档）
Command +H	替换文字、特定格式和特殊项
向左键（←）或向右键（→）	向左或向右移动一个字符
Command + 向左键（←）	向左移动一个字词
Command + 向右键（→）	向右移动一个字词
Shift+ 向左键（←）	向左选取或取消选取一个字符
Shift+ 向右键（→）	向右选取或取消选取一个字符
Command +Shift+ 向左键（←）	向左选取或取消选取一个单词
Command +Shift+ 向右键（→）	向右选取或取消选取一个单词
Shift+Home	选择从插入点到条目开头之间的内容
Shift+End	选择从插入点到条目结尾之间的内容
Esc	取消操作
Command +B	使字符变为粗体
Command +U	为字符添加下画线
Command + 空格键	删除段落或字符格式

② Excel 2016 快捷键与功能键，如下表所示。

Excel 2016 快捷键

按键	说明
Command +Shift+(	取消隐藏选定范围内所有隐藏的行
Command +Shift+&	将外框应用于选定单元格
Command +Shift+%	应用不带小数位的"百分比"格式
Command +Shift+^	应用带有两位小数的科学计数格式
Command +Shift+@	应用带有小时和分钟及 AM 或 PM 的"时间"格式
Command +Shift+!	应用带有两位小数、千位分隔符和减号（–）（用于负值）的"数值"格式
Command +Shift+*	选择环绕活动单元格的当前区域
Command +Shift+:	输入当前时间
Command +Shift+"	将值从活动单元格上方的单元格复制到单元格或编辑栏中
Command +Shift+ 加号（+）	显示用于插入空白单元格的【插入】对话框
Command + 减号（–）	显示用于删除选定单元格的【删除】对话框
Command +;	输入当前日期

续表

按键	说明
Command +`	在工作表中切换显示单元格值和公式
Command +'	将公式从活动单元格上方的单元格复制到单元格或编辑栏中
Command +A	选择整个工作表 如果工作表包含数据，则按【Command +A】组合键将选择当前区域，再次按【Command +A】组合键将选择整个工作表
Command +B	应用或取消加粗格式设置
Command +C	复制选定的单元格
Command +D	使用【向下填充】命令将选定范围内最顶层单元格的内容和格式复制到下面的单元格中
Command +F	显示【查找和替换】对话框，其中的【查找】选项卡处于选中状态。 按【Shift+F5】组合键也会显示此选项卡，而按【Shift+F4】组合键则会重复上一次【查找】操作
Command +G	显示【定位】对话框
Command +H	显示【查找和替换】对话框，其中的【替换】选项卡处于选中状态
Command +I	应用或取消倾斜格式设置
Command +K	为新的超链接显示【插入超链接】对话框，或者为选定的现有超链接显示【编辑超链接】对话框
Command +N	创建一个新的空白工作簿
Command +O	显示【打开】对话框以打开或查找文件 按【Command +Shift+O】组合键可选择所有包含批注的单元格
Command +R	使用【向右填充】命令将选定范围最左边单元格的内容和格式复制到右边的单元格中
Command +S	使用其当前文件名、位置和文件格式保存活动文件

Excel 2016 功能键

按键	说明
F1	显示【Excel 帮助】任务窗格 按【Opion+F1】组合键可创建当前区域中数据的嵌入图表 按【Opion+Shift+F1】组合键可插入新的工作表
F2	编辑活动单元格并将插入点放在单元格内容的结尾。如果禁止在单元格中进行编辑，它也会将插入点移到编辑栏中 按【Shift+F2】组合键可添加或编辑单元格批注
F3	显示【粘贴名称】对话框。仅当工作簿中存在名称时才可用 按【Shift+F3】组合键将显示【插入函数】对话框
F4	重复上一个命令或操作（如有可能） 按【Command +F4】组合键可关闭选定的工作簿窗口
F5	显示【定位】对话框 按【Command +F5】组合键可恢复选定工作簿窗口的大小
F6	在工作表、功能区、任务窗格和缩放控件之间切换。在已拆分的工作表中，在窗格和功能区之间切换时，按【F6】键可包括已拆分的窗格 按【Shift+F6】组合键可以在工作表、缩放控件、任务窗格和功能区之间切换 如果打开了多个工作簿窗口，则按【Command +F6】组合键可切换到下一个工作簿窗口
F7	显示【拼写检查】对话框，以检查活动工作表或选定范围中的拼写
F8	可执行扩展式选定

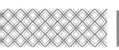

续表

按键	说明
F9	计算所有打开的工作簿中的所有工作表 按【Shift+F9】组合键可计算活动工作表 按【Command +F9】组合键可将工作簿窗口最小化为图标
F10	打开或关闭按键提示 按【Shift+F10】组合键可显示选定项目的快捷菜单 按【Command +F10】组合键可最大化或还原选定的工作簿窗口
F11	在单独的图表工作表中创建当前范围内数据的图表 按【Shift+F11】组合键可插入一个新工作表
F12	显示【另存为】对话框

③ PowerPoint 2016 放映快捷键，如下表所示。

按键	说明
N Enter Page Down 右箭头（→） 下箭头（↓） 空格键	执行下一个动画或换页到下一张幻灯片
P Page Up 左箭头（←） 上箭头（↑） Backspace	执行上一个动画或返回到上一张幻灯片
+Enter	超级链接到幻灯片上
B 或。（句号）	黑屏或从黑屏返回幻灯片放映
W 或，（逗号）	白屏或从白屏返回幻灯片放映
S 或加号	停止或重新启动自动幻灯片放映
Esc Command +Break 连字符 (−)	退出幻灯片放映
E	擦除屏幕上的注释
H	到下一张隐藏幻灯片
T	排练时设置新的时间
O	排练时使用原设置时间
M	排练时使用鼠标单击切换到下一张幻灯片
Command +P	重新显示隐藏的指针或将指针改变成绘图笔
Command +A	重新显示隐藏的指针和将指针改变成箭头
Command +H	立即隐藏指针和按钮
Command +U	在 15 秒内隐藏指针和按钮
Shift+F10(相当于单击鼠标右键)	显示右键快捷菜单
Tab	转到幻灯片上的第一个或下一个超级链接
Shift+Tab	转到幻灯片上的最后一个或上一个超级链接

3. 各大组件的通用操作

Word、Excel 和 PowerPoint 中包含有很多通用的命令操作，如复制、剪切、粘贴、撤销、恢复、查找和替换等。下面以 Word 为例进行介绍。

① 复制命令。选择要复制的文本，单击【开始】选项卡下的【复制】按钮，或者按【Command +C】组合键都可以复制选择的文本。

② 剪切命令。选择要剪切的文本，单击【开始】选项卡下的【剪切】按钮，或者按【Command +X】组合键都可以剪切选择的文本。

③ 粘贴命令。复制或剪切文本后，将鼠标光标定位至要粘贴文本的位置，单击【开始】选项卡下的【粘贴】按钮的下拉按钮，在弹出的下拉列表中选择相应的粘贴选项，或者按【Command +V】组合键都可以粘贴用户复制或剪切的文本。

> **提示**
>
> 【粘贴】下拉列表中各选项含义如下。
>
> 【保留源格式】选项：被粘贴内容保留原始内容的格式。
>
> 【匹配格式】选项：被粘贴内容取消原始内容格式，并应用目标位置的格式。
>
> 【仅保留文字】选项：被粘贴内容清除原始内容和目标位置的所有格式，仅保留文本。

④ 撤销命令。当执行的命令有错误时，可以单击快速访问工具栏中的【撤销】按钮，或者按【Command +Z】组合键撤销上一步的操作。

⑤ 恢复命令。执行撤销命令后，可以单击快速访问工具栏中的【恢复】按钮，或者按【Command +Y】组合键恢复撤销的操作。

> **提示**
>
> 输入新的内容后，【恢复】按钮会变为【重复】按钮，单击该按钮，将重复输入新输入的内容。

⑥ 查找命令。需要查找文档中的内容时，在 Word 菜单中选择【编辑】→【查找】选项，在弹出的级联菜单中选择【查找】或【高级查找和替换】选项，如下图所示。

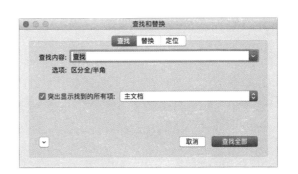

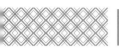

> **提示**
>
> 选择【查找】选项，可以打开【导航】窗格查找。
>
> 选择【高级查找和替换】选项，可以弹出【查找和替换】对话框查找内容。

⑦ 替换命令。需要替换某些内容或格式时，可以使用替换命令。在 Word 菜单中选择【编辑】→【查找】选项，在弹出的级联菜单中选择【高级查找和替换】选项，即可打开【查找和替换】对话框。在【查找内容】和【替换为】文本框中输入要查找和替换为的内容，单击【替换】按钮即可，如下图所示。

4. 如何阅读本书

本书以学习 Office 的最佳结构来分配章节，第 0 章可以使读者了解 Office 的应用领域及如何学习 Office。第 1 篇可使读者掌握 Word 2016 的使用方法，包括 Office 2016 的安装与设置、Word 的基本操作、使用图片和表格美化 Word 文档及长文档的排版。第 2 篇可使读者掌握 Excel 2016 的使用方法，包括 Excel 的基本操作、表格的美化、初级数据的处理与分析、中级数据处理与分析——图表、中级数据处理与分析——数据透视表，以及高级数据处理与分析——公式和函数的应用等。第 3 篇可使读者掌握 PPT 的办公应用，包括 PPT 的基本操作、图形和图表的应用、幻灯片的放映与控制等。第 4 篇可使读者掌握高效办公的技巧，包括 Outlook 的使用、OneNote 的使用。第 5 篇可使读者掌握办公秘籍，包括办公中不得不了解的技能及 Office 组件之间的协作。

第
一
篇

Word 办公应用篇

　　本篇主要介绍 Word 中的各种操作。通过本篇的学习，读者可以学习 Office 2016 的安装与设置、Word 的基本操作、使用图片和表格美化 Word 文档及长文档的排版等操作。

第1章
快速上手——Office 2016 的安装与设置

本章导读

使用 Office 2016 软件之前，首先要掌握 Office 2016 的安装与基本设置，本章主要介绍 Office 2016 的安装与卸载、启动与退出、Microsoft 账户、修改默认设置等操作。

思维导图

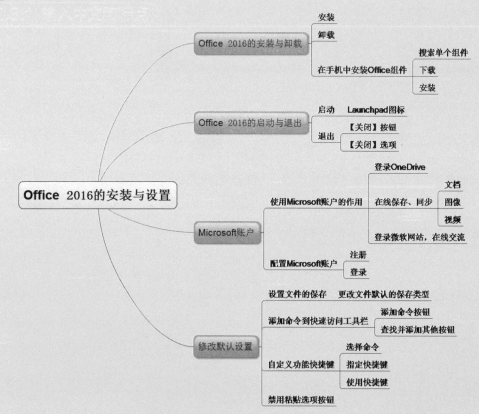

1.1 Office 2016 的安装与卸载

一般情况下，在软件使用之前，首先安装此软件，此过程为安装；如果不想使用此软件，可以将软件从计算机中清除，此过程为卸载。本节介绍 Office 2016 三大组件的安装与卸载。

1.1.1 安装

在使用 Office 2016 之前，首先需要掌握 Office 2016 的安装操作。安装 Office 2016 之前，硬盘需要有 7.45 GB 的可用空间。存储空间达到要求后，即可进行安装，具体操作步骤如下。

第1步 在浏览器中输入网址"https://products.office.com/zh-cn/mac/microsoft-office-for-mac"，进入 Office 官方网站，根据提示下载 Microsoft Office 2016 for Mac，如下图所示。

第2步 在计算机中找到下载的 Office 2016 安装包的位置，打开安装包，双击【Microsoft_Office_2016_15.27.0_161010_Installer.pkg】文件，如下图所示。

第3步 即可打开【安装"Microsoft Office 2016 for Mac"】安装向导，根据提示安装软件，如下图所示。

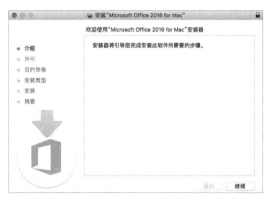

第4步 安装完成后，会弹出提示安装成功界面，如下图所示。

> **┃提示┃:::::::**
>
> 单击【苹果菜单】按钮，在弹出的苹果菜单中选择【关于本机】选项。在弹出的对话框中选择【储存空间】选项卡，在下方区域即可查看苹果电脑的储存空间，如下图所示。

1.1.2 卸载

如果使用 Office 2016 的过程中程序出现问题，可以修复 Office 2016，不需要使用时可以将其卸载，具体操作步骤如下。

第1步 单击 Dock 栏中的 Finder 图标，弹出【我的所有文件】对话框，如下图所示。

第2步 在左侧列表中选择【应用程序】选项，在右侧应用列表中选中 Office 2016 的所有应用并右击，在弹出的快捷菜单中选择【移到废纸篓】选项，如下图所示。

第3步 在 Dock 栏中单击废纸篓图标，打开废纸篓对话框，选中 Office 2016 的所有应用并右击，在弹出的快捷菜单中选择【立即删除】选项，即可将软件卸载，如下图所示。

1.1.3 在手机中安装 Office 组件

Office 2016 推出了手持设备版本的 Office 组件，支持 iPhone、iPad 等，下面就以在苹果手机中安装 Word 软件为例进行介绍。

第1步 在苹果手机中打开【App Store】应用商店，并在搜索框中输入"Word"，点击【搜索】按钮，即可显示搜索结果，如下图所示。

第2步 在搜索结果中点击【Microsoft Word】右侧的【获取】按钮，即可开始下载 Microsoft Word 软件，如下图所示。

第3步 然后点击【安装】按钮，安装软件，如下图所示。

第4步 安装完成，点击【打开】按钮，如下图所示。

第5步 即可打开并进入手机 Word 界面，如下图所示。

| 提示 |

　　使用同样的方法，还可以在手机中安装 Excel 和 PowerPoint 软件，使用手机版本 Office 组件时需要登录 Microsoft 账户。

1.2 Office 2016 的启动与退出

　　使用 Office 办公软件编辑文档之前，首先需要启动软件，使用完成，还需要退出软件。本节以 Microsoft Word 为例，介绍启动与退出 Office 2016 的操作。

1.2.1 启动

　　使用 Microsoft Word 编辑文档，首先需要启动 Microsoft Word，启动 Microsoft Word 的具体操作步骤如下。

第1步 单击 Dock 栏中的 Launchpad 图标，如下图所示。

第2步 在弹出的界面中单击 Microsoft Word 图标，即可启动 Microsoft Word，如下图所示。

第3步 在打开的界面中选择【空白文档】选项，然后单击【创建】按钮，如下图所示。

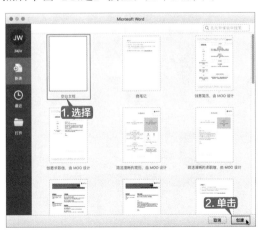

第4步 即可新建一个空白文档，如下图所示。

1.2.2 退出

不使用 Word 时就可以将其退出，退出 Word 文档有以下两种方法。

方法 1：单击 Word 文档左上角的【关闭】
按钮，如下图所示。

方法 2：在应用程序菜单栏选择【文件】→
【关闭】选项，如下图所示。

1.3 随时随地办公的秘诀——Microsoft 账户

使用 Office 2016 登录 Microsoft 账户可以实现通过 OneDrive 同步文档，便于文档的共享
与交流。

1. Microsoft 账户的作用

（1）利用 Microsoft 账户注册 OneDrive（云服务）等应用，可以将要存储的东西上传到云
端，随时随地对其进行查看与修改。

（2）在 Office 2016 中登录 Microsoft 账户，可以实现在线保存 Office 文档、图像和视频等，
用户可随时随地通过其他 PC、手机、平板电脑的 Office 2016，对这些上传到 Microsoft 账户的
文件进行访问、修改及查看。

（3）使用 Microsoft 账户登录微软相关的所有网站，可以和朋友在线交流，当遇到问题时可以向微软的技术人员或微软 MVP 寻求帮助。

2. 配置 Microsoft 账户

登录 Office 2016 不仅可以随时随地处理工作，还可以联机保存 Office 文件，但前提是需要拥有一个 Microsoft 账户并且登录。

第1步 在浏览器中输入网址"https://login.live.com/login.srf?lw=1"，进入 Microsoft 账户登录页面，输入账号，单击【下一步】按钮，如果没有账号，则单击【创建一个】按钮，如下图所示。

第2步 进入"创建账户"页面，在横线上输入账户名称，单击【下一步】按钮。

第3步 进入"创建密码"页面，在横线上输入账户密码，单击【下一步】按钮。

第4步 即可进入 Microsoft 账户的首页，如下图所示。

第5步 启动 Word，并创建一个新的空白文档，单击快速访问工具栏中的【文件】按钮，如下图所示。

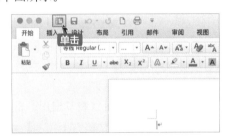

第6步 弹出【Microsoft Word】对话框，单击对话框左侧列表中的【登录】按钮，如下图所示。

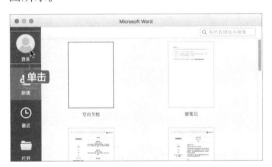

第7步 弹出【登录】界面，在文本框中输入电子邮件地址，单击【下一步】按钮，如下图所示。

第8步 在打开的界面中输入账户密码，单击【登录】按钮，如下图所示。

第9步 登录后即可在【Microsoft Word】对话框左上角显示账户的名称，如下图所示。

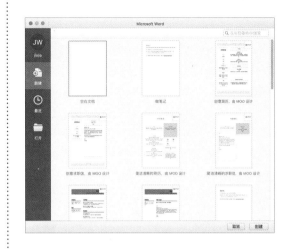

1.4 提高你的办公效率——修改默认设置

Office 2016 各组件可以根据需要修改默认的设置，设置的方法类似，本节以 Microsoft Word 2016 软件为例来讲解 Office 2016 修改默认设置的操作。

1.4.1 设置文件的保存

保存文档时经常需要选择文件保存的类型，如果需要经常将文档保存为某一类型，可以在 Office 2016 中设置文件默认的保存类型，具体操作步骤如下。

第1步 在应用程序菜单中选择【Word】→【偏好设置】选项，如下图所示。

第2步 弹出【Word 偏好设置】对话框，在【输出和共享】选项组中选择【保存】选项，如下图所示。

第3步 打开【保存】对话框，单击【将 Word 文件保存为】文本框右侧的下拉按钮，在弹出的下拉列表框中选择【Word 文档（.docx）】选项，将默认保存类型设置为"Word 文档（.docx）"格式，如下图所示。

第4步 在 Word 菜单中选择【文件】→【另存为】选项，在弹出的界面中即可看到设置的文件默认保存类型，如下图所示。

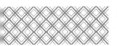

1.4.2 添加命令到快速访问工具栏

Microsoft Word 的快速访问工具栏在软件界面的左上方，默认情况下包含保存、撤销和恢复几个按钮，用户可以根据需要将命令按钮添加到快速访问工具栏，具体操作步骤如下。

第1步 单击快速访问工具栏右侧的【自定义快速访问工具栏】按钮 ，在弹出的下拉列表中可以看到包含有新建、保存等多个命令按钮，选择要添加到快速访问工具栏的选项，这里选择【新建】选项，如下图所示。

第2步 即可将【新建】按钮添加到快速访问工具栏中，并且选项前将显示√符号，如下图所示。

> **│提示│:::::::::**
>
> 使用同样方法可以添加【自定义快速访问工具栏】列表中的其他按钮，如果要取消按钮在快速访问工具栏中的显示，只需要再次选择【自定义快速访问工具栏】列表中的按钮选项即可。

第3步 此外，还可以根据需要添加其他命令到快速访问工具栏，单击快速访问工具栏右侧的【自定义快速访问工具栏】按钮 ，在弹出的下拉列表中选择【更多命令】选项，如下图所示。

第4步 打开【功能区和工具栏】对话框，在【从下列位置选择命令】列表框中选择【不在功能区中的命令】选项，在下方的列表框中选择要添加到快速访问工具栏的按钮，这里选择【查找下一个】选项，单击【添加】按钮，如下图所示。

第5步 即可将【查找下一个】按钮添加到右侧的列表框中，单击【保存】按钮，如下图所示。

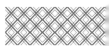

第6步 返回【Word 偏好设置】对话框，单击【关闭】按钮，如下图所示。

第7步 返回 Microsoft Word 界面，即可看到已经将【查找下一个】按钮添加到快速访问工具栏中，如下图所示。

1.4.3 自定义功能快捷键

在 Microsoft Word 中可以根据需要自定义功能快捷键，便于执行某些常用的操作，下面示例为如何为 ☞ 符号定义快捷键，按下此快捷键，Word 将自动输入该符号。

第1步 单击【插入】选项卡下的【高级符号】按钮Ω，如下图所示。

第2步 打开【符号】对话框，选择要插入的 ☞ 符号，单击【键盘快捷方式】按钮，如下图所示。

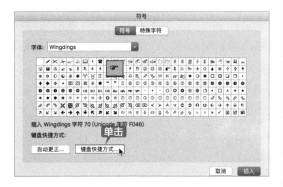

第3步 弹出【自定义键盘】对话框，将鼠标光标放置在【按新的快捷键】文本框中，在键盘上按住需要设置的快捷键，这里选择按【Control+1】组合键，并单击【指定】按钮，如下图所示。

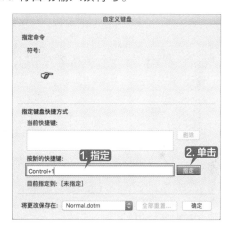

第4步 目前已将设置的快捷键添加至【当前快捷键】文本框中，单击【确定】按钮，如下图所示。

第5步 返回【符号】对话框，单击【关闭】按钮，如下图所示。

第6步 将鼠标光标定位到需要插入该符号的位置，按【Control+1】组合键，即可输入 ☞ 符号，如下图所示。

1.4.4 禁用粘贴选项按钮

默认情况下使用粘贴功能后，将会在文档中显示粘贴选项按钮，方便用于选择粘贴选项，同时也可以通过设置，禁用粘贴选项按钮，具体操作步骤如下。

第1步 在 Word 文档中复制一段内容后，按【Command+V】组合键，将在 Word 文档中显示粘贴选项按钮，如下图所示。

第2步 如果要禁用粘贴选项按钮，可以在应用程序菜单中选择【Word】→【偏好设置】选项，如下图所示。

第3步 弹出【Word 偏好设置】对话框，在【创作和校对工具】选项组中选择【编辑】选项，如下图所示。

第4步 弹出【编辑】对话框，在【剪切和粘贴选项】组中，取消选中【显示粘贴选项按钮】复选框，如下图所示。

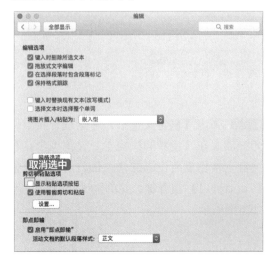

◇ 巧用 Mac 屏幕的 4 个触发角

4 个触发角是指屏幕的 4 个角，经过一定的设置后，将鼠标指针移动到屏幕的任意一个角上，系统即可自动执行相应的命令，具体操作步骤如下。

第1步 在苹果桌面单击【苹果菜单】按钮，在弹出的苹果菜单中选择【系统偏好设置】选项，如下图所示。

第2步 弹出【系统偏好设置】对话框，在对话框中选择【桌面与屏幕保护程序】选项，如下图所示。

第3步 弹出【桌面与屏幕保护程序】对话框，单击对话框右下角的【触发角】按钮，如下图所示。

第4步 弹出【活跃的屏幕角】界面，单击文本框右侧的下拉按钮，在弹出的下拉列表中选择一种命令，设置完成后，单击【好】按钮，如下图所示。

第5步 返回【桌面与屏幕保护程序】对话框，单击【关闭】按钮，关闭对话框，如下图所示。

第6步 将鼠标指针移动到屏幕 4 个角上的任意一个角上，即可执行相应的命令。这里以屏幕右下角为例，将鼠标指针移动到屏幕右下角，即可弹出并打开 Launchpad 界面，如下图所示。

◇ 快速创建 Office 2016 程序堆栈

用户可以将一些常用的应用程序放到堆栈区中，方便用户快速打开软件。但毕竞堆栈区的空间有限，当有大量的软件需要放到堆栈区时，用户可以使用创建堆栈文件夹的方法，将常用程序集中放到文件夹中，这样就可以节省大量的空间来放置其他应用程序。Office 2016 常用的应用程序有：Microsoft Word 、Microsoft Excel、Microsoft PowerPoint、Microsoft Outlook、Microsoft OneNote。下面就来介绍一下如何创建 Office 2016 程序堆栈，具体操作步骤如下。

第1步 在桌面上右击，在弹出的快捷菜单中选择【新建文件夹】选项，如下图所示。

第2步 即可在桌面上新建一个"未命名文件夹"的文件夹，选中文件夹并右击，在弹出的快捷菜单中选择【重新命名】选项，如下图所示。

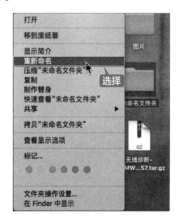

第3步 将文件夹重命名为"Office 2016"，并将其拖曳至堆栈区，如下图所示。

第4步 打开【Finder】界面，选择【前往】→【应用程序】选项，如下图所示。

第5步 在打开的【应用程序】界面中按住【Shift】键，选择 Office 2016 的应用程序，如下图所示。

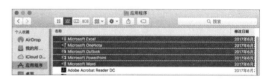

第6步 并将其拖曳至堆栈区的【Office 2016】文件夹中，如下图所示。

第7步 单击堆栈区的【Office 2016】文件夹，即可弹出文件夹中所包含应用的快捷方式，单击需要的应用程序，即可打开该应用程序，如下图所示。

| 提示 |

桌面上的创建的"Office 2016"文件夹不能删除，否则堆栈区的文件夹就无法使用了。如果要删除堆栈区的文件夹，只需要在堆栈区选中文件夹，然后按住鼠标左键，将其拖出堆栈区即可。

第 2 章
Word 的基本操作

本章导读

使用 Word 可以方便地记录文本内容，并能够根据需要设置文字的样式，从而制作总结报告、租赁协议、请假条、邀请函、思想汇报等说明性文档。本章主要介绍输入文本、编辑文本、设置字体格式、段落格式、添加页面背景及审阅文档等内容。

思维导图

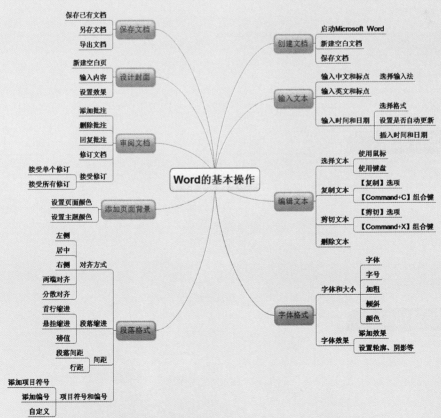

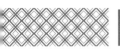

2.1 个人工作报告

在制作个人工作报告时要清楚地总结好工作成果及工作经验。

实例名称:	使用 Word 制作个人工作报告	
实例目的:	掌握 Word 的基本操作	
素材		素材 \ch02\ 个人工作报告 .docx
结果		结果 \ch02\ 个人工作报告 .docx
录像		录像 \02 第 2 章

2.1.1 案例概述

工作报告是对一定时期内的工作加以总结、分析和研究，肯定成绩，找出问题，总结经验教训，在制作工作报告时应注意以下几点。

1. 对工作内容的总结

详细描述一段时期内自己所接收的工作任务及工作任务完成情况，并做好内容总结。

2. 对岗位职责的描述

回顾本部门、本单位某一阶段或某一方面的工作，要肯定成绩，也要承认缺点，并从中得出应有的经验、教训。

3. 对未来工作的设想

提出目前对所属部门工作的前景分析，进而提出下一步工作的指导方针、任务和措施。

2.1.2 设计思路

制作个人工作报告可以按照以下思路进行。
（1）制作文档，包含题目、工作内容、成绩与总结等。
（2）为相关正文修改字体格式、添加字体效果等。
（3）设置段落格式、添加项目符号和编号等。
（4）邀请别人来帮助自己审阅并批注文档、修订文档等。
（5）根据需要设计封面，并保存文档。

2.1.3 涉及知识点

本案例主要涉及以下知识点。
（1）输入标点符号、项目符号、项目编号和时间日期等。

（2）编辑、复制、剪切和删除文本等。

（3）设置字体格式、添加字体效果等。

（4）设置段落对齐、段落缩进、段落间距等。

（5）设置页面颜色、设置填充效果等。

（6）添加和删除批注、回复批注、接受修订等。

（7）添加新页面。

2.2 创建个人工作总结文档

在创建个人工作总结文档时，首先需要打开 Microsoft Word，创建一个新文档，具体操作步骤如下。

第1步 单击 Dock 栏中的 Launchpad 图标，如下图所示。

第2步 在弹出的界面中单击 Microsoft Word 图标，即可启动 Microsoft Word，如下图所示。

第3步 启动 Word 后，在打开的界面中选择【空白文档】选项，然后单击【创建】按钮，如下图所示。

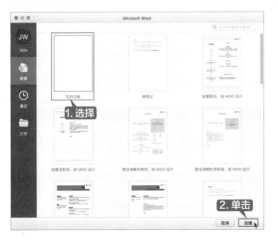

第4步 即可新建一个空白文档，如下图所示。

第5步 在 Word 菜单中选择【文件】→【保存】选项，弹出保存界面，在【存储为】文本框中输入文档名称，然后单击文本框右侧的下拉按钮，如下图所示。

第6步 在弹出的界面中选择文档保存位置，单击【保存】按钮即可，如下图所示。

在 Word 菜单中选择【文件】→【根据模板新建】选项，也可以创建一个新文档，如下图所示。

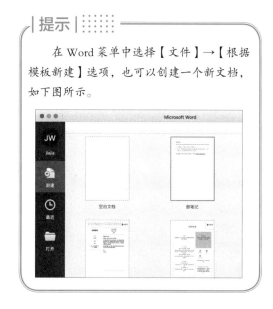

2.3 输入文本

文本的输入功能非常简便，只要会使用键盘打字，就可以在文档的编辑区域输入文本内容。个人工作总结文档保存成功后，即可在文档中输入文本内容。

2.3.1 输入中文和标点

由于苹果电脑的默认语言是英语，语言栏显示的是英文键盘图标**英**，因此如果不进行中 / 英文切换就以汉语拼音的形式输入的话，那么在文档中输出的文本就是英文。

在 Word 文档中，输入数字时不需要切换中文或英文输入法，但输入中文时，需要先将英文输入法转变为中文输入法，再进行中文输入。输入中文和标点的具体操作步骤如下。

第1步 一般情况下，输入数字时是不需要切换中文或英文输入法的，如这里在文档中输入数字"2017"，如下图所示。

第2步 输入数字之后，单击系统功能图标区域中的默认输入法为英语的图标，在弹出的下拉菜单中选择中文输入法，如这里选择【搜狗拼音】输入法，如下图所示。

第3步 此时在 Word 文档中，用户即可使用拼音拼写输入中文内容，如下图所示。

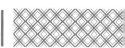

第 4 步 在输入的过程中，当文字到达一行的最右端时，输入的文本将自动跳转到下一行。如果在未输入完一行时想要换行输入，则可按【Enter】键来结束一个段落，这样会产生一个段落标记"↵"，如下图所示。

第 5 步 将鼠标光标放置在文档中第二行文字的句末，按【Shift+；】组合键，即可在文档中输入一个中文的全角冒号"："，如下图所示。

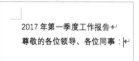

> **提示**
>
> 单击【插入】选项卡下的【符号】按钮的下拉按钮，在弹出的下拉菜单中选择标点符号，也可以将标点符号插入文档。

2.3.2 输入英文和标点

在编辑文档时，有时也需要输入英文和英文标点符号，在搜狗拼音输入法中按【Shift】键即可在中文和英文输入法之间切换。下面以使用搜狗拼音输入法为例，介绍输入英文和英文标点符号的方法，具体操作步骤如下。

第 1 步 在中文输入法的状态下，按【Shift】键即可切换至英文输入法状态，然后在键盘上按相应的英文按键，即可输入英文，如下图所示。

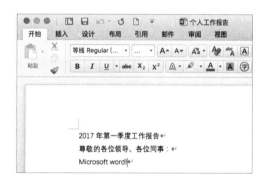

第 2 步 输入英文标点和输入中文标点的方法相同，如按【Shift+1】组合键，即可在文档中输入一个英文的感叹符号"!"，如下图所示。

> **提示**
>
> 输入的英文内容不是个人工作总结的内容，可以将其删除。

2.3.3 输入时间和日期

在文档完成后，可以在末尾处加上文档创建的时间和日期，具体操作步骤如下。

第 1 步 打开随书光盘中的"素材 \ch02\ 个人工作报告 .docx"文档，将内容复制到文档中，如下图所示。

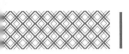

第2步 将鼠标光标放置在最后一行，按【Enter】键执行换行操作，并在文档结尾处输入报告人的姓名，如下图所示。

第3步 按【Enter】键另起一行，单击【插入】选项卡下的【日期和时间】按钮，如下图所示。

第4步 弹出【日期和时间】对话框，单击【语言】下拉列表框的下拉按钮，在弹出的下拉列表中选择【中文（中国）】选项，在【可用格式】列表框中选择一种格式，单击【确定】按钮，如下图所示。

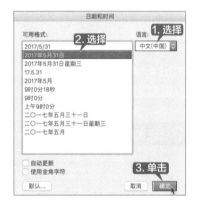

第5步 即可为文档插入当前的时间和日期，如下图所示。

2.4 编辑文本

输入个人工作报告内容之后，即可利用 Word 编辑文本，编辑文本包括选择文本、复制和剪切文本及删除文本等。

2.4.1 选择文本

选定文本时既可以选择单个字符，也可以选择整篇文档。选定文本的方法主要有以下几种。

1. 使用鼠标选择文本

使用鼠标选择文本是最常见的一种选择文本的方法，具体操作步骤如下。

第1步 将鼠标光标放置在想要选择的文本之前，如下图所示。

第一行和第二行全被选中，完成后释放鼠标左键，即可选定文本内容，如下图所示。

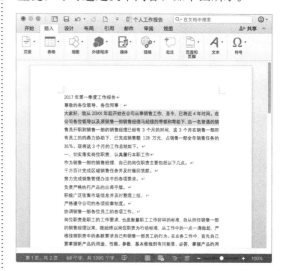

第2步 按住鼠标左键，同时**拖曳**鼠标，直到

2. 使用键盘选择文本

在不使用鼠标的情况下，用户也可以利用键盘组合键来选择文本。使用键盘选定文本时，需先将插入点移动到将选文本的开始位置，然后按相关的组合键即可，如下表所示。

组合键	功能
【Shift+ ←】	选择鼠标光标左边的一个字符
【Shift+ →】	选择鼠标光标右边的一个字符
【Shift+ ↑】	选择至鼠标光标上一行同一位置之间的所有字符
【Shift+ ↓】	选择至鼠标光标下一行同一位置之间的所有字符
【Command+A】	选择全部文档

2.4.2 复制和剪切文本

复制文本和剪切文本的不同之处在于，前者是把一个文本信息放到剪贴板以供复制出更多文本信息，但原来的文本还在原来的位置；后者也是把一个文本信息放入剪贴板以复制出更多文本信息，但原来的内容已经不在原来的位置。

1. 复制文本

当需要多次输入同样的文本时，使用复制文本可以使原文本产生更多同样的信息，比多次输入同样的内容更为方便，具体操作步骤如下。

第1步 选择文档中需要复制的文字并右击，在弹出的快捷菜单中选择【复制】选项，如下图所示。

第2步 此时所选内容已被放入剪贴板，将鼠标光标定位至要粘贴到的位置，单击【开始】选项卡下【粘贴】下拉按钮，在弹出的下拉列表中选择一种粘贴格式，即可将所选内容粘贴到文档中鼠标光标所在位置，如下图所示。

第3步 此时文档中已被插入刚刚复制的内容，但原来的文本信息还在原来的位置，如下图所示。

| 提示 |

用户也可以按【Command+C】组合键复制内容，按【Command+V】组合键粘贴内容。

2. 剪切文本

如果用户需要修改文本的位置，可以使用剪切文本来完成，具体操作步骤如下。

第1步 选择文档中需要修改的文字并右击，在弹出的快捷菜单中选择【剪切】选项，如下图所示。

第2步 此时所选内容被放入剪贴板，单击【开始】选项卡下【粘贴】下拉按钮，在弹出的下拉列表中选择一种粘贴格式，即可将所选内容粘贴到文档中鼠标光标所在位置，如下图所示。

第3步 此时，剪切的内容被移动到文档结尾处，原来位置的内容已经不存在，如下图所示。

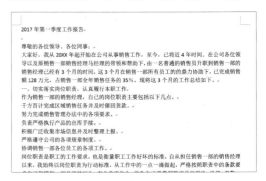

第4步 在执行过上一步操作之后，按【Command+Z】组合键，可以退回上一步所做的操作，如下图所示。

| 提示 |

用户可以按【Command+X】组合键剪切文本，再按【Command+V】组合键将文本粘贴到需要的位置。

2.4.3 删除文本

如果不小心输错了内容，可以选择删除文本，具体操作步骤如下。

第1步 将鼠标光标放置在文本一侧，按住鼠标左键拖曳，选择需要删除的文字，如下图所示。

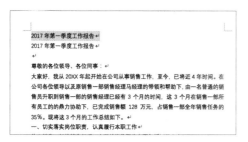

第2步 在键盘上按【Delete】键，即可将选择的文本删除，如下图所示。

| 提示 |

将鼠标光标放置在多余的空白行前，在键盘上按【Delete】键，可以删除多余空白行，如下图所示。

2.5 字体格式

在输入所有内容之后，用户即可设置文档中的字体格式，并给字体添加效果，从而使文档看起来层次分明、结构工整。

2.5.1 字体和大小

将文档内容的字体和大小格式统一，具体操作步骤如下。

第1步 选中文档中的标题并右击，在弹出的快捷菜单中选择【字体】选项，如下图所示。

第2步 在弹出的【字体】对话框中选择【字体】选项卡，单击【中文字体】下拉列表框后的下拉按钮，在弹出的下拉列表中选择【华文楷体】选项，单击【字号】下拉列表框后的下拉按钮，在弹出的下拉列表中选择【二号】选项，单击【确定】按钮，如下图所示。

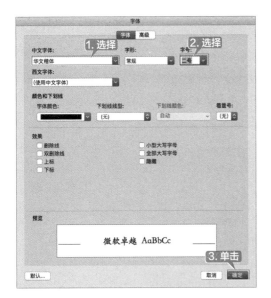

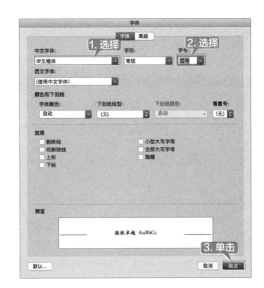

第3步 选择"尊敬的各位领导、各位同事："文本并右击，在弹出的快捷菜单中选择【字体】选项，如下图所示。

第5步 根据需要设置其他标题和正文的字体，设置完成后效果如下图所示。

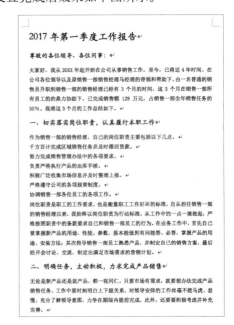

第4步 在弹出的【字体】对话框中设置【字体】为【华文楷体】，设置【字号】为【四号】。设置完成后，单击【确定】按钮，如下图所示。

| 提示 |

单击【开始】选项卡下【字体】框的下拉按钮，也可以设置字体格式，单击【字号】框的下拉按钮，在弹出的字号列表中也可以选择字号大小。

2.5.2 添加字体效果

有时为了突出文档标题，用户也可以给字体添加效果，具体操作步骤如下。

第1步 选中文档中的标题并右击，在弹出的快捷菜单中选择【字体】选项，如下图所示。

第 2 步 弹出【字体】对话框，选择【字体】选项卡，在【效果】组中选择一种效果样式，这里选中【删除线】复选框，如下图所示。

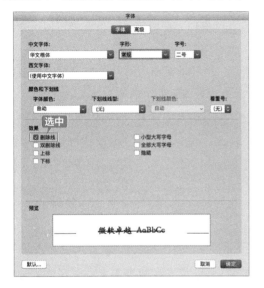

第 3 步 即可看到文档中的标题已被添加上字体效果，如下图所示。

第 4 步 重新打开【字体】对话框，选择【字体】选项卡，在【效果】组中取消选中【删除线】复选框，单击【确定】按钮，即可取消对标题添加的字体效果，如下图所示。

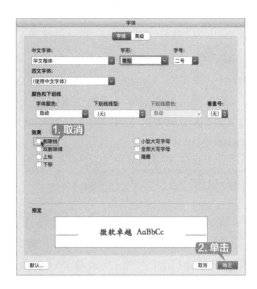

第 5 步 取消字体效果后的效果如下图所示。

2017 年第一季度工作报告

尊敬的各位领导、各位同事：

大家好，我从 20XX 年起开始在公司从事销售工作，至今，已将近 4 年时间。在公司各位领导以及原销售一部销售经理马经理的带领和帮助下，由一名普通的销售员升职到销售一部的销售经理已经有 3 个月的时间，这 3 个月在销售一部所有员工的鼎力协助下，已完成销售额 128 万元，占销售一部全年销售任务的 35％。现将这 3 个月的工作总结如下。

一、切实落实岗位职责，认真履行本职工作

作为销售一部的销售经理，自己的岗位职责主要包括以下几点。
千方百计完成区域销售任务并及时催回货款。
努力完成销售管理办法中的各项要求。
负责严格执行产品的出库手续。
积极广泛收集市场信息并及时整理上报。
严格遵守公司的各项规章制度。

┃提示┃

选择要添加艺术效果的文本，单击【开始】选项卡下的【文字效果和版式】按钮后的下拉按钮，在弹出的下拉列表中也可以根据需要设置文本的字体效果，如下图所示。

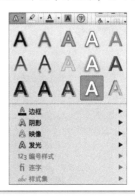

2.6 段落格式

　　段落是指两个段落之间的文本内容，是独立的信息单位，具有自身的格式特征。段落格式是指以段落为单位的格式设置。设置段落格式主要是指设置段落的对齐方式、段落缩进及段落间距等。

2.6.1 设置对齐方式

　　Microsoft Word 的段落格式命令适用于整个段落，将鼠标光标置于任意位置都可以选定段落并设置段落格式。设置段落对齐的具体操作步骤如下。

第1步 将鼠标光标放置在要设置对齐方式段落中的任意位置并右击，在弹出的快捷菜单中选择【段落】选项，如下图所示。

第2步 在弹出的【段落】对话框中选择【缩进和间距】选项卡，在【常规】组中单击【对齐方式】右侧的下拉按钮，在弹出的下拉列表中选择【居中】选项，如下图所示。

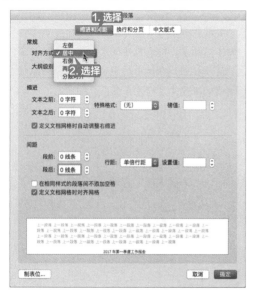

第3步 即可将文档中第一段内容设置为居中对齐方式，效果如下图所示。

第4步 将鼠标光标放置在文档末尾处的时间和日期后，重复第1步，在弹出的【段落】对话框中单击【缩进和间距】选项卡下【常规】组中【对齐方式】右侧的下拉按钮，在弹出的下拉列表中选择【右侧】选项，如下图所示。

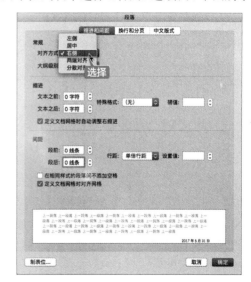

第5步 利用同样的方法，将"报告人：张××"设置为"右对齐"，效果如下图所示。

2.6.2 设置段落缩进

段落缩进是指段落到左右页边距的距离。根据中文的书写形式，通常情况下，正文中的每个段落都会首行缩进两个字符。设置段落缩进的具体操作步骤如下。

第1步 选择文档中正文第一段内容并右击，在弹出的快捷菜单中选择【段落】选项，如下图所示。

第2步 弹出【段落】对话框，单击【特殊格式】列表框后的下拉按钮，在弹出的下拉列表中选择【首行缩进】选项，并设置【磅值】为【2字符】，可以单击其后的微调按钮设置，也可以直接输入，设置完成后，单击【确定】按钮，如下图所示。

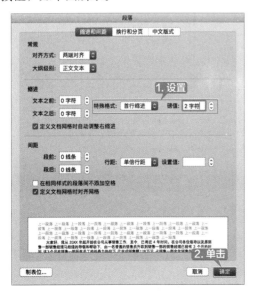

第3步 即可看到为所选段落设置段落缩进后的效果，如下图所示。

第4步 使用同样的方法为工作报告中其他正文段落设置首行缩进，如下图所示。

> **提示**
>
> 在【段落】对话框中除了设置首行缩进外，还可以设置文本的悬挂缩进。

2.6.3 设置间距

设置间距是指设置段落间距和行距，段落间距是指文档中**段落与段落之间的距离**，行距是指行与行之间的距离。设置段落间距和行距的具体操作步骤如下。

第1步 选中文档中第一段正文内容并右击，在弹出的快捷菜单中选择【段落】选项，如下图所示。

第2步 在弹出的【段落】对话框中选择【缩进和间距】选项卡，在【间距】组中分别设置【段前】和【段后】为【0.5线条】，在【行距】下拉列表框中选择【单倍行距】选项，单击【确定】按钮，如下图所示。

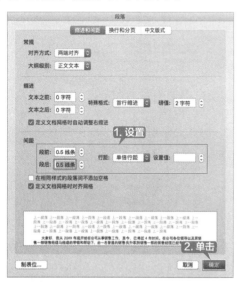

第3步 即可将第一段内容设置为单倍行距样式，效果如下图所示。

第4步 使用同样的方法设置文档中正文段落的间距，最终效果如下图所示。

2.6.4 添加项目符号和编号

在文档中使用项目符号和编号，可以使文档中的重点**内容突出**显示。

1. 添加项目符号

项目符号就是在一些段落的前面加上完全相同的符号。添加项目符号的具体操作步骤如下。

第1步 选中需要添加项目符号的内容，单击【开始】选项卡下的【项目符号】下拉按钮 ≣ ，如下图所示。

第2步 在弹出的项目符号下拉列表中选择一种样式，这里选择【定义新项目符号】选项，如下图所示。

第3步 在弹出的【自定义项目符号列表】对话框中单击【项目符号字符】组中的【项目符号】按钮，如下图所示。

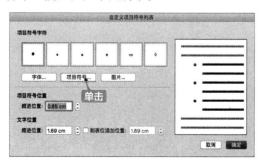

第4步 弹出【符号】对话框，选择一种符号样式，单击【确定】按钮，如下图所示。

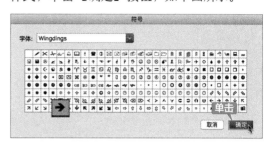

第5步 返回【自定义项目符号列表】对话框，单击【确定】按钮，如下图所示。

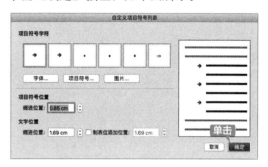

第6步 设置完成后，添加项目符号的效果如下图所示。

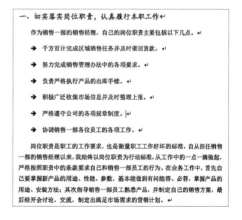

2. 添加编号

文档编号是按照大小顺序为文档中的行或段落添加编号。在文档中添加编号的具体操作步骤如下。

第1步 选中文档中需要添加项目编号的段落，单击【开始】选项卡下的【编号】下拉按钮 ≣ ，如下图所示。

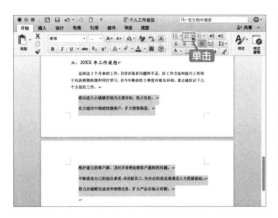

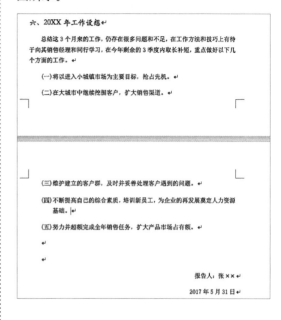

第3步 即可看到编号添加完成后的效果如下图所示。

第2步 在弹出的下拉列表中选择一种编号样式，如下图所示。

2.7 添加页面背景

在 Microsoft Word 中，用户也可以给文档添加页面背景，以使文档看起来生动形象，充满活力。

2.7.1 设置页面颜色

在设置完文档的字体和段落之后，用户可以为文档添加页面颜色，具体操作步骤如下。

第1步 单击【设计】选项卡下的【页面颜色】按钮 ，在弹出的下拉列表中选择一种颜色，这里选择【金色，强调文字颜色4，淡色80%】，如下图所示。

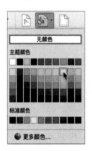

第2步 即可给文档页面填充上纯色背景，效果如下图所示。

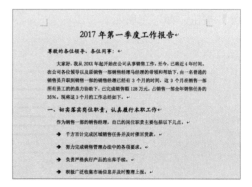

2.7.2 设置主题颜色

除了给文档设置背景颜色，用户也可以设置文档的主题颜色，具体操作步骤如下。

第1步 单击【设计】选项卡下【颜色】下拉按钮 ，在弹出的下拉列表中选择一种主题效果，如下图所示。

第2步 即可为文档添加一种主题颜色，最终效果如下图所示。

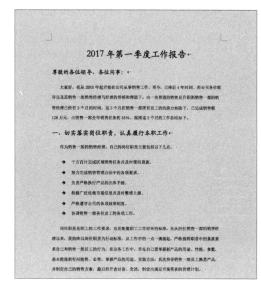

2.8 邀别人审阅文档

使用 Word 编辑文档之后，通过审阅功能，才能递交出一份完整的个人工作报告。

2.8.1 添加和删除批注

批注是文档的审阅者为文档添加的注释、说明、建议和意见等信息。

1. 添加批注

添加批注的具体操作步骤如下。

第1步 在文档中选择需要添加批注的文字，单击【审阅】选项卡下的【新建批注】按钮 ，如下图所示。

第2步 在文档右侧的批注框中输入批注的内容即可，如下图所示。

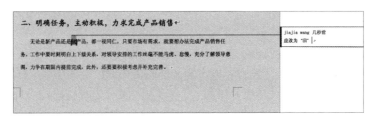

第3步 再次单击【新建批注】按钮，也可以在文档中的其他位置添加批注内容，如下图所示。

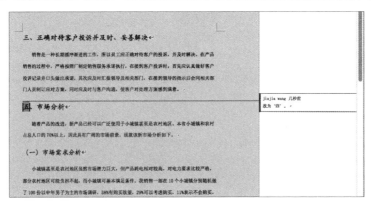

2. 删除批注

当不需要文档中的批注时，用户可以将其删除，删除批注的具体操作步骤如下。

第1步 将鼠标光标放置在文档中需要删除的批注框内任意地方，即可选择要删除的批注，如下图所示。

第2步 此时【审阅】选项卡下的【删除】按

钮 处于可用状态，单击【删除】按钮，如下图所示。

第3步 即可将所选中的批注删除，如下图所示。

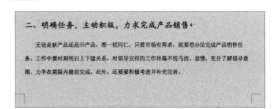

2.8.2 回复批注

如果需要对批注内容进行对话，可以直接在文档中进行回复，具体操作步骤如下。

第1步 选择需要回复的批注，单击文档中批注框中的【回复】按钮 ，如下图所示。

第2步 在批注内容下方输入回复内容即可，如下图所示。

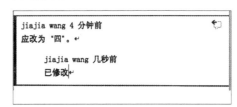

2.8.3 修订文档

修订时显示文档中所做的诸如删除、插入或其他编辑更改的标记，修订文档的具体操作步骤如下。

第1步 单击【审阅】选项卡下的【修订】上方的按钮，开启【修订】，如下图所示。（按钮呈灰色为关闭状态，呈绿色为开启状态。）

第2步 即可使文档处于修订状态，此时文档中所做的所有修改内容将被记录下来，如下图所示。

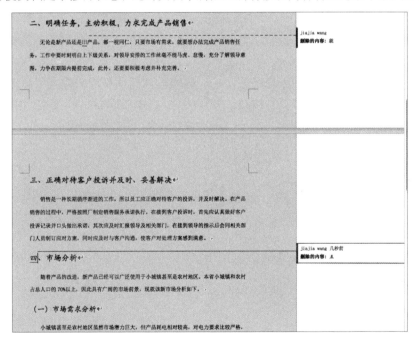

2.8.4 接受文档修订

如果修订的内容是正确的，这时即可接受修订，接受修订的具体操作步骤如下。

第1步 将鼠标光标放置在需要接受修订的批注内任意地方，如下图所示。

第2步 单击【审阅】选项卡下的【接受】按钮，如下图所示。

第3步 即可看到接受文档修订后的效果，如下图所示。

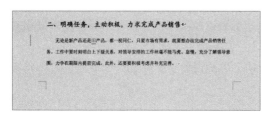

2.9 设计封面

　　用户也可以给文档设计一个封面，以达到给人眼前一亮的感觉，设计封面的具体操作步骤如下。

第1步 将鼠标光标放置在文档中大标题前，单击【插入】选项卡下的【空白页】按钮，如下图所示。

第2步 即可在当前页面之前添加一个新页面，这个新页面即为封面，如下图所示。

第3步 在封面中竖向输入"工作报告"文本内容，选中"工作报告"文字，调整字体为"华文楷体"，字号为"90"，如下图所示。

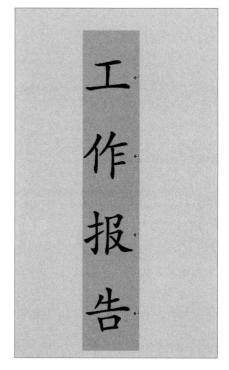

第4步 选中"工作报告"几个字，单击【开始】选项卡下的【居中】按钮，如下图所示。

第5步 选中封面中"工作报告"几个字，单击【开始】选项卡下的【加粗】按钮，给文字设置加粗显示的效果，如下图所示。

第6步 在工作报告下方输入落款和时间与日期，并调整字体和字号为【华文楷体，三号】，如下图所示。

第7步 删除封面的分页符号，设置完成后，最终效果如下图所示。

2.10 保存文档

个人工作总结文档制作完成后，就可以保存文档。

1. 保存已有文档

有3种方法可以保存对已存文档的更新。

（1）在 Word 菜单中选择【文件】→【保存】选项，如下图所示。

（2）单击快速访问工具栏中的【保存】图标 🖫。

（3）使用【Command+S】组合键可以实现快速保存。

2. 另存文档

如需要将个人工作总结文件另存至其他位置或以其他的名称另存，可以使用【另存为】命令。将文档另存的具体操作步骤如下。

第1步 在已修改的文档中，选择 Word 菜单中的【文件】→【另存为】选项，如下图所示。

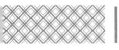

第2步 在弹出的保存界面中选择文档所要保存的位置，在【存储为】文本框中输入要另存的名称，单击【保存】按钮，即可完成文档的另存操作，如下图所示。

3. 导出文档

还可以将文档导出为其他格式。将文档

导出为 PDF 文件的具体操作步骤如下。

第1步 在打开的文档中，选择 Word 菜单中的【文件】→【另存为】选项，如下图所示。

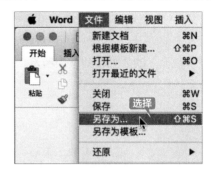

第2步 弹出保存界面，在【存储为】文本框中输入要保存的文档名称，在【文件格式】下拉列表框中选择【PDF】选项。单击【导出】按钮，即可将 Word 文档导出为 PDF 文件，如下图所示。

制作房屋租赁协议书

与制作个人工作总结类似的文档还有制作房屋租赁协议书、制作公司合同、制作产品转让协议等。制作这类文档时，除了要求内容准确，没有歧义的内容外，还要求条理清晰，最好能以列表的形式表明双方应承担的义务及享有的权利，方便查看。下面就以制作房屋租赁协议书为例进行介绍，具体操作步骤如下。

第1步 创建并保存文档

新建空白文档，并将其保存为"房屋租赁协议书.docx"文档，如下图所示。

第2步 输入内容并编辑文本

根据需求输入房屋租赁协议的内容，并根据需要修改文本内容，如下图所示。

第3步 设置字体及段落格式

设置字体的样式，并根据需要设置段落格式，添加项目符号及编号，如下图所示。

第4步 审阅文档并保存

将制作完成的房屋租赁协议书发给其他人审阅，并根据批注修订文档，确保内容无误后，保存文档，如下图所示。

◇ 超快的标点符号输入技巧

在使用 Word 对文档进行编辑时，经常会遇到输入各种各样的标点符号，一般需要在【插入符号】对话框中逐一查找需要的符号，这样做很浪费时间。下面就来介绍一种超快的标点符号输入技巧，具体操作步骤如下。

第1步 单击系统功能图标区域中的默认输入法为 美国 的图标，在弹出的下拉列表中选择【显示虚拟键盘】选项，如下图所示，

第2步 在屏幕上即可出现一个虚拟键盘，在实体键盘中按住【Option】键，即可在虚拟键盘上看到各种符号在键盘上的具体位置。在实体键盘上按住【Option】键，再按住虚拟键盘上的符号在实体键盘上对应位置的键。例如，要在 Word 文档中输入"≤"符号，将鼠标光标定位在要输入"≤"符号的位置，在实体键盘上按【Option+<】组合键即可，如下图所示。

◇ 在 Mac 中批量修改文件名称

在 Mac 中可以快速修改大量文件的名称，前提是这些文件有共同的特点，如都是图片，或者要修改的名称里有共同的字符。在 Mac 中批量修改文件名称的具体操作步骤

如下。

第1步 按【Shift】键依次选择要命名的文件，如下图所示。

第2步 并在选择的文件上方右击，在弹出的快捷菜单中选择【给3个项目重新命名】选项，如下图所示。

第3步 弹出【给 Finder 项目重新命名】界面，单击默认值为【替换文本】文本框右侧的下拉按钮，在弹出的下拉列表中选择【格式】选项，如下图所示。

第4步 弹出的【格式】区域，在【自定格式】文本框中输入文件的名称，输入完成后单击【重新命名】按钮，如下图所示。

第5步 返回文件夹，即可看到重新命名后的效果，如下图所示。

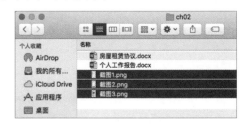

第3章
使用图片和表格美化 Word 文档

📃 本章导读

　　一个图文并茂的文档，不仅看起来生动形象、充满活力，还可以使文档更加美观。在 Word 中可以通过插入艺术字、图片、自选图形、表格及图表等展示文本或数据内容。本章就以制作店庆活动宣传页为例介绍使用图片和表格美化 Word 文档的操作。

📃 思维导图

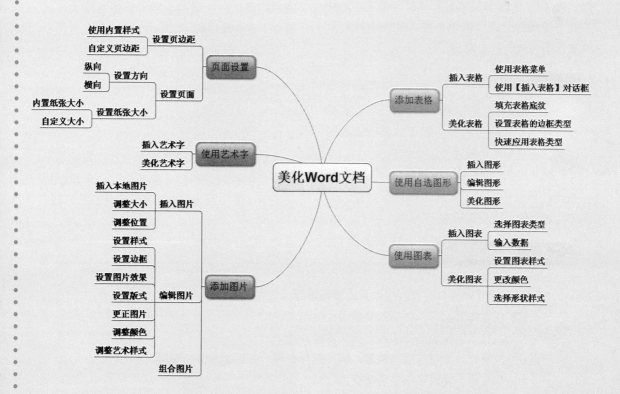

3.1 店庆活动宣传页

　　排版店庆活动宣传页要做到鲜明、活泼、形象、亮丽的色彩突出，便于读者快速地接收宣传信息。

实例名称：制作店庆活动宣传页	
实例目的：学习使用图片和表格美化 Word 文档	
素材	素材 \ch03\ 店庆资料 .txt
结果	结果 \ch03\ 店庆活动宣传页 .docx
录像	录像 \03 第 3 章

3.1.1 案例概述

　　排版店庆活动宣传页时，需要注意以下几点。

1. 色彩

　　（1）色彩可以渲染气氛，并且加强版面的冲击力，用以烘托主题，容易引起读者的注意。

　　（2）宣传页的色彩要从整体出发，并且各个组成部分之间的色彩关系要统一，来形成主题内容的基本色调。

2. 图文结合

　　（1）现在已经进入"读图时代"，图形是人类通用的视觉符号，它可以吸引读者的注意，在宣传页中要注重图文结合。

　　（2）图形、图片的使用要符合宣传页的主题，可以进行加工提炼来体现形式美，并产生强烈鲜明的视觉效果。

3. 编排简洁

　　（1）确定宣传页的页面大小，是进行编排的前提。

　　（2）宣传页设计时版面要简洁醒目，色彩鲜艳突出，主要的文字可以适当放大，词语文字宜分段排版。

　　（3）版面要有适当的留白，避免内容过多拥挤，使读者失去阅读兴趣。

　　宣传页按行业分类的不同可以分为药品宣传页、食品宣传页、IT 企业宣传页、酒店宣传页、学校宣传页、企业宣传页等。

　　店庆活动宣传页属于企业宣传页中的一种，气氛可以以热烈、鲜艳为主。本章就以店庆活动宣传页为例介绍排版宣传页的方法。

3.1.2 设计思路

　　排版店庆活动宣传页时可以按以下的思路进行。

　　（1）制作宣传页页面，并插入背景图片。

　　（2）插入艺术字标题，并插入正文文本框。

　　（3）插入图片，放在合适的位置，调整图片布局，并对图片进行编辑、组合。

　　（4）添加表格，并对表格进行美化。

（5）使用自选图形，为标题添加自选图形为背景。

（6）根据插入的表格添加折线图，来表示活动力度。

3.1.3 涉及知识点

本案例主要涉及以下知识点。

（1）设置页边距、页面大小。

（2）插入艺术字。

（3）插入图片。

（4）插入表格。

（5）插入自选图形。

（6）插入图表。

3.2 宣传页页面设置

在制作店庆活动宣传页时，首先要设置宣传页页面的页边距和页面大小，并插入背景图片，来确定宣传页的色彩主题。

3.2.1 设置页边距

页边距的设置可以使店庆活动宣传页更加美观。设置页边距，包括上、下、左、右边距及页眉和页脚距页边界的距离，使用该功能来设置页边距十分精确。

第1步 打开 Microsoft Word 软件，新建一个 Word 空白文档，如下图所示。

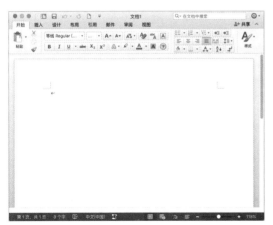

第2步 在 Word 菜单中选择【文件】→【另存为】选项，在弹出的保存界面中选择文件要保存的位置，并在【存储为】文本框中输入"店庆活动宣传页"，单击【保存】按钮，

如下图所示。

第3步 单击【布局】选项卡下的【页边距】按钮，在弹出的下拉列表中选择【自定义边距】选项，如下图所示。

第4步 弹出【文档】对话框，在【页边距】选项卡下可以自定义设置"上""下""左""右"页边距，将【上】【下】页边距均设置为【1.2cm】，将【左】【右】页边距均设置为【1.8cm】，在【预览】区域可以查看设置后的效果，如下图所示。

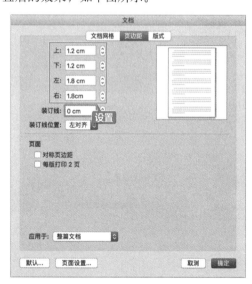

第5步 单击【确定】按钮，在 Word 文档中可以看到设置页边距后的效果，如下图所示。

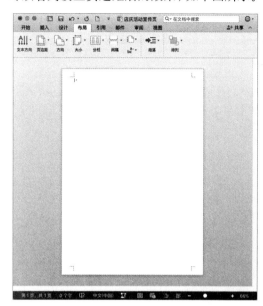

> |提示|
>
> 　　页边距太窄会影响文档的装订，而太宽不仅影响美观还浪费纸张。一般情况下，如果使用 A4 纸，可以采用 Word 提供的默认值；如果使用 B5 或 16 开纸，上、下边距在 2.4 厘米左右为宜；左、右边距在 2 厘米左右为宜。具体设置可根据用户的要求设定。

3.2.2 设置页面大小

　　设置好页边距后，还可以根据需要设置页面大小和纸张方向，使页面设置满足店庆活动宣传页的格式要求，具体操作步骤如下。

第1步 单击【布局】选项卡下的【方向】按钮，在弹出的下拉列表中可以设置纸张方向为"横向"或"纵向"，如选择【横向】选项，如下图所示。

在【预览】区域可以查看设置后的效果。设置完成后，单击【好】按钮，如下图所示。

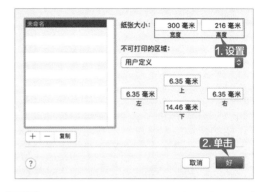

第 2 步 在 Word 菜单中选择【文件】→【页面设置】选项，如下图所示。

第 5 步 返回【页面设置】对话框，将打印方向设置为"纵向"，单击【好】按钮，如下图所示。

第 3 步 在弹出的【页面设置】对话框中，单击【纸张大小】下拉列表框右侧的下拉按钮，选择【管理自定大小】选项，如下图所示。

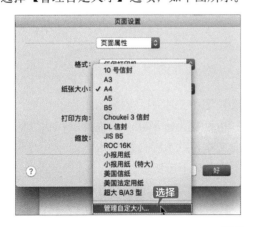

第 6 步 在 Word 文档中可以看到设置页边距后的效果，如下图所示。

第 4 步 单击【添加自定纸张大小按钮】＋，弹出【未命名自定义纸张大小】界面，设置【宽度】为【300 毫米】、【高度】为【216 毫米】，

 3.3 使用艺术字美化宣传页标题

使用 Microsoft Word 提供的艺术字功能，可以制作出精美绝伦的艺术字，丰富宣传页的内容，使店庆活动宣传页更加鲜明醒目，具体操作步骤如下。

第1步 单击【插入】选项卡下的【艺术字】按钮 A，在弹出的下拉列表中选择一种艺术字样式，如下图所示。

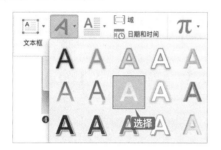

第2步 文档中即可弹出【请在此放置您的文字】文本框，如下图所示。

第3步 单击文本框内的文字，输入宣传页的标题内容"庆祝××电器销售公司开业15周年"，如下图所示。

第4步 选中艺术字，单击【形状格式】选项卡下的【文本效果】按钮 A，在弹出的下拉列表中选择【阴影】组中的【居中偏移】选项，如下图所示。

第5步 选中艺术字，单击【形状格式】选项卡下的【文本效果】按钮 A，在弹出的下拉列表中选择【映像】组中的【紧密映像 .4pt 偏移量】选项，如下图所示。

第6步 选中艺术字，调整艺术字的边框，当鼠标指针变为 形状时，拖曳鼠标指针即可改变文本框的大小。使艺术字处于文档的正中位置，如下图所示。

第7步 单击【形状格式】选项卡下的【形状填充】按钮 ，在弹出的下拉列表中选择【红色】选项，如下图所示。

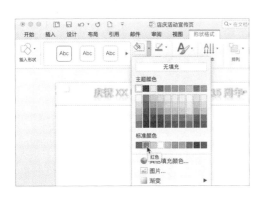

第8步 填充效果如下图所示。

第9步 打开随书光盘中的"素材 \ch03\ 店庆资料 .txt"文件。选择第一段的文本内容并右击，在弹出的快捷菜单中选择【拷贝】选项，如下图所示。

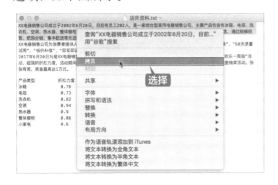

第10步 单击【插入】选项卡下的【文本框】

按钮，在弹出的下拉列表中选择【绘制文本框】选项，如下图所示。

第11步 将鼠标光标定位在文档中，拖曳出文本框并右击，在弹出的快捷菜单中选择【粘贴】选项，将复制的内容粘贴到文本框中，并根据需要设置字体及段落样式。单击【形状格式】选项卡下的【形状填充】按钮，在弹出的下拉列表中选择【橙色，强调文字颜色2，淡色 60%】选项，如下图所示。

第12步 重复上面的步骤，将其余的段落内容复制、粘贴到文本框中。添加文本效果如下图所示。

3.4 添加宣传图片

在文档中添加图片元素，可以使宣传页看起来更加生动、形象、充满活力。在 Microsoft Word 中可以对图片进行编辑处理，并且可以把图片组合起来避免图片变动。

3.4.1 插入图片

插入图片，可以使宣传页更加多彩。在 Microsoft Word 中，不仅可以插入文档图片，还可以插入背景图片。Microsoft Word 支持更多的图片格式，如 ".jpg"".jpeg"".jfif"".jpe"".png"".bmp"".dib"和".rle"等。在宣传页中添加图片的具体操作步骤如下。

第1步 单击【插入】选项卡下的【页眉】按钮，在弹出的下拉列表中选择【编辑页眉】选项，如下图所示。

第2步 单击【页眉和页脚】选项卡下的【来自文件的图片】按钮，在弹出的界面中选择"素材\ch03\ 01.jpg"文件，单击【插入】按钮，如下图所示。

第3步 选择插入的图片，单击【布局】选项卡下的【自动换行】按钮，在弹出的下拉列表中选择【衬于文字下方】选项，如下图所示。

第4步 把图片调整为页面大小，单击【页眉和页脚】选项卡下的【关闭页眉和页脚】按钮，即可看到设置完成的宣传页页面，如下图所示。

第5步 将鼠标光标定位于文档中，然后单击【插入】选项卡下的【图片】下拉按钮，在弹出的下拉列表中选择【来自文件的图片】选项，如下图所示。

第6步 在弹出的界面中选择"素材\ch03\02.tif"图片，单击【插入】按钮，即可插入该图片，如下图所示。

第7步 根据需要调整图片的大小和位置，单击【图片格式】选项卡下的【自动换行】按钮，在弹出的下拉列表中选择【衬于文字下方】选项，如下图所示。

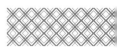
第8步 重复上述步骤，插入"素材\ch03\03.tif"图片，如下图所示。

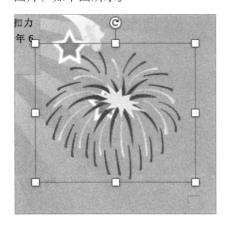

第9步 根据需要调整插入图片的大小和位置，如下图所示。

3.4.2 编辑图片

对插入的图片进行更正、调整、添加艺术效果等的编辑，可以使图片更好地融入宣传页的氛围中，具体操作步骤如下。

第1步 选择插入的图片，单击【图片格式】选项卡下的【更正】下拉按钮，在弹出的下拉列表中选择任一选项，如下图所示。

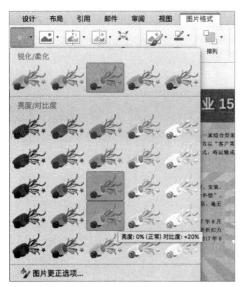

第2步 即可改变图片的锐化、柔化及亮度、对比度，效果如下图所示。

第3步 选择插入的图片，单击【图片格式】选项卡下的【颜色】下拉按钮，在弹出的下拉列表中选择任一选项，如下图所示。

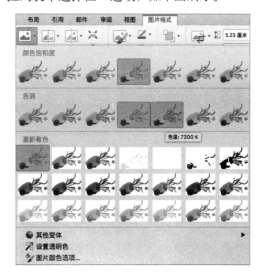

第4步 即可改变图片的色调，效果如下图所示。

第5步 单击【图片格式】选项卡下的【快速样式】按钮 ，在弹出的下拉列表中选择任一选项，如下图所示。

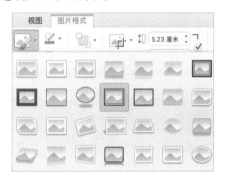

第6步 即可在宣传页上看到图片样式更改后的效果，如下图所示。

第7步 单击【图片格式】选项卡下的【图片边框】下拉按钮 ，在弹出的下拉列表中选择【无轮廓】选项，如下图所示。

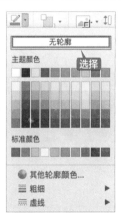

第8步 即可在宣传页上看到图片边框设置后的效果，如下图所示。

第9步 单击【图片格式】选项卡下的【图片效果】下拉按钮 ，在弹出的下拉列表中选择【预设】→【预设3】选项，如下图所示。

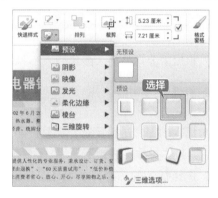

第10步 即可在宣传页上看到图片预设后的效果，如下图所示。

第11步 单击【图片格式】选项卡下的【图片效果】下拉按钮 ，在弹出的下拉列表中选择【阴影】→【左下斜偏移】选项，如下图所示。

第 12 步 即可在宣传页上看到图片添加阴影后的效果如下图所示。

第 13 步 单击【图片格式】选项卡下的【图片效果】下拉按钮 ，在弹出的下拉列表中选择【映像】→【紧密映像，接触】选项，如下图所示。

第 14 步 即可在宣传页上看到图片添加映像后的效果，如下图所示。

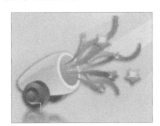

第 15 步 单击【图片格式】选项卡下的【图片效果】下拉按钮 ，在弹出的下拉列表中

选择【三维旋转】→【前透视】选项，如下图所示。

第 16 步 即可在宣传页上看到为图片设置为三维旋转后的效果，如下图所示。

第 17 步 按照上述步骤设置好第二张图片，即可得到结果，如下图所示。

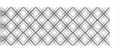

3.4.3 组合图片

编辑完添加的图片后，还可以把图片进行组合，避免宣传页中的图片移动变形。其具体操作步骤如下。

第1步 按住【Command】键，选择宣传页中的两张图片，即可同时选中这两张图片，如下图所示。

【组合】选项，如下图所示。

第2步 单击【图片格式】选项卡下的【组合】下拉按钮，在弹出的下拉列表中选择

第3步 即可将选择的两张图片组合到一起，如下图所示。

3.5 添加活动表格

表格是由多个行或列的单元格组成的，用户可以在编辑文档的过程中向单元格中添加文字或图片，来丰富宣传页的内容。

3.5.1 添加表格

Microsoft Word 提供有多种插入表格的方法，用户可根据需要选择。

1. 使用表格菜单创建表格

使用表格菜单适合创建规则的、行数和列数较少的表格。最多可以创建 8 行 10 列的表格。

将鼠标光标定位在需要插入表格的地方。单击【插入】选项卡下的【表格】按钮，在

【插入表格】区域内选择要插入表格的行数和列数，即可在指定位置插入表格。选中的单元格将以蓝色显示，并在上方显示选中的行数和列数，如下图所示。

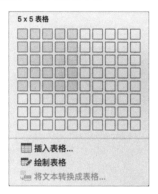

> **│提示│**:::::::::
>
> 插入表格后，单击表格左上角的按钮选择所有表格并右击，在弹出的快捷菜单中选择【删除表格】选项，即可将表格删除，如下图所示。
>
>

2. 使用【插入表格】对话框创建表格

使用表格菜单创建表格固然方便，可是由于菜单所提供的单元格数量有限，因此只能创建有限的行数和列数；而使用【插入表格】对话框，则不受数量限制，并且可以对表格的宽度进行调整。在本案例店庆活动宣传页中，使用【插入表格】对话框创建表格，具体操作步骤如下。

第1步 将鼠标光标定位至需要插入表格的地方。单击【插入】选项卡下的【表格】按钮，在弹出的下拉列表中选择【插入表格】选项，如下图所示。

第2步 弹出【插入表格】对话框，设置【列数】为【2】、【行数】为【8】，单击【确定】按钮，如下图所示。

> **│提示│**:::::::::
>
> 【"自动调整"操作】区域中各个单选按钮的含义如下所示。
>
> 【初始列宽】单选按钮：设定列宽的具体数值，单位是厘米。当选择为自动时，表示表格将自动在窗口填满整行，并平均分配各列为固定值。
>
> 【根据内容调整表格】单选按钮：根据单元格的内容自动调整表格的列宽和行高。
>
> 【根据窗口调整表格】单选按钮：根据窗口大小自动调整表格的列宽和行高。

第3步 插入表格后，参照"店庆资料 .txt"文件中的内容在表格中输入数据。将鼠标指针移动到表格的右下角，当鼠标指针变为 ↘ 形状时，按住鼠标左键并拖曳，即可调整表格的大小，如下图所示。

3.5.2 美化表格

在 Microsoft Word 中表格制作完成后，可对表格的边框、底纹及表格内的文本进行美化设置，使宣传页看起来更加美观。

（1）填充表格底纹。为了突出表格内的某些内容，可以为其填充底纹，以便查阅者能够清楚地看到要突出的数据。填充表格底纹的具体操作步骤如下。

第1步 选择要填充底纹的单元格，单击【表设计】选项卡下的【底纹】下拉按钮 ，在弹出的下拉列表中选择一种底纹颜色，如下图所示。

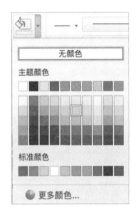

第2步 即可看到设置底纹后的效果，如下图所示。

产品类型	折扣力度
冰箱	0.76
电视	0.73
洗衣机	0.82
空调	0.94
热水器	0.9
整体橱柜	0.86
小家电	0.6

┃提示┃∷∷∷∷∷∷

选择要设置底纹的表格，单击【开始】选项卡下的【底纹】按钮，在弹出的下拉列表中也可以选择一种底纹颜色填充表格底纹，如下图所示。

第3步 选中刚才设置底纹的单元格，单击【表设计】选项卡下的【底纹】下拉按钮 ，在弹出的下拉列表中选择【无颜色】选项，如下图所示。

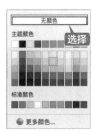

第4步 即可清除设置的表格底纹颜色，如下图所示。

（2）设置表格的边框类型。设置表格的边框可以使表格更加美观。如果用户对默认的表格边框设置不满意，可以重新进行设置。为表格添加边框的具体操作步骤如下。

第1步 选择整个表格，单击【布局】选项卡下的【属性】按钮 属性 。弹出【表格属性】对话框，选择【表格】选项卡，单击【边框和底纹】按钮，如下图所示。

第2步 弹出【边框和底纹】对话框，在【边框】选项卡下选择【设置】选项组中的【自定义】选项，如下图所示。

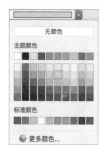

第3步 在【样式】列表框中任意选择一种线型，这里选择一种线型，设置【颜色】为【红色】，设置【宽度】为【1/2 磅】。选择要设置的边框位置，即可看到预览效果，如下图所示。

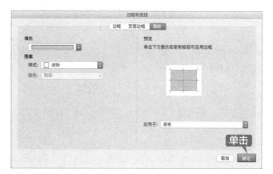

> **提示**
>
> 还可以在【设计】选项卡下的【边框】选项组中更改边框的样式。

第4步 单击【底纹】选项卡下【填充】组中的下拉按钮，在弹出的【主题颜色】面板中，选择【橙色，个性色 2，淡色 60%】选项，如下图所示。

第5步 返回【边框和底纹】对话框，在【预览】区域即可看到设置底纹后的效果，单击【确定】按钮，如下图所示。

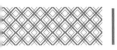

第6步 返回【表格属性】对话框，单击【确定】按钮，如下图所示。

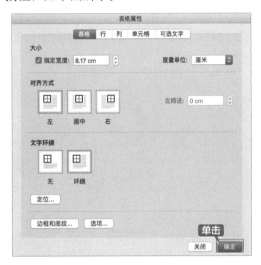

第7步 在宣传页文档中，即可看到设置表格边框类型后的效果，如下图所示。

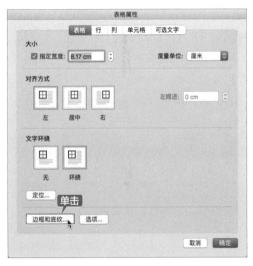

第8步 选择整个表格，单击【布局】选项卡下的【属性】按钮 属性。弹出【表格属性】对话框，选择【表格】选项卡，单击【边框和底纹】按钮，如下图所示。

第9步 弹出【边框和底纹】对话框，在【边框】选项卡下选择【设置】选项组中的【无】选项，在【预览】区域即可看到设置边框后的效果，如下图所示。

第10步 单击【底纹】选项卡下【填充】组中的下拉按钮，在弹出的【主题颜色】面板中，选择【无颜色】选项，如下图所示。

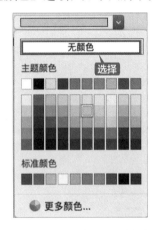

第11步 返回【边框和底纹】对话框，在【预览】区域即可看到设置底纹后的效果，单击【确定】按钮，如下图所示。

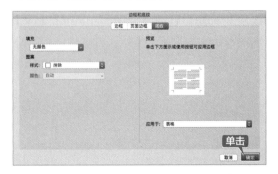

第12步 返回【表格属性】对话框，单击【确定】按钮，如下图所示。

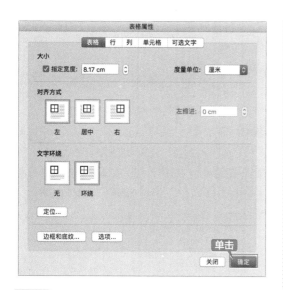

第13步 在宣传页文档中，即可查看取消边框和底纹后的效果，如下图所示。

第2步 单击【表设计】选项卡下的【其他】按钮，在弹出的下拉列表中选择一种表格样式并单击，即可将选择的表格样式应用到表格中，如下图所示。

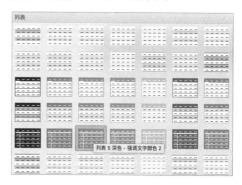

第3步 返回宣传页文档中，即可查看应用表格样式后的效果，如下图所示。

（3）快速应用表格样式。Microsoft Word 中内置了多种表格样式，用户可以根据需要选择要设置的表格样式，即可将其应用到表格中，具体操作步骤如下。

第1步 将鼠标光标置于要设置样式的表格的任意位置（也可以在创建表格时直接应用自动套用格式）或选中表格，如下图所示。

3.6 使用自选图形

利用 Microsoft Word 软件提供的形状，可以绘制出各种形状，来为宣传页设置个别内容醒目的效果。形状分别为线条、矩形、基本形状、箭头总汇、公式形状、流程图、星与旗帜和标注，用户可以根据需要从中选择适当的形状，具体操作步骤如下。

第1步 单击【插入】选项卡下的【形状】下拉按钮，在弹出的【形状】下拉列表中选择【矩形】选项，如下图所示。

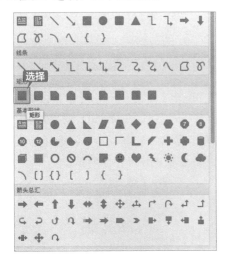

第2步 在文档中选择要绘制形状的起始位置，按住鼠标左键并拖曳至合适位置，松开鼠标左键，即可完成形状的绘制，如下图所示。

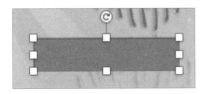

第3步 选中插入的矩形形状，将鼠标指针移动到【形状】边框的 4 个角上，当鼠标指针变为 ↖ 形状时，按住鼠标左键并拖曳，即可改变【形状】的大小，如下图所示。

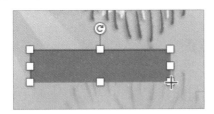

第4步 选中插入的矩形形状，将鼠标指针移动到【形状】边框上，当鼠标指针变为 ✥ 形状时，按住鼠标左键并拖曳，即可调整【形状】的位置，如下图所示。

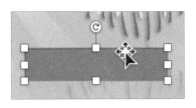

第5步 单击【形状格式】选项卡下的【其他】按钮，在弹出的下拉列表中选择【细微效果－橙色，着色 2】选项，即可将选择的表格样式应用到形状中，如下图所示。

第6步 在宣传页上即可查看设置矩形形状样式后的效果，如下图所示。

第7步 单击【形状格式】选项卡下【排列】组中的【自动换行】按钮，在弹出的下拉列表中选择【衬于文字下方】选项，如下图所示。

第 8 步 单击【插入】选项卡下的【艺术字】按钮 A，在弹出的下拉列表中选择一种艺术字样式。在弹出的文本框中，输入文字"活动期间进店即有礼相送！"，并根据矩形形状的大小和位置，调整文本框的大小和位置，如下图所示。

3.7 用折线图表示活动力度

用折线图表示活动力度，可以方便阅读，使读者对产品的活动情况一目了然，快速获取需要的信息。

3.7.1 插入图表

Microsoft Word 中可以插入图表，使宣传页中要传达的信息更加简单明了，具体操作步骤如下。

第 1 步 选择文档中要插入图表的位置，单击【插入】选项卡下的【图表】按钮 ，在弹出的下拉列表中选择【折线图】→【折线图】选项，如下图所示。

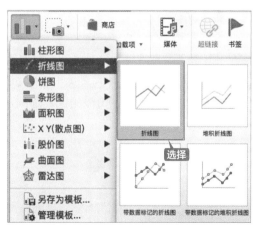

第 2 步 即可在文档中生成一个折线图表，并弹出【Microsoft Office Word 中的图表】表格，效果如下图所示。

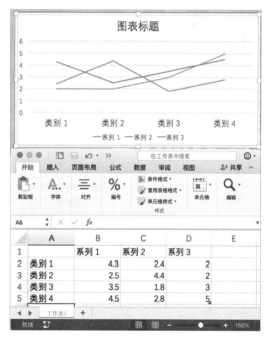

第 3 步 根据表格的内容修改 Excel 表格中的内容，折线图也会根据表格进行调整，如下图所示。

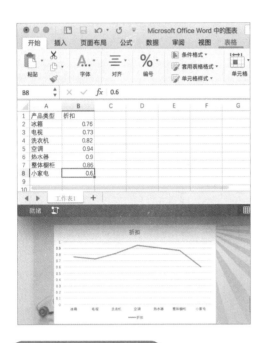

第4步 关闭 Excel 表格，并调整图表的大小和位置，完成插入图表的操作，如下图所示。

3.7.2 美化图表

美化图表不仅可以使宣传页看起来更美观，还可以突出显示图表中的数据，具体操作步骤如下。

第1步 选择图表，选择【图表设计】选项卡下的【其他】按钮，在弹出的下拉列表中选择【样式3】选项，如下图所示。

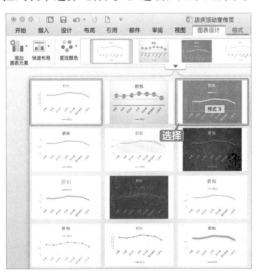

第2步 在宣传页文档中，即可更改图表的样式，如下图所示。

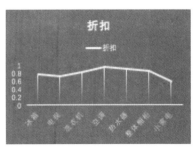

第3步 选择【图表设计】选项卡下的【更改颜色】按钮，在弹出的下拉列表中选择【单色 调色板2 橙色渐变，由深到浅】选项，如下图所示。

第 4 步 在宣传页文档中，即可查看更改颜色后的图表的样式，如下图所示。

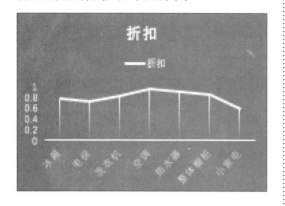

第 5 步 选择【格式】选项卡下的【其他】按钮，在弹出的下拉列表中选择【中等效果－橙色，着色 2】选项，如下图所示。

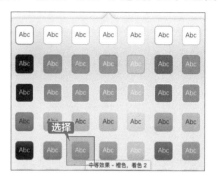

第 6 步 即可得到店庆活动宣传页最终效果，如下图所示。

举一反三

制作企业培训流程图

与店庆活动宣传页类似的文档还有企业培训流程图、产品活动宣传页、产品展示文档、公司业务流程图等。排版这类文档时，都要做到色彩统一、图文结合，编排简洁，使读者能把握重点并快速获取需要的信息。下面就以制作企业培训流程图为例进行介绍，具体操作步骤如下。

第 1 步 设置页面

新建空白文档，设置流程图页面边距、页面大小、插入背景等，如下图所示。

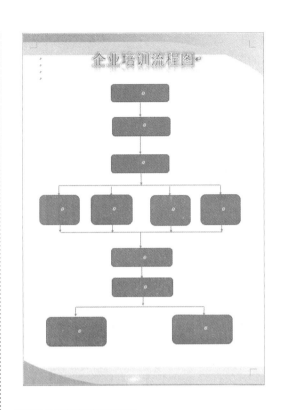

第2步 添加流程图标题

选择【插入】选项卡下【文本】组中的【艺术字】选项，在流程图中插入艺术字标题"企业培训流程图"，并设置文字效果，如下图所示。

第4步 添加文字

在插入的流程图形状中，根据企业的培训流程添加文字，并对文字与形状的样式进行调整，如下图所示。

第3步 插入流程图形状

根据企业的培训流程，在文档中插入自选流程图形，如下图所示。

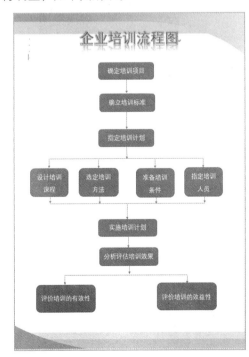

◇ 用 Mac 自动分类快速查找文件

当计算机中的文件越来越多时，快速查找所需文件就成为了一件令人头痛的事情。下面来介绍一种通过改变文件的显示方式快速查找文件的方法，具体操作步骤如下。

第1步 在 Dock 栏中单击 Finder 图标，选择需要打开的文件夹并双击打开，如下图所示。

第2步 单击窗口上方的【直栏显示】按钮 Ⅲ，即可将文件分层显示出来，效果如下图所示。

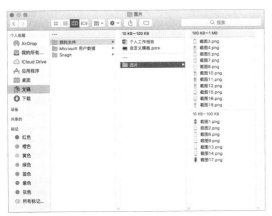

第3步 单击【更改项目排列】按钮的下拉按钮，在弹出的下拉列表中选择一种分类方式。系统可以将文件自动分类，从而帮助用户快速查找文件，这里选择【种类】选项，如下图所示。

图所示。

第4步 即可看到文件已按照【种类】的分类方式将文件快速分类，效果如下图所示。

◇ 活用标记轻松追踪文件

Mac 系统提供的标记功能，帮助用户标记文件，从而快速找到文件，用户可以根据需要，先给各色标记下定义。例如，可以将"红色"标记定义为"最重要的"，"橙色"标记定义为"次重要的"，"黄色"标记定义为"一般重要的"。其具体操作步骤如下。

第1步 在 Dock 栏中单击 Finder 图标，即可看到在对话框的左侧区域中的标记列表，右击【红色】标记选项，在弹出的快捷菜单中选择【给"红色"重新命名】选项，如下图所示。

第2步 将"红色"标记命名为"最重要的"，

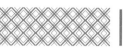

如下图所示。

第3步 使用相同的方法为其他颜色的标记重命名，效果如下图所示。

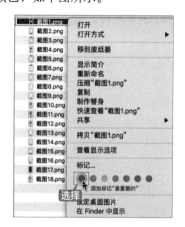

第4步 选择需要做标记的文件并右击，在弹出的快捷菜单中选择【标记】选项下的一种标记颜色，如下图所示。

第5步 即可为文件添加标记，效果如下图所示。

第6步 标记添加完成后，在下次使用时可以根据添加的标记快速找到文件。打开【Finder】，在界面右侧的标记区域中，选择一项标记，这里选择【最重要的】标记选项，即可打开【最重要的】标记列表框，在右侧列表框中看到所有添加【最重要的】标记的文件和文件夹，如下图所示。

第7步 选择需要的文件即可，最重要的文件处理完之后，可以将标记删除。在左侧列表中，右击【最重要的】标记选项，在弹出的下拉列表中选择【删除标记"最重要的"】选项，如下图所示。

第8步 弹出信息提示框，单击【删除标记】按钮即可，如下图所示。

可按照相同的方法，依次处理次重要的、一般重要的和不重要的文件，直至文件处理完毕。

第4章
Word 高级应用——长文档的排版

📖 本章导读

在办公与学习中，经常会遇到包含大量文字的长文档，如毕业论文、个人合同、公司合同、企业管理制度、公司培训资料、产品说明书等。使用 Word 提供的创建和更改样式、插入页眉和页脚、插入页码、创建目录等操作，可以方便地对这些长文档进行排版。本章就以制作礼仪培训资料为例，介绍一下长文档的排版技巧。

📡 思维导图

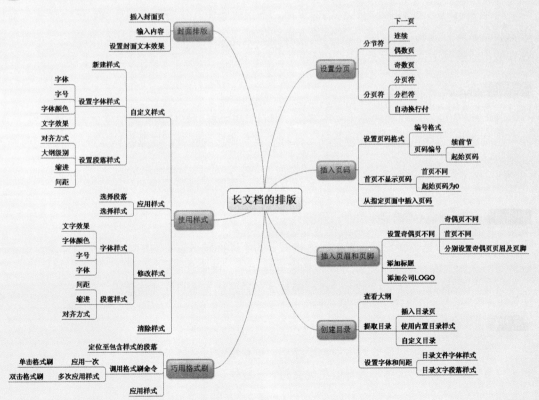

 4.1 公司培训资料

公司培训资料是公司的内部资料，主要目的是培训公司员工，提高员工的业务或个人素质能力。

实例名称：制作公司培训资料		
实例目的：学习长文档的排版		
	素材	素材 \ch04\ 公司培训资料 .docx
	结果	结果 \ch04\ 公司培训资料 .docx
	录像	录像 \04 第 4 章

4.1.1 案例概述

公司培训资料是公司针对公司员工开展的一种为了提高人员素质、能力和工作绩效，而实施的有计划、有系统的培养和训练活动。目的在于提高员工的知识、技能并改善员工的工作方法、工作态度及工作的价值观，从而发挥出最大的潜力来提高个人和组织的业绩，推动组织和个人的不断进步，实现组织和个人的双重发展。本节就以制作公司礼仪培训资料为例，介绍制作公司培训资料的操作。

良好的礼仪能使客户对公司有一个积极的印象，礼仪培训资料的版面也需要赏心悦目。制作一份格式统一、工整的公司礼仪培训资料，不仅能够使礼仪培训资料美观，还方便礼仪培训者查看，能够把握礼仪培训重点并快速掌握礼仪培训内容，起到事半功倍的效果。对礼仪培训资料的排版需要注意以下几点。

1. 格式统一

（1）礼仪培训资料内容分为若干等级，相同等级的标题要使用相同的字体样式（包括字体、字号、颜色等），不同等级的标题之间字体样式要有明显的区分。通常按照等级高低将字号由大到小设置。

（2）正文字号最小且需要统一所有正文样式，否则文档将显得杂乱。

2. 层次结构区别明显

（1）可以根据需要设置标题的段落样式，为不同标题设置不同的段间距和行间距，使不同标题等级之间或者是标题和正文之间结构区分更明显，便于读者查阅。

（2）使用分页符将礼仪培训资料中需要单独显示的页面另起一页显示。

3. 提取目录便于阅读

（1）根据标题等级设置对应的大纲级别，这是提取目录的前提。

（2）添加页眉和页脚不仅可以美化文档，还能快速向读者传递文档信息，可以设置奇偶页不同的页眉和页脚。

（3）插入页码也是提取目录的必备条件之一。

（4）提取目录后可以根据需要设置目录的样式，使目录格式工整、层次分明。

4.1.2 设计思路

排版礼仪培训资料时可以按以下的思路进行。

（1）制作礼仪培训资料封面，包含礼仪培训项目名称、礼仪培训时间等，可以根据需要对封面进行美化。

（2）设置礼仪培训资料的标题、正文格式，包括文本样式及段落样式等，并根据需要设置标题的大纲级别。

（3）使用分隔符或分页符设置文本格式，将重要内容另起一页显示。

（4）插入页码、页眉和页脚，并根据要求提取目录。

4.1.3 涉及知识点

本案例主要涉及以下知识点。

（1）使用样式。

（2）使用格式刷工具。

（3）使用间隔符、分页符。

（4）插入页码。

（5）插入页眉和页脚。

（6）提取目录。

4.2 对封面进行排版

首先为礼仪培训资料添加封面，具体操作步骤如下。

第1步 打开随书光盘中的"素材 \ch04\ 公司培训资料 .docx"文档，将鼠标光标定位至文档最前的位置，单击【插入】选项卡下的【空白页】按钮，如下图所示。

第2步 即可在文档中插入一个空白页面，将鼠标光标定位至页面最开始的位置，如下图所示。

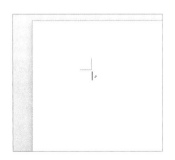

第3步 按【Enter】键换行，并输入文字"公"，按【Enter】键换行，然后依次输入

"司""培""训""资""料"文本并换行，最后输入日期，效果如下图所示。

第 4 步 选中"公司培训资料"文本并右击，在弹出的快捷菜单中选择【字体】选项。打开【字体】对话框，在【字体】选项卡下设置【中文字体】为【华文楷体】、【西文字体】为【（使用中文字体）】、【字形】为【常规】，【字号】为【小初】，单击【确定】按钮，如下图所示。

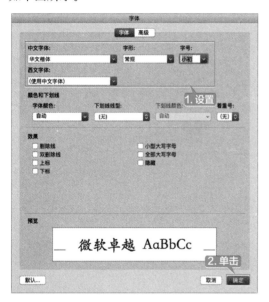

第 5 步 选中文本并右击，在弹出的快捷菜单中选择【段落】选项。打开【段落】对话框，在【缩进和间距】选项卡下【常规】组中设置【对齐方式】为【居中】，在【缩进】组中设置【间距】的【段前】为【1 线条】、【段后】为【0.5 线条】，设置【行距】为【多倍行距】，【设置值】为【1.2】，单击【确定】按钮，如下图所示。

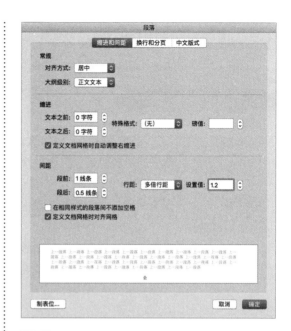

第 6 步 设置完成后效果如下图所示。

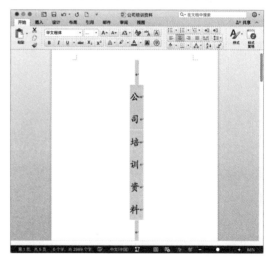

第 7 步 选中日期，设置日期文本的【字号】为【三号】，设置【对齐方式】为【右对齐】，如下图所示。

第 8 步 最后适当调整封面页中的内容，使其占满整个页面，最终效果如下图所示。

4.3 使用样式

样式是字体格式和段落格式的集合。在对长文本的排版中，可以使用样式对相同样式的文本进行样式套用，提高排版效率。

4.3.1 自定义样式

在对公司培训资料这类长文档的排版时，需要设置多种样式类型，然后将相同级别的文本使用同一样式。在公司培训资料文档中自定义样式的具体操作步骤如下。

第 1 步 选中"一、个人礼仪"文本，单击【开始】选项卡下的【样式窗格】按钮 ，如下图所示。

第 2 步 弹出【样式】窗格，单击窗格上方的【新建样式】按钮，如下图所示。

第 3 步 弹出【新建样式】对话框，在【属性】选项组中设置【名称】为【一级标题】，在【格式】选项组中设置【字体】为【华文行楷】，【字号】为【三号】，并设置【加粗】效果，如下图所示。

第4步 单击左下角【格式】后的下拉按钮，在弹出的下拉列表中选择【段落】选项，如下图所示。

第5步 弹出【段落】对话框，在【缩进和间距】选项卡下【常规】选项组中设置【对齐方式】为【两端对齐】、【大纲级别】为【1级】，在【间距】选项组中设置【段前】为【0.5线条】，单击【确定】按钮，如下图所示。

第6步 返回【新建样式】对话框，在预览窗口可以看到设置的效果，单击【确定】按钮，如下图所示。

第7步 即可创建名称为【一级标题】的样式，所选文字将会自动应用自定义的样式，如下图所示。

第8步 使用同样的方法选择"1. 个人仪表"文本，并将其样式命名为【二级标题】，设置其【字体】为【华文行楷】、【字号】为【四号】、【对齐方式】为"两端对齐"，如下图所示。

4.3.2 应用样式

创建样式后，即可将创建的样式应用到其他需要设置相同样式的文本中，应用样式的具体操作步骤如下。

第1步 选中"二、社交礼仪"文本，在【样式】窗格的列表中单击【一级标题】样式，即可将"一级标题"样式应用至所选段落，如下图所示。

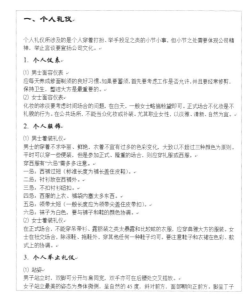

第2步 使用同样的方法对其余一级标题和二级标题进行设置，最终效果如下图所示。

4.3.3 修改样式

如果排版的要求在原来样式的基础上发生了一些变化，可以对样式进行修改，相应的应用该样式的文本的样式也会对应发生改变，具体操作步骤如下。

第1步 单击【开始】选项卡下的【样式窗格】按钮，弹出【样式】窗格，如下图所示。

第2步 选中要修改的样式，如"一级标题"样式，单击【一级标题】右侧的下拉按钮，在弹出的下拉列表中选择【修改样式】选项，如下图所示。

第3步 弹出【修改样式】对话框，将【格式】选项组内的【字体】改为【华文隶书】，单击左下角【格式】后的下拉按钮，在弹出的下拉列表中选择【段落】选项，如下图所示。

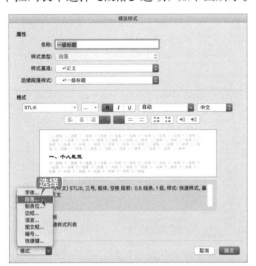

第4步 弹出【段落】对话框，将【间距】选项组中的【段前】设置为【1 线条】，【段后】设置为【1 线条】，单击【确定】按钮，如下图所示。

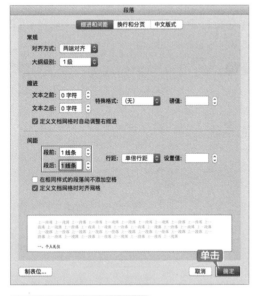

第5步 返回【修改样式】对话框，在预览窗口查看设置效果，单击【确定】按钮，如下图所示。

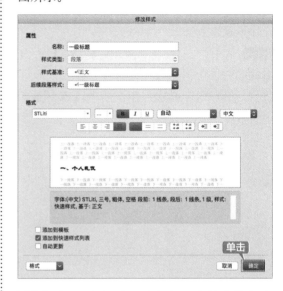

第6步 修改完成后，所有应用该样式的文本样式也相应的发生了变化，效果如下图所示。

4.3.4 清除样式

如果不再需要某些样式，可以将其清除，清除样式的具体操作步骤如下。

第1步 创建【字体】为【楷体】、【字号】为【11】、【首行缩进】为【2 字符】的名称为"正

文内容"的样式，并将其应用到正文文本中，
如下图所示。

第 2 步 选中"正文内容"样式，单击【正文内容】右侧的下拉按钮，在弹出的下拉列表中选择【删除】选项，如下图所示。

第 3 步 在弹出的信息提示框中单击【是】按钮，即可将该样式删除，如下图所示。

第 4 步 该样式即被从样式列表中删除，如下图所示。

第 5 步 相应的使用该样式的文本样式也发生了变化，效果如下图所示。

4.4 巧用格式刷

除了对文本套用创建好的样式外，还可以使用格式刷工具对相同格式的文本进行格式的设置。设置正文的样式并使用格式刷，具体操作步骤如下。

第 1 步 选中要设置正文样式的段落，如下图所示。

第 2 步 在【开始】选项卡下设置【字体】为【楷体】，设置【字号】为【11】，效果如下图所示。

第3步 在段落中任意位置右击，在弹出的快捷菜单中选择【段落】选项。弹出【段落】对话框，在【缩进和间距】选项卡下，设置【常规】选项组内【对齐方式】为【两端对齐】、【大纲级别】为【正文文本】，设置【缩进】选项组内【特殊格式】为【首行缩进】、【磅值】为【2字符】，设置【间距】选项组内【段前】为【0.5线条】、【段后】为【0.5线条】、【行距】为【单倍行距】，单击【确定】按钮，如下图所示。

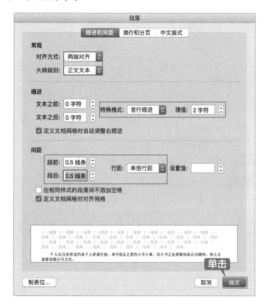

第4步 设置完成后，效果如下图所示。

第5步 双击【开始】选项卡下的【格式刷】按钮 ，可重复使用格式刷工具。使用格式刷工具对其余正文内容的格式进行设置，

最终效果如下图所示。

第6步 使用同样的方法为"（1）男士面容仪表"等文本添加【加粗】效果，将【字号】设置为【12】，并使用格式刷将样式应用到其他段落中，最终效果如下图所示。

4.5 设置培训资料分页

在礼仪培训资料中，有些文本内容需要进行分页显示，下面介绍如何使用分节符和分页符

进行分页。

4.5.1 使用分节符

分节符是指为表示节的结尾插入的标记。分节符包含节的格式设置元素，如页边距、页面的方向、页眉和页脚，以及页码的顺序。分节符起着分隔其前面文本格式的作用，如果删除了某个分节符，它前面的文字会合并到后面的节中，并且采用后者的格式设置。

第1步 将鼠标光标放置在任意段落末尾，单击【布局】选项卡下的【分隔】按钮，在弹出的下拉列表中选择【分节符】组中的【下一页】按钮，如下图所示。

第2步 即可将鼠标光标下方后面文本移至下一页，效果如下图所示。

第3步 如果删除分节符，可以将鼠标光标放置在插入分节符位置，按【Delete】键删除，效果如下图所示。

4.5.2 使用分页符

引导语可以让读者大致了解资料内容，作为概述性语言，可以单独放在一页上，具体操作步骤如下。

第1步 将鼠标光标放置在第2页文本最前面，按【Enter】键使文本向下移动一行，然后在空出的行内输入文字"引导语"，如下图所示。

第2步 选中"引导语"文本，设置【字体】为【楷体】，【字号】为【24】，【对齐方式】为【居中对齐】，效果如下图所示。

第3步 将鼠标光标放置在"一、个人礼仪"段落上一段落的最后位置，单击【布局】选项卡下的【间隔】按钮，如下图所示。

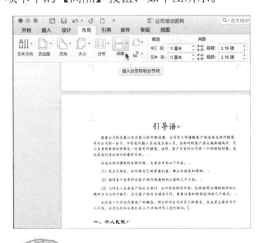

第4步 在弹出的下拉列表中选择【页面】选项，如下图所示。

第5步 即可将鼠标光标所在位置以下的文本移至下一页，效果如下图所示。

4.6 插入页码

对于礼仪培训资料这种篇幅较长的文档，页码可以帮助读者记住阅读的位置，阅读起来也更加方便。

4.6.1 设置页码格式

为了使页码达到最佳的显示效果，可以对页码的格式进行简单的设置，具体操作步骤如下。

第1步 单击【插入】选项卡下的【页码】按钮，在弹出的下拉列表中选择【设置页码格式】选项，如下图所示。

第2步 弹出【页码格式】对话框，在【编号格式】下拉列表中选择一种编号格式，单击【确定】按钮，如下图所示。

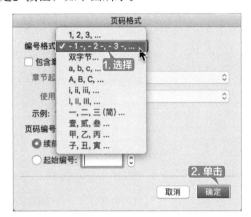

第3步 设置完成后效果如下图所示。

便会看作不礼貌

- 4 -

| 提示 |

【包含章节号】复选框：可以将章节号插入到页码中，可以选择章节起始样式和分隔符。

【续前节】单选按钮：接着上一节的页码连续设置页码。

【起始编号】单选按钮：选中此单选按钮后，可以在后方的微调框中输入起始页码数。

4.6.2 首页不显示页码

礼仪培训资料的首页是封面，一般不显示页码，使首页不显示页码的具体操作步骤如下。

第1步 单击【插入】选项卡下的【页码】按钮，在弹出的下拉列表中选择【设置页码格式】选项，如下图所示。

第2步 弹出【页码格式】对话框，在【页码编号】选区选中【起始编号】单选按钮，在微调框中输入"0"，单击【确定】按钮，如下图所示。

第3步 将鼠标光标放置在页码位置并双击，即可进入"页码编辑"状态，如下图所示。

第4步 选中【页眉和页脚】选项卡下的【首页不同】复选框，如下图所示。

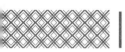

第5步 设置完成后，单击【关闭页眉和页脚】按钮，如下图所示。

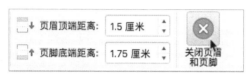

第6步 即可取消首页页码的显示，效果如下图所示。

4.6.3 从指定页面中插入页码

对于某些文档，由于说明性文字或与正文无关的文字篇幅较多，需要从指定的页面开始添加页码，具体操作步骤如下。

第1步 将鼠标光标放置在引导语段落文本末尾，如下图所示。

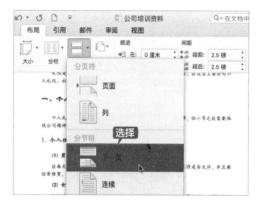

第2步 单击【布局】选项卡下的【间隔】按钮，在弹出的下拉列表中选择【分节符】组的【下一页】选项，如下图所示。

第3步 插入【下一页】分节符，鼠标光标将在下一页显示，双击此页页脚位置，进入页脚编辑状态，单击【页眉和页脚】选项卡下的【链接到上一个】按钮，如下图所示。

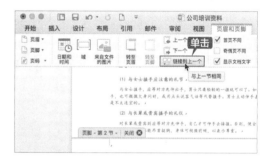

第4步 单击【页眉和页脚】选项卡下的【页码】按钮，在弹出的下拉列表中选择【设置页码格式】选项，弹出【页码格式】对话框，选择一种"编号格式"，设置【起始编号】为【2】，单击【确定】按钮，如下图所示。

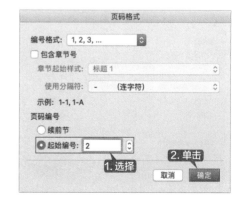

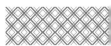

第 5 步 单击【关闭页眉和页脚】按钮，效果如下图所示。

| 提示 |

从指定页面插入页码的操作在长文档的排版中会经常遇到，排版时不需要此操作，可以将其删除，并重新插入符合要求的页码样式。

4.7 插入页眉和页脚

在页眉和页脚中可以输入创建文档的基本信息，如在页眉中输入文档名称、章节标题或作者名称等信息，在页脚中输入文档的创建时间、页码等。不仅能使文档更美观，还能向读者快速传递文档要表达的信息。

4.7.1 设置为奇偶页不同

页眉和页脚都可以设置为奇偶页不同，使奇偶页显示不同的内容以传达更多信息。下面设置页眉的奇偶页不同，具体操作步骤如下。

第 1 步 将鼠标光标放置在页眉位置并双击，进入页眉编辑状态，如下图所示。

第 2 步 选中【页眉和页脚】选项卡下的【奇偶页不同】复选框，如下图所示。

第 3 步 页面会自动跳转至页眉编辑页面，在文本编辑栏中输入偶数页页眉，并设置文本

样式，如下图所示。

第 4 步 使用同样的方法输入偶数页的页脚并设置文本样式，单击【关闭页眉和页脚】按钮，完成奇偶页不同页眉和页脚的设置，效果如下图所示。

4.7.2 添加标题

在公司礼仪培训资料的页眉处添加标题会使文档看起来逻辑清晰，具体操作步骤如下。

第1步 将鼠标光标放置在页眉位置并双击，进入页眉编辑状态。取消选中【页眉和页脚】选项卡下的【奇偶页不同】复选框，如下图所示。

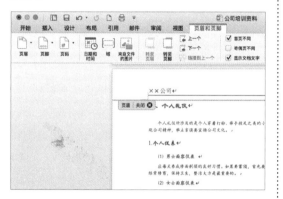

第2步 单击【页眉和页脚】选项卡下的【域】按钮，弹出【域】对话框，如下图所示。

第3步 在【类别】下拉列表框中选择【链接和引用】选项，在【域名】下拉列表框中选择【StyleRef】选项。然后单击左下角的【选项】按钮，如下图所示。

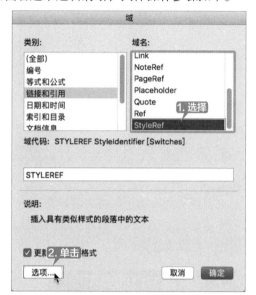

第4步 弹出【域选项】对话框，选择【样式】选项卡，在【名称】下拉列表框中选择【一级标题】选项，单击下拉列表框下方的【添加到域】按钮，即可在【域代码】下方的文本框中显示出来，单击【确定】按钮，如下图所示。

第5步 返回【域】对话框，单击【确定】按钮，如下图所示。

第6步 即可在页眉处插入标题，适当调整标题和页眉的位置，然后单击【关闭页眉和页脚】按钮，最终效果如下图所示。

4.7.3 添加公司 LOGO

在公司礼仪培训资料里加入公司 LOGO 会使文件看起来更加美观，具体操作步骤如下。

第1步 将鼠标光标放置在页眉位置并双击，进入页眉编辑状态，如下图所示。

第2步 单击【插入】选项卡下的【图片】按钮，在弹出的下拉列表中选择【来自文件的图片】选项，如下图所示。

第3步 在弹出的界面中，选择随书光盘中的"素材\ch04\公司 LOGO.png"图片，单击【插入】按钮，如下图所示。

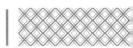

第4步 即可插入图片到页眉，并调整图片大小，如下图所示。

第5步 单击【关闭页眉和页脚】按钮，效果如下图所示。

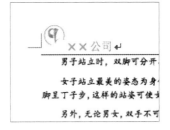

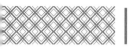

 4.8 创建目录

目录是公司礼仪培训资料的重要组成部分，目录可以帮助读者更方便的阅读资料，使读者更快地找到自己想要阅读的内容。

4.8.1 通过导航查看培训资料大纲

对文档应用了标题样式或设置标题级别之后，可以在导航窗格中查看设置后的效果，并可以快速切换至所要查看章节，显示导航窗格的具体操作步骤如下。

选择【视图】选项卡，选中【导航窗格】复选框，在屏幕左侧单击【文档结构图】按钮 ≡ ，即可显示文档大纲，如下图所示。

4.8.2 提取目录

为方便阅读，需要在公司礼仪培训资料中加入目录，插入目录的具体操作步骤如下。

第1步 将鼠标光标定位在"引导语"前，单击【布局】选项卡下的【间隔】按钮，在弹出的下拉列表中选择【分页符】选项组中的【页面】选项，如下图所示。

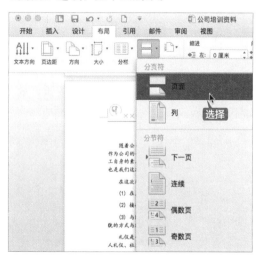

第2步 将鼠标光标放置在新插入的页面，在空白页输入"目录"文本，并根据需要设置字体样式，如下图所示。

第3步 单击【引用】选项卡下的【目录】按钮，在弹出的下拉列表中选择【自定义目录】选项，如下图所示。

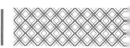

第4步 弹出【目录】对话框，在【格式】列表框中选择【正式】选项，将【显示级别】设置为【2】，单击【选项】按钮，如下图所示。

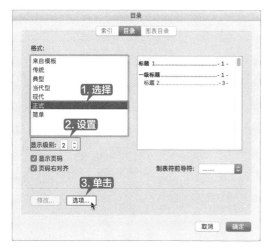

第5步 弹出【目录选项】对话框，设置【二级标题】的【目录级别】为【2】，单击【确定】按钮，如下图所示。

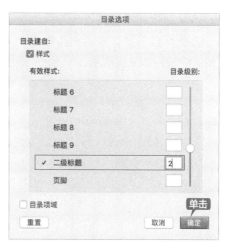

第6步 返回【目录】对话框，在预览区域可以看到设置后的效果，单击【确定】按钮，如下图所示。

第7步 插入目录效果如下图所示。

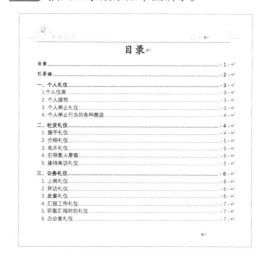

第8步 将鼠标指针移动到目录的页码上，鼠标指针会变为 👆 形状，单击相应链接即可跳转至相应标题，如下图所示。

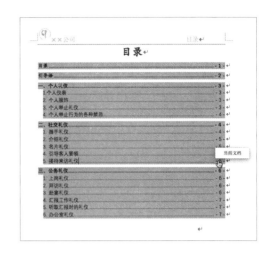

4.8.3 设置目录字体和间距

目录是文章的导航型文本，合适的字体和间距会方便读者快速找到需要的信息。设置目录字体和间距的具体操作步骤如下。

第1步 选中除"目录"文本外所有目录内容，选择【开始】选项卡，单击【字体】文本框下拉按钮，在弹出的下拉列表中选择【等线Light（标题）】选项，【字号】设置为【10】，如下图所示。

第2步 单击【开始】选项卡下的【行和段落间距】按钮，在弹出的下拉列表中选择【1.5】选项，如下图所示。

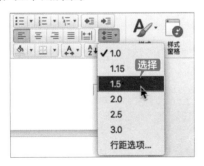

第3步 设置完成后效果如下图所示。

至此，就完成了公司礼仪培训资料的排版。

排版毕业论文

设计毕业论文时需要注意的是，文档中同一类别的文本的格式要统一，层次要有明显的区分，要对同一级别的段落设置相同的大纲级别。还需要将需要单独显示的页面单独显示，本节根据需要制作毕业论文。

排版毕业论文时可以按以下的思路进行。

第1步 设计毕业论文首页

制作毕业论文封面，包含题目、个人相关信息、指导教师和日期等，如下图所示。

第2步 设计毕业论文格式

在撰写毕业论文的时候，学校会统一毕业论文的格式，需要根据提供的格式统一样式，如下图所示。

第3步 设置页眉并插入页码

在毕业论文中可能需要插入页眉，使文档看起来更美观，还需要插入页码，如下图所示。

第4步 提取目录

格式设计完成之后就可以提取目录了，如下图所示。

◇ 跳过清倒废纸篓的警告信息

跳过清倒废纸篓的警告信息的具体操作步骤如下。

第1步 单击 Dock 栏中的 Finder 图标，打开【Finder】，在 Finder 菜单中选择【Finder】→【偏好设置】选项，如下图所示。

第2步 弹出【Finder 偏好设置】对话框，选择【高级】选项卡，在下方取消选中【清倒废纸篓之前显示警告】复选框，即可跳过清倒废纸篓的警告信息，如下图所示。

◇ 如何快速打开最近使用过的文件和文件夹

快速打开最近使用过的文件和文件夹的

具体操作步骤如下。

第1步 单击 Dock 栏中的 Finder 图标，打开【Finder】，在 Finder 菜单中选择【前往】→【最近使用的文件夹】选项，在弹出的子菜单中即可看到最近使用过的文件夹，选择需要的文件夹打开即可，如下图所示。

第2步 单击【苹果菜单】按钮，在弹出的苹果菜单中选择【最近使用的项目】选项，即可在弹出的级联菜单中看到最近使用过的项目列表，选择需要的文件打开即可，如下图所示。

第 **2** 篇

　　本篇主要介绍 Excel 中的各种操作。通过本篇的学习，读者可以学习 Excel 的基本操作，Excel 表格的美化，初级数据处理与分析，图表、数据透视表及公式和函数的应用等操作。

第5章

Excel 的基本操作

⊜ 本章导读

　　Microsoft Excel 提供了创建工作簿、工作表、输入和编辑数据、插入行与列、设置文本格式、页面设置等基本操作，可以方便地记录和管理数据，本章就以制作公司员工考勤表为例介绍 Excel 表格的基本操作。

✈ 思维导图

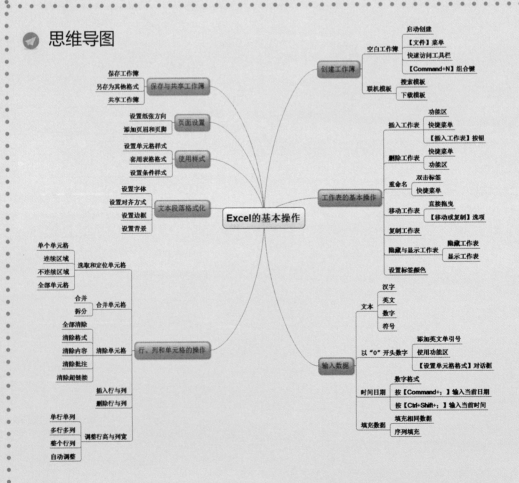

5.1 公司员工考勤表

制作公司员工考勤表要做到精确，确保能准确记录公司员工的考勤情况。

实例名称：制作公司员工考勤表	
实例目的：掌握 Excel 的基本操作	
素材	素材 \ch05\ 公司员工考勤表 .xlsx
结果	结果 \ch05\ 公司员工考勤表 .xlsx
录像	录像 \05 第 5 章

5.1.1 案例概述

公司员工考勤表是公司员工每天上下班的凭证，也是员工领取工资的凭证，它记录了员工上班的天数、准确的上下班时间，以及迟到、早退、旷工、请假等情况，制作公司员工考勤表时，需要注意以下几点。

1. 数据准确

（1）制作公司员工考勤表时，选取单元格要准确，合并单元格时要安排好合并的位置，插入的行和列要定位准确，以确保考勤表数据计算的准确。

（2）Excel 中的数据分为数字型、文本型、日期型、时间型、逻辑型等，要分清考勤表中的数据是哪种数据类型，做到数据输入准确。

2. 便于统计

（1）制作的表格要完整，精确到每一个工作日，可以把节假日用其他颜色突出显示，便于统计加班时的考勤。

（2）根据公司情况可以分别设置上午、下午的考勤时间，也可以不区分上午、下午。

3. 界面简洁

（1）确定考勤表的布局，避免多余数据。

（2）合并需要合并的单元格，为单元格内容保留合适的位置。

（3）字体不宜过大，单表格的标题与表头一栏可以适当加大加粗字体。

公司员工考勤表属于企业管理内容中的一小部分，是公司员工上下班的文本凭证，本章就以制作公司员工考勤表为例介绍 Excel 表格的基本操作。

5.1.2 设计思路

制作员工考勤表时可以按以下思路进行。

（1）创建空白工作簿，并对工作簿进行保存与命名。

（2）合并单元格，并调整行高与列宽。

（3）在工作簿中输入文本与数据，并设置文本格式。

（4）设置单元格样式并设置条件格式。

（5）设置纸张方向，并添加页眉和页脚。

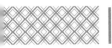

（6）另存为兼容格式，共享工作簿。

5.1.3 涉及知识点

本案例主要涉及以下知识点。

（1）创建空白工作簿。

（2）合并单元格。

（3）插入与删除行和列。

（4）设置文本段落格式。

（5）页面设置。

（6）设置条件样式。

（7）保存与共享工作簿。

5.2 创建工作簿

在制作公司员工考勤表时，首先要创建空白工作簿，并对创建的工作簿进行保存与命名。

5.2.1 创建空白工作簿

工作簿是指在 Excel 中用来存储并处理工作数据的文件，在 Microsoft Excel 中，其扩展名是".xlsx"。通常所说的 Excel 文件就是工作簿文件。在使用 Excel 时，首先需要创建一个工作簿，具体创建方法有以下几种。

1. 启动自动创建

使用自动创建，可以快速地在 Excel 中创建一个空白的工作簿，在本案例制作公司员工考勤表中，可以使用自动创建的方法创建一个工作簿。

第1步 启动 Microsoft Excel 后，在打开的界面中选择【空白工作簿】选项，单击【创建】按钮，如下图所示。

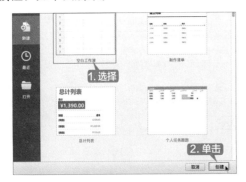

第2步 系统会自动创建一个名称为"工作簿1"的工作簿，如下图所示。

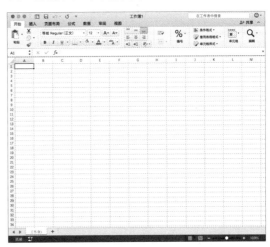

第3步 在 Excel 菜单中选择【文件】→【另存为】选项，在弹出的保存界面中选择文件要保存

的位置,并在【存储为】文本框中输入"公司员工考勤表",单击【存储】按钮,如下图所示。

2. 使用【文件】菜单

如果已经启动 Microsoft Excel,也可以再次新建一个空白的工作簿。

在 Excel 菜单中选择【文件】→【新工作簿】选项,即可创建一个新的空白工作簿,如下图所示。

3. 使用快速访问工具栏

使用快速访问工具栏,也可以新建空白工作簿。

在快速访问工具栏中单击【自定义快速访问工具栏】按钮 ,在弹出的下拉菜单中选择【新建】选项。将【新建】按钮固定显示在【快速访问工具栏】中,然后单击【新建】按钮 ,即可创建一个空白工作簿,如下图所示。

4. 使用快捷键

使用快捷键,可以快速地新建空白工作簿。

在打开的工作簿中,按【Command + N】组合键即可新建一个空白工作簿。

5.2.2 使用联机模板创建考勤表

启动 Microsoft Excel 后,可以使用联机模板创建考勤表。

第1步 在快速访问工具栏中单击【文件】按钮 ,弹出【Microsoft Excel】对话框。选择【新建】选项,在右上角出现【在所有模板中搜索】搜索框,如下图所示。

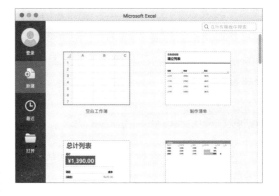

第2步 在【在所有模板中搜索】搜索框中输入"考勤表"，选择【员工考勤表】模板，单击右下角的【创建】按钮，如下图所示。

第3步 下载完成后，Excel 自动打开【员工考勤表 1】模板，如下图所示。

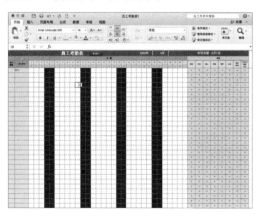

第4步 如果要使用该模板创建考勤表，只需要更改工作表中的数据并保存工作簿即可。这里单击功能区左上角的【关闭】按钮 ● ，在弹出的对话框中单击【不保存】按钮，如下图所示。

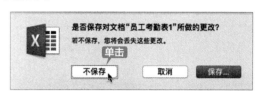

第5步 Excel 工作界面返回"公司员工考勤表"工作簿，如下图所示。

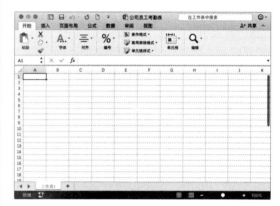

5.3 工作表的基本操作

工作表是工作簿里的一个表。Microsoft Excel 的一个工作簿默认有 1 个工作表，用户可以根据需要添加工作表，每一个工作簿最多可以包括 255 个工作表。在工作表的标签上显示系统默认的工作表名称为工作表 1、工作表 2、工作表 3。本节主要介绍公司员工考勤表中工作表的基本操作。

5.3.1 插入和删除工作表

除了新建工作表外，也可插入新的工作表来满足多工作表的需求。下面介绍几种插入工作表的方法。

1. 插入工作表

（1）使用功能区。

第1步 在打开的 Excel 文件中，单击【开始】选项卡下的【插入】下拉按钮，在弹出的下拉列表中选择【插入工作表】选项，如下图所示。

第2步 即可在工作表的后面创建一个新工作表，如下图所示。

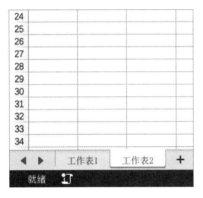

（2）使用快捷菜单插入工作表。

第1步 在工作表1的标签上右击，在弹出的快捷菜单中选择【插入工作表】选项，如下图所示。

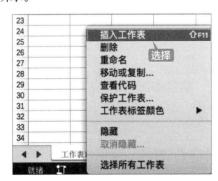

第2步 即可在当前工作表的后面插入一个新工作表。

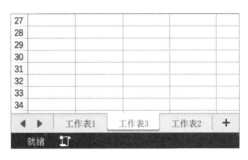

（3）使用【插入工作表】按钮。

单击工作表名称后的【插入工作表】按钮，也可以快速插入新工作表，如下图所示。

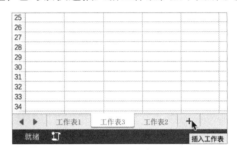

2. 删除工作表

（1）使用快捷菜单。

第1步 选中 Excel 中多余的工作表，在选中的工作表标签上右击，在弹出的快捷菜单中选择【删除】选项，如下图所示。

第2步 在 Excel 中即可看到删除工作表后的效果，如下图所示。

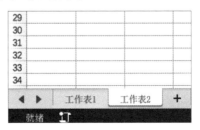

（2）使用功能区删除。

选择要删除的工作表，单击【开始】选项卡下的【删除】下拉按钮，在弹出的下拉列表中选择【删除工作表】选项，即可将选择的工作表删除，如下图所示。

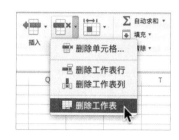

5.3.2 重命名工作表

每个工作表都有自己的名称，默认情况下以工作表 1、工作表 2、工作表 3……命名工作表。用户可以对工作表进行重命名操作，以便更好地管理工作表。

重命名工作表的方法有以下两种。

1. 在标签上直接重命名

第1步 双击要重命名的工作表标签工作表 1（此时该标签以高亮显示），进入可编辑状态，如下图所示。

第2步 输入新的标签名，按【Enter】键即可完成对该工作表标签进行的重命名操作，如下图所示。

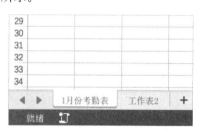

2. 使用快捷菜单重命名

第1步 在要重命名的工作表标签上右击，在弹出的快捷菜单中选择【重命名】选项，如下图所示。

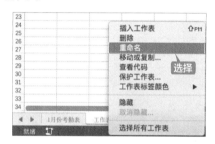

第2步 此时工作表标签会高亮显示，在标签上输入新的标签名，即可完成工作表的重命名，如下图所示。

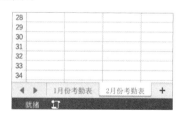

5.3.3 移动和复制工作表

在 Excel 中插入多个工作表后，可以复制和移动工作表。

1. 移动工作表

移动工作表最简单的方法是使用鼠标操作，在同一个工作簿中移动工作表的方法有以下两种。

（1）直接拖曳法。

第1步 选择要移动工作表的标签，按住鼠标左键不放，如下图所示。

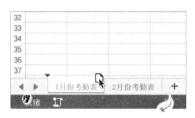

第2步 拖曳鼠标让指针到工作表的新位置，黑色倒三角会随鼠标指针移动，如下图所示。

第3步 释放鼠标左键，工作表即可被移动到新的位置，如下图所示。

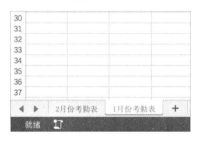

（2）使用快捷菜单法。

第1步 在要移动的工作表标签上右击，在弹出的快捷菜单中选择【移动或复制】选项，如下图所示。

第2步 在弹出的【移动或复制】对话框中选择要插入的位置，单击【确定】按钮，如下图所示。

第3步 即可将当前工作表移动到指定的位置，如下图所示。

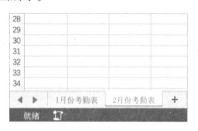

┃提示┃

　　另外，工作表不仅可以在同一个 Excel 工作簿中移动，还可以在不同的工作簿中移动。若要在不同的工作簿中移动工作表，则要求这些工作簿必须是打开的。打开【移动或复制】对话框，在【到工作簿】下拉列表中选择要移动的目标位置，单击【确定】按钮，即可将当前工作表移动到指定的位置，如下图所示。

2. 复制工作表

用户可以在一个或多个 Excel 工作簿中复制工作表，具体操作步骤如下。

第1步 选择要复制的工作表，在工作表标签上右击，在弹出的快捷菜单中选择【移动或复制】选项，如下图所示。

第2步 在弹出的【移动或复制】对话框中选择要复制的目标工作簿和插入的位置，然后选中【建立副本】复选框，单击【确定】按钮，如下图所示。

第3步 即可完成复制工作表的操作。

第4步 选择多余的工作表，在选中的工作表标签上右击，在弹出的快捷菜单中选择【删除】选项，如下图所示。

第5步 即可删除多余的工作表，如下图所示。

5.3.4 隐藏和显示工作表

用户可以对工作表进行隐藏和显示操作，以便更好地管理工作表。

第1步 选择要隐藏的工作表，在工作表标签上右击，在弹出的快捷菜单中选择【隐藏】选项，如下图所示。

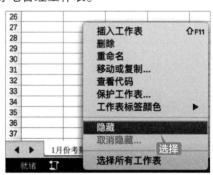

第2步 在 Excel 中即可看到"1 月份考勤表"工作表已被隐藏，如下图所示。

第3步 在任意一个工作表标签上右击，在弹出的快捷菜单中选择【取消隐藏】选项，如下图所示。

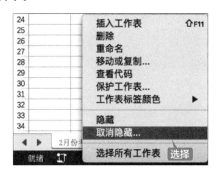

第4步 在弹出的【取消隐藏】对话框中，选择【1 月份考勤表】选项，单击【确定】按钮，

如下图所示。

第5步 在 Excel 中即可看到"1 月份考勤表"工作表已被重新显示，如下图所示。

| 提示 |

　　隐藏工作表时在工作簿中必须有两个或两个以上的工作表。

5.3.5 设置工作表标签的颜色

　　Excel 中可以对工作表的标签设置不同的颜色，以区分工作表的内容分类及重要级别等，可以使用户更好地管理工作表。

第1步 选择要设置标签颜色的工作表，在工作表标签上右击，在弹出的快捷菜单中选择【工作表标签颜色】选项，如下图所示。

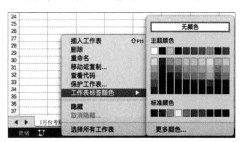

第2步 在弹出的【主题颜色】面板中，选择【标准颜色】选项组中的【红色】选项，如下图所示。

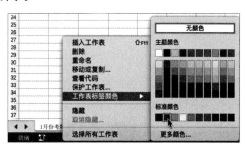

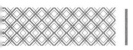

第3步 即可看到工作表的标签颜色已经更改为"红色",如下图所示。

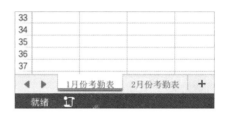

5.4 输入数据

对于单元格中输入的数据,Excel 会自动地根据数据的特征进行处理并显示出来。本节主要介绍公司员工考勤表中如何输入和编辑这些数据。

5.4.1 输入文本

单元格中的文本包括汉字、英文字母、数字和符号等。每个单元格最多可包含 32 767 个字符。在单元格中输入文字和数字,Excel 会将它显示为文本形式;若输入文字,Excel 则会作为文本处理;若输入数字,Excel 中会将数字作为数值处理。

选择要输入的单元格,从键盘上输入数据后按【Enter】键,Excel 会自动识别数据类型,并将单元格对齐方式默认设置为"左对齐"。

如果单元格列宽容纳不下文本字符串,多余字符串会在相邻单元格中显示,若相邻的单元格中已有数据,就截断显示,如下图所示。

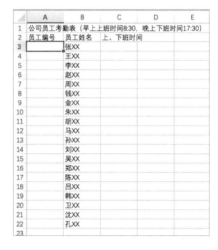

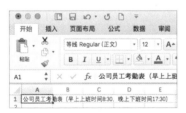

在考勤表中,输入其他文本数据,如下图所示。

5.4.2 输入以"0"开头员工编号

在考勤表中,输入以"0"开头的员工编号,以对考勤表进行规范管理。

输入以"0"开头的数字,有以下 3 种方法。

(1)添加英文单引号。

第1步 如果输入以数字 0 开头的数字串,Excel 将自动省略 0。如果要保持输入的内容不变,可以先输入英文标点单引号(') ,再输入以 0 开头的数字。

第2步 按【Enter】键，即可确定输入的数字内容，如下图所示。

（2）使用功能区。

第1步 选中要输入以"0"开头的数字的单元格，单击【开始】选项卡下的【数字格式】右侧的下拉按钮，如下图所示。

第2步 在弹出的下拉列表中，选择【文本】选项，如下图所示。

第3步 返回 Excel 中，输入数值"001002"，如下图所示。

第4步 按【Enter】键确定输入数据后，数值前的"0"并没有消失，如下图所示。

（3）使用【设置单元格格式】对话框。

选择要输入以"0"开头的数字的单元格区域并右击，在弹出的快捷菜单中选择【设置单元格格式】命令，弹出【设置单元格格式】对话框，在【数字】选项卡下【类别】列表框中选择【文本】选项，单击【确定】按钮，即可在单元格中输入以"0"开头的数字，如下图所示。

5.4.3 输入日期或时间

在考勤表中输入日期或时间时，需要用特定的格式定义。日期和时间也可以参加运算。Excel 内置了一些日期与时间的格式。当输入的数据与这些格式相匹配时，Excel 会自动将它们识别为日期或时间数据。

1. 输入日期

公司员工考勤表中，需要输入当前月份的日期，以便归档管理考勤表。在输入日期时，可以用左斜线或短线分隔日期的年、月、日。例如，可以输入"2017/1"或"2017-1"。

第1步 选择要输入日期的单元格，输入"2017/1"，如下图所示。

第2步 按【Enter】键，单元格中的内容变为"Jan-17"，如下图所示。

第3步 选中此单元格，单击【开始】选项卡下【数字格式】右侧的下拉按钮 自定义，在弹出的下拉列表中，选择【短日期】选项，如下图所示。

第4步 在 Excel 中，即可看到单元格中的数字格式设置后的效果，如下图所示。

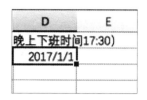

第5步 单击【开始】选项卡下的【数字格式】右侧的下拉按钮 常规，在弹出的下拉列表中，选择【长日期】选项，如下图所示。

第6步 在 Excel 中，即可看到单元格中的数字格式设置后的效果，如下图所示。

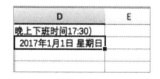

> **提示**
>
> 如果要输入当前的日期，按下【Command +；】组合键即可。

第7步 在本例中，选择 D2 单元格，输入"2017年1月份"，如下图所示。

2. 输入时间

在考勤表中，输入每个员工的上下班时间，可以细致地记录每个人的出勤情况。

第1步 在输入时间时，小时、分、秒之间用冒号（：）作为分隔符，即可快速地输入时间。例如，输入"8：25"，如下图所示。

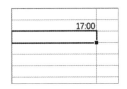

第2步 如果按 24 小时制输入时间，需要在时间的后面空一格再输入字母 am（上午）或 pm（下午）。例如，输入"5：00 pm"，按【Enter】键后时间显示为"17：00"，如下图所示。

17:00

第3步 如果要输入当前的时间，按下【Command + Shift + ；】组合键即可，如下图所示。

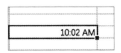

第4步 在考勤表中，输入部分员工的上下班时间，如下图所示。

	A	B	C	D	E	F	G	H
1	公司员工考勤表（早上上班时间8:30，晚上下班时间17:30）							
2	员工编号	员工姓名	上、下班时间2017年1月份					
3				1	2			
4	001001	张XX	上班时间	8:25				
5	001002	王XX	上班时间	8:40	5:00PM			
6	001003	李XX	上班时间	8:31				
7		赵XX	上班时间	8:27				
8		周XX	上班时间					15:05
9		钱XX	上班时间					
10		金XX	上班时间	15:30	15:35	15:41	15:50	
11		朱XX	上班时间	15:42	15:40	15:29		
12		胡XX						
13		马XX						
14		孙XX						
15		刘XX						
16		吴XX						
17		郑XX						
18		陈XX						
19		吕XX						
20		韩XX						
21		卫XX						
22		沈XX						
23		孔XX						

| 提示 |

特别需要注意的是，如果单元格中首次输入的是日期，则单元格就自动格式化为日期格式，以后如果输入一个普通数值，系统仍然会换算成日期显示。

5.4.4 填充数据

在考勤表中，用 Excel 的自动填充功能，可以方便快捷地输入有规律的数据。有规律的数据是指等差、等比、系统预定义的数据填充序列和用户自定义的序列。

（1）填充相同数据。

使用填充柄可以在表格中输入相同的数据，相当于复制数据，具体的操作步骤如下。

第1步 选定单元格 C11，如下图所示。

	A	B	C
1	公司员工考勤表（早上上班时间8:30，晚上下		
2	员工编号	员工姓名	上、下班时间2017年
3			
4	001001	张XX	上班时间
5	001002	王XX	上班时间
6	001003	李XX	上班时间
7		赵XX	上班时间
8		周XX	上班时间
9		钱XX	上班时间
10		金XX	上班时间
11		朱XX	上班时间
12		胡XX	

第2步 将鼠标指针指向该单元格右下角的填充柄，然后拖曳鼠标至单元格 C23，结果如下图所示。

	A	B	C	D
1	公司员工考勤表（早上上班时间8:30，晚上下班时间17:30）			
2	员工编号	员工姓名	上、下班时间	
3				1
4	001001	张XX	上班时间	8:25
5	001002	王XX	上班时间	8:40
6	001003	李XX	上班时间	8:31
7		赵XX	上班时间	8:27
8		周XX	上班时间	
9		钱XX	上班时间	
10		金XX	上班时间	15:30
11		朱XX	上班时间	15:42
12		胡XX	上班时间	
13		马XX	上班时间	
14		孙XX	上班时间	
15		刘XX	上班时间	
16		吴XX	上班时间	
17		郑XX	上班时间	
18		陈XX	上班时间	
19		吕XX	上班时间	
20		韩XX	上班时间	
21		卫XX	上班时间	
22		沈XX	上班时间	
23		孔XX	上班时间	
24				

（2）填充序列。

使用填充柄还可以填充序列数据，如等差或等比序列。具体操作步骤如下。

第1步 选中单元格 A4，将鼠标指针指向该单元格右下角的填充柄，如下图所示。

	A	B	C
1	公司员工考勤表（早上上班时间8:30，		
2	员工编号	员工姓名	上、下班时间
3			
4	001001	张XX	上班时间
5	001002	王XX	上班时间
6	001003	李XX	上班时间
7		赵XX	上班时间
8		周XX	上班时间

第2步 待鼠标指针变为 ✚ 形状时，拖曳鼠标至单元格 A23，即可进行 Microsoft Excel 中默认的等差序列的填充，如下图所示。

	A	B	C	D
1	公司员工考勤表（早上上班时间8:30，晚上下班时间17:30）			
2	员工编号	员工姓名	上、下班时间	
3				1
4	001001	张XX	上班时间	8.25
5	001002	王XX	上班时间	8.40
6	001003	李XX	上班时间	8.31
7	001004	赵XX	上班时间	8.27
8	001005	周XX	上班时间	
9	001006	钱XX	上班时间	
10	001007	金XX	上班时间	15.30
11	001008	朱XX	上班时间	15.42
12	001009	胡XX	上班时间	
13	001010	马XX	上班时间	
14	001011	孙XX	上班时间	
15	001012	刘XX	上班时间	
16	001013	吴XX	上班时间	
17	001014	郑XX	上班时间	
18	001015	陈XX	上班时间	
19	001016	吕XX	上班时间	
20	001017	韩XX	上班时间	
21	001018	卫XX	上班时间	
22	001019	沈XX	上班时间	
23	001020	孔XX	上班时间	
24				

第3步 填充完成后，即可看到填充的单元格左上角有一个三角符号的标志。选中任意一个带有三角符号的单元格，则在单元格右侧显示一个按钮 ⚠ ▾，单击该按钮，在弹出的下拉菜单中选择【忽略错误】选项，如下图所示。

22	001019	沈XX	上班时间
23	001020	⚠ ▾	上班时间
24			
25		ⓘ 数字以文本形式存储	
26			
27		转换为数字	
28		有关此错误的帮助	
29		忽略错误	
30			
31		在编辑栏中编辑	选择
32		错误检查选项...	
33			

第4步 即可取消单元格左上角的三角符号标志，使用同样的方法取消其他单元格左上角的三角符号标志，最终效果如下图所示。

4	001001	张XX	上班时间
5	001002	王XX	上班时间
6	001003	李XX	上班时间
7	001004	赵XX	上班时间
8	001005	周XX	上班时间
9	001006	钱XX	上班时间
10	001007	金XX	上班时间
11	001008	朱XX	上班时间
12	001009	胡XX	上班时间
13	001010	马XX	上班时间
14	001011	孙XX	上班时间
15	001012	刘XX	上班时间
16	001013	吴XX	上班时间
17	001014	郑XX	上班时间
18	001015	陈XX	上班时间
19	001016	吕XX	上班时间
20	001017	韩XX	上班时间
21	001018	卫XX	上班时间
22	001019	沈XX	上班时间
23	001020	孔XX	上班时间
24			

第5步 选中单元格区域 D3:E3，将鼠标指针指向该单元格右下角的填充柄，如下图所示。

	A	B	C	D	E	F
1	公司员工考勤表（早上上班时间8:30，晚上下班时间17:30）					
2	员工编号	员工姓名	上、下班时间	2017年1月份		
3				1	2	
4	001001	张XX	上班时间	8:25		
5	001002	王XX	上班时间	8:40	5:00PM	
6	001003	李XX	上班时间	8:31		
7	001004	赵XX	上班时间	8:27		
8	001005	周XX	上班时间			
9	001006	钱XX	上班时间			

第6步 待鼠标指针变为 ✚ 形状时，拖曳鼠标至单元格 AH3，即可进行等差序列填充，如下图所示。

AC	AD	AE	AF	AG	AH
26	27	28	29	30	31

┃提示┃

填充完成后，单击【自动填充选项】右侧的下拉按钮 ，在弹出的下拉列表中可选择需要的填充方式，如下图所示。

- ○ 复制单元格
- ◉ 填充系列
- ○ 仅填充格式
- ○ 不带格式填充

5.5 行、列和单元格的操作

单元格是工作表中行列交会处的区域，它可以保存数值、文字和声音等数据。在 Excel 中，单元格是编辑数据的基本元素。本节主要介绍在考勤表中行、列、单元格的基本操作。

5.5.1 单元格的选取和定位

对考勤表中的单元格进行编辑操作，首先要选择单元格或单元格区域（启动 Excel 并创建新的工作簿时，单元格 A1 处于自动选定状态）。

1. 选择一个单元格

单击某一单元格，若单元格的边框线变成粗线，则此单元格处于选定状态。当前单元格的地址显示在名称框中，在工作表区域内，鼠标指针会呈白色 ✚ 形状，如下图所示。

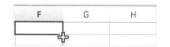

> **| 提示 |**
>
> 在名称框中输入目标单元格的地址，如"G1"，按【Enter】键即可选定第 G 列和第 1 行交汇处的单元格。此外，使用键盘上的上、下、左、右 4 个方向键，也可以选定单元格，如下图所示。

2. 选择连续的单元格区域

在考勤表中，若要对多个单元格进行相同的操作，可以先选择单元格区域。

单击该区域左上角的单元格 A2，按住【Shift】键的同时单击该区域右下角的单元格 C6，此时即可选定单元格区域 A2:C6，结果如下图所示。

> **| 提示 |**
>
> 将鼠标指针移到该区域左上角的单元格 A2 上，按住鼠标左键不放，向该区域右下角的单元格 C6 拖曳，或者在名称框中输入单元格区域名称"A2:C6"，按【Enter】键，均可选定单元格区域 A2:C6，如下图所示。

3. 选择不连续的单元格区域

选择不连续的单元格区域也就是选择不相邻的单元格或单元格区域，具体操作步骤如下。

第1步 选择第 1 个单元格区域（如选择单元格区域 A2:C3）后，按住【Command】键不放，如下图所示。

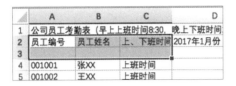

第2步 拖曳鼠标选择第 2 个单元格区域（如选择单元格区域 C6:E8），如下图所示。

第3步 使用同样的方法可以选择多个不连续的单元格区域，如下图所示。

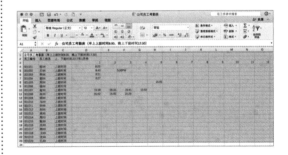

4. 选择所有单元格

选择所有单元格，即选择整个工作表，具体操作步骤如下。

单击工作表左上角行号与列标相交处的【选定全部】按钮，即可选定整个工作表，如下图所示。

提示

按【Command+A】组合键也可以全选有数据的单元格，如下图所示。

5.5.2 合并单元格

合并与拆分单元格是最常用的单元格操作，它不仅可以满足用户编辑考勤表内表格中数据的需求，也可以使考勤表整体更加美观。

1. 合并单元格

合并单元格是指在 Excel 工作表中，将两个或多个选定的相邻单元格合并成一个单元格。在公司员工考勤表中的具体操作步骤如下。

第1步 选择单元格区域 A2:A3，单击【开始】选项卡下的【合并后居中】按钮，如下图所示。

第2步 即可合并且居中显示该单元格，如下图所示。

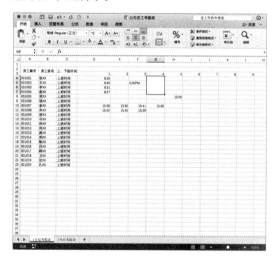

第3步 合并考勤表中需要合并的其他单元格，效果如下图所示。

| 提示 |

单元格合并后，将使用原始区域左上角的单元格地址来表示合并后的单元格地址。

2. 拆分单元格

在 Excel 工作表中，还可以将合并后的单元格拆分成多个单元格，具体操作方法有以下两种。

（1）使用【合并后居中】按钮。

第1步 选择合并后的单元格 G4，如下图所示。

第2步 单击【开始】选项卡下的【合并后居中】下拉按钮 合并后居中 ，在弹出的下拉列表中选择【取消单元格合并】选项，如下图所示。

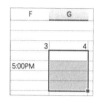

第3步 即可取消合并的单元格，如下图所示。

（2）使用鼠标右键。

第1步 在合并后的单元格上右击，在弹出的快捷菜单中选择【设置单元格格式】选项，如下图所示。

第2步 弹出【设置单元格格式】对话框，在【对齐】选项卡下取消选中【合并单元格】复选框，然后单击【确定】按钮，如下图所示。

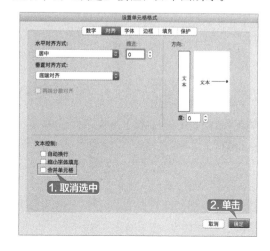

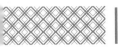
第3步 也可以将合并后的单元格拆分，如下图所示。

5.5.3 清除单元格

清除单元格中的内容，使考勤表中的数据修改更加简便快捷。清除单元格中的内容有以下3种操作方法。

（1）使用【清除】按钮。

选中要清除数据的单元格 F3，单击【开始】选项卡下的【清除】下拉按钮 ，在弹出的下拉列表中选择【清除内容】选项，即可在考勤表中清除单元格中的内容，如下图所示。

> **提示** ┊┊┊┊┊┊
>
> 　　选择【全部清除】选项，可以将单元格中的内容、格式、批注及超链接等全部清除。
> 　　选择【清除格式】选项，可仅清除为单元格设置的格式。
> 　　选择【清除内容】选项，可仅清除单元格中的文本内容。
> 　　选择【清除批注】选项，可仅清除在单元格中添加的批注。
> 　　选择【删除超链接】选项，可仅删除单元格中设置的超链接。

（2）使用快捷菜单。

第1步 选中要清除数据的单元格 H8，如下图所示。

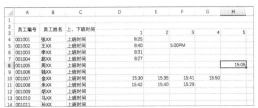

第2步 在该单元格上右击，在弹出的快捷菜单中选择【清除内容】选项，如下图所示。

第3步 即可清除单元格 H8 中的内容，如下图所示。

（3）使用【Delete】键。

第1步 选中要清除数据的单元格 G10，如下图所示。

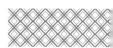

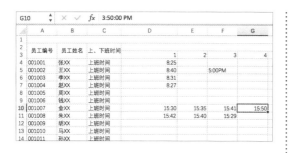

第2步 按【Delete】键，即可清除单元格 G10 中的内容，如下图所示。

5.5.4 插入行与列

在考勤表中，用户可以根据需要插入行和列。插入行与列有以下两种操作方法，具体操作步骤如下。

（1）使用快捷菜单。

第1步 如果要在第 5 行上方插入行，可以选择第 5 行的任意单元格或选择第 5 行。例如，这里选中 A5 单元格并右击，在弹出的快捷菜单中选择【插入】选项，如下图所示。

第2步 弹出【插入】对话框，选中【整行】单选按钮，单击【确定】按钮，如下图所示。

第3步 则可以在第 5 行的上方插入新的行，如下图所示。

第4步 如果要插入列，可以选择某列或某列的任意单元格，这里选中 A7 单元格并右击，在弹出的快捷菜单中选择【插入】选项。在弹出的【插入】对话框中，选中【整列】单选按钮，单击【确定】按钮，如下图所示。

第5步 即可在 A7 单元格所在列的左侧插入新列，如下图所示。

（2）使用功能区。

第1步 选择需要插入行的单元格 A7，单击【开始】选项卡下的【插入】下拉按钮，在弹出的下拉列表中选择【插入工作表行】选项，如下图所示。

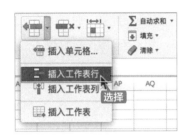

第2步 则可以在第7行的上方插入新的行。单击【开始】选项卡下的【插入】下拉按钮，在弹出的下拉列表中选择【插入工作表列】选项，如下图所示。

第3步 即可在左侧插入新的列。使用功能区插入行与列后的效果如下图所示。

	A	B	C	D
1				
2		员工编号	员工姓名	上、下班时间
3				
4		001001	张XX	上班时间
5				
6		001002	王XX	上班时间
7				
8		001003	李XX	上班时间
9		001004	赵XX	上班时间
10		001005	周XX	上班时间
11		001006	钱XX	上班时间
12		001007	金XX	上班时间
13		001008	朱XX	上班时间

| 提示 |

　　在工作表中插入新行，则当前行向下移动，插入新列，则当前列向右移动。选中单元格的名称会相应变化。

5.5.5 删除行与列

　　删除多余的行与列，可以使考勤表更加美观准确。删除行和列有以下几种方法。

　　（1）使用【删除】对话框。

第1步 选中要删除的行或列中的任意一个单元格，如选中A7单元格并右击，在弹出的快捷菜单中选择【删除】选项，如下图所示。

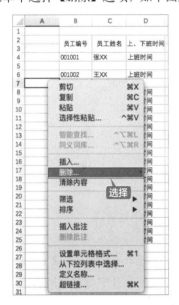

第2步 在弹出的【删除】对话框中选中【整行】单选按钮，然后单击【确定】按钮，如下图所示。

第3步 则可以删除选中单元格所在的行，如下图所示。

	A	B	C	D
1				
2		员工编号	员工姓名	上、下班时间
3				
4		001001	张XX	上班时间
5				
6		001002	王XX	上班时间
7		001003	李XX	上班时间
8		001004	赵XX	上班时间
9		001005	周XX	上班时间
10		001006	钱XX	上班时间
11		001007	金XX	上班时间
12		001008	朱XX	上班时间

第4步 选择要删除列中的一个单元格，如选中 A1 单元格并右击，在弹出的快捷菜单中选择【删除】选项。在弹出的【删除】对话框中选中【整列】单选按钮，然后单击【确定】按钮，如下图所示。

第5步 则可以删除选中单元格所在的列，如下图所示。

（2）使用功能区。

第1步 选择要删除的行所在的任意一个单元格，如选择 A1 单元格，单击【开始】选项卡下的【删除】下拉按钮 ，在弹出的下拉列表中选择【删除工作表列】选项，如下图所示。

第2步 即可将选中的单元格所在的列删除，如下图所示。

	A	B	C
1			
2	员工编号	员工姓名	上、下班时间
3			
4	001001	张XX	上班时间
5			
6	001002	王XX	上班时间
7	001003	李XX	上班时间
8	001004	赵XX	上班时间
9	001005	周XX	上班时间
10	001006	钱XX	上班时间
11	001007	金XX	上班时间
12	001008	朱XX	上班时间

第3步 重复插入行与列的操作，在考勤表中插入需要的行和列，如下图所示。

	A	B	C	D	E	F
1						
2	员工编号	员工姓名	上、下班时间	1	2	3
3						
4	001001	张XX	上班时间	8:25		
5						
6	001002	王XX	上班时间	8:40		
7						
8	001003	李XX	上班时间	8:31		
9						
10	001004	赵XX	上班时间	8:27		
11						
12	001005	周XX	上班时间			
13						
14	001006	钱XX	上班时间			
15						
16	001007	金XX	上班时间	15:30	15:35	15:41
17						
18	001008	朱XX	上班时间	15:42	15:40	15:29
19						
20	001009	胡XX	上班时间			
21						

第4步 将需要合并的单元格区域合并，并输入其他内容，删除多余的内容。效果如下图所示。

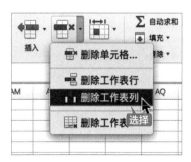

（3）使用快捷菜单。

选择要删除的整行或整列并右击，在弹出的快捷菜单中选择【删除】选项，即可直接删除选择的整行或整列，如下图所示。

5.5.6 调整行高与列宽

在考勤表中，当单元格的宽度或高度不足时，会导致数据显示不完整，这时就需要调整列宽和行高，使考勤表的布局更加合理，外表更加美观。调整行高与列宽有以下几种方法。

（1）调整单行或单列。

制作考勤表时，可以根据需要调整单列或单行的列宽或行高，具体操作步骤如下。

第1步 将鼠标指针移动到第1行与第2行的行号之间，当指针变成 ✛ 形状时，按住鼠标左键向上拖曳使行高变低，向下拖曳使行变高，如下图所示。

第2步 向下拖曳到合适位置时，松开鼠标左键，即可增加行高，如下图所示。

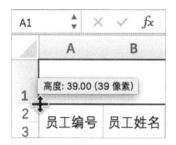

第3步 将鼠标指针移动到第2列与第3列的列标之间，当指针变成 ✛ 形状时，按住鼠标左键向左拖曳鼠标可以使列变窄，向右拖曳鼠标则可使列变宽，如下图所示。

	A	B	C
1			
2	员工编号	员工姓名	上、下班时间
3			
4	001001	张XX	上班时间
5			下班时间
6	001002	王XX	上班时间
7			下班时间
8	001003	李XX	上班时间
9			下班时间

第4步 向右拖曳到合适位置，松开鼠标左键，即可增加列宽，如下图所示。

	A	B	C
1			
2	员工编号	员工姓名	上、下班时间
3			
4	001001	张XX	上班时间
5			下班时间
6	001002	王XX	上班时间
7			下班时间
8	001003	李XX	上班时间
9			下班时间

| 提示 |

拖曳时将显示出以点和像素为单位的宽度工具提示。

（2）调整多行或多列。

在考勤表中，对应的日期列宽过宽，可以同时调整所有日期所在列的列宽，具体操作步骤如下。

第1步 选择 D 列到 AH 列之间的所有列，将鼠标指针放置在任意两列的列标之间，然后拖曳鼠标，向右拖曳可增加列宽，向左拖曳可减少列宽，如下图所示。

第2步 向左拖曳到合适位置时松开鼠标左键，即可减少列宽，如下图所示。

第3步 选择行 2 到行 43 之间的所有行，然后拖曳所选行号的下侧边界，向下拖曳可增加行高，如下图所示。

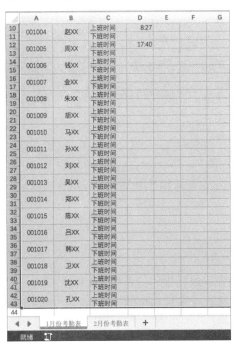

第4步 拖曳到合适位置时松开鼠标左键，即可增加行高，如下图所示。

（3）调整整个工作表的行或列。

如果要调整工作表中所有列的宽度，单击【全选】按钮◢，然后拖曳任意行号或列标的边界调整行高或列宽，如下图所示。

（4）自动调整行高与列宽。

在 Excel 中，除了手动调整行高与列宽外，还可以将单元格设置为根据单元格内容自动调整行高或列宽。

第1步 在考勤表中，选择要调整的行或列，这里选择 D 列。单击【开始】选项卡下的【格式】按钮，在弹出的下拉列表中选择【自动调整行高】或【自动调整列宽】选项，如下图所示。

第2步 自动调整行高或列宽的效果，如下图所示。

A	B	C	D
员工编号	员工姓名	上、下班时间	1
001001	张XX	上班时间	8:25
		下班时间	17:42
001002	王XX	上班时间	8:40
		下班时间	
001003	李XX	上班时间	8:31
		下班时间	17:32
001004	赵XX	上班时间	8:27
		下班时间	
001005	周XX	上班时间	17:40
		下班时间	

5.6 文本段落的格式化

在 Microsoft Excel 中，设置字体格式、对齐方式与设置边框和背景灯，可以美化考勤表的内容。

5.6.1 设置字体

在考勤表制作完成后，可对字体的大小、加粗、颜色等进行操作，使考勤表看起来更加美观。

第1步 选择 A1 单元格，单击【开始】选项卡下【字体】文本框右侧的下拉按钮，在弹出的下拉列表中选择【华文行楷】选项，如下图所示。

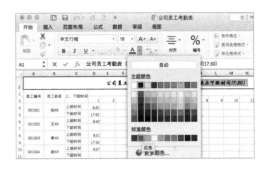

第 2 步 单击【开始】选项卡下【字号】文本框右侧的下拉按钮，在弹出的下拉列表中选择【18】选项，如下图所示。

第 4 步 单击【开始】选项卡下的【字号】文本框右侧的下拉按钮，在弹出的下拉列表中选择【12】选项，如下图所示。

第 5 步 重复上面的步骤，选择 2、3 行，设置【字体】为【华文新魏】、【字号】为【12】，如下图所示。

第 6 步 选中行 4 到行 43 之间的所有行，设置【字体】为【等线】、【字号】为【11】，如下图所示。

第 3 步 双击 A1 单元格，选中单元格中的"（早上上班时间 8：30，晚上下班时间 17：30）"文本，单击【开始】选项卡下的【字体颜色】下拉按钮，在弹出的颜色面板选择【红色】选项，如下图所示。

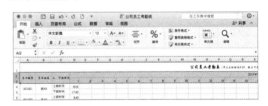

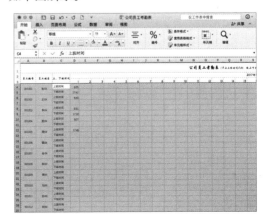

第7步 选中 2017 年 1 月份中的日期为周六和周日的单元格，并设置其【字体颜色】为【红色】，如下图所示。

5.6.2 设置对齐方式

Microsoft Excel 允许为单元格数据设置的对齐方式有左对齐、右对齐和居中对齐等。在本案例中设置居中对齐，使考勤表更加有序美观。

【开始】选项卡下对齐按钮的分布及名称如下图所示，单击对应按钮即可执行相应设置。

第1步 单击【选定全部】按钮 ◢，选中整个工作表，如下图所示。

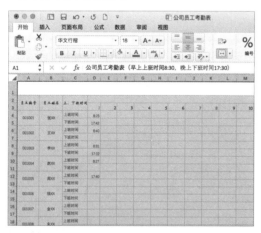

第2步 单击【开始】选项卡下的【居中】按钮 ≡，由于考勤表进行过【合并后居中】操作，因此这时考勤表会首先取消居中显示，如下图所示。

第3步 再次单击【开始】选项卡下的【居中】按钮 ≡，考勤表中的数据会全部居中显示，如下图所示。

提示

默认情况下，单元格的文本是左对齐，数字是右对齐。

5.6.3 设置边框和背景

在 Microsoft Excel 中，单元格四周的灰色网格线默认是不能被打印出来的。为了使考勤表更加规范、美观，可以为表格设置边框和背景，设置边框主要有以下两种方法。

（1）使用【字体】选项组。

第1步 选中要添加边框和背景的 A1:AH43 单元格区域，单击【开始】选项卡下的【边框】右侧的下拉按钮，在弹出的下拉列表中选择【所有框线】选项，如下图所示，

第2步 即可为表格添加边框，如下图所示。

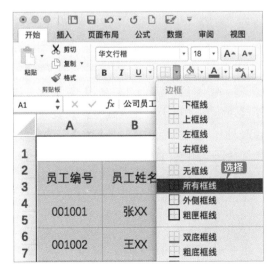

第3步 单击【开始】选项卡下的【填充颜色】右侧的下拉按钮，在弹出的【主题颜色】面板中，选择任一颜色，如下图所示。

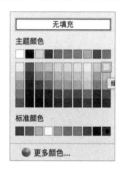

第4步 考勤表设置边框和背景的效果如下图所示。

第5步 重复上面的步骤，选择【无框线】选项，即可取消上面步骤添加的框线，如下图所示。

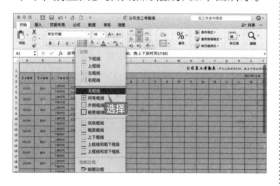

第6步 在【主题颜色】面板中，选择【无填充】选项，取消考勤表中的背景颜色，如下图所示。

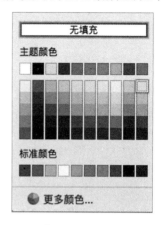

（2）使用【设置单元格格式】对话框设置边框。

使用【设置单元格格式】对话框也可以设置表格的边框和背景，具体操作步骤如下。

第1步 选择 A1:AH43 单元格区域，单击【开始】选项卡下的【格式】右侧的下拉按钮，在弹出的下拉列表中选择【设置单元格格式】选项，如下图所示。

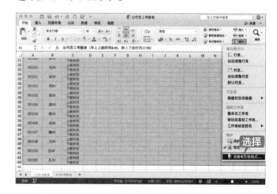

第2步 弹出【设置单元格格式】对话框，选择【边框】选项卡，在【线型】列表框中选择一种样式，然后在【线条颜色】下拉列表中选择任一颜色，在【预设】选项区域选择【外边框】选项与【内部】选项，如下图所示。

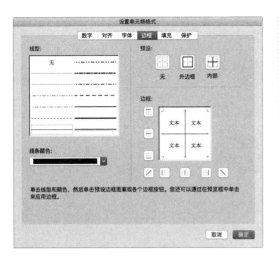

单击【确定】按钮，如下图所示。

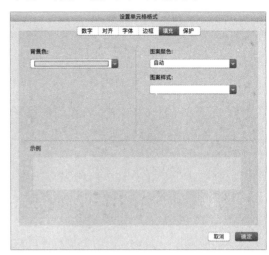

第3步 选择【填充】选项卡，在【背景色】下拉列表中选择一种颜色可以填充单色背景，

第4步 返回到考勤表文档中，可以查看设置边框和背景后的效果，如下图所示。

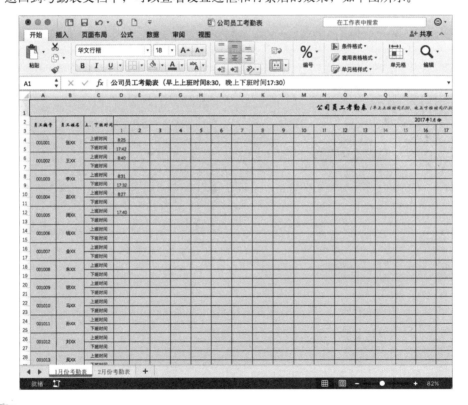

5.7 使用样式

设置条件样式，用区别于一般单元格的样式来表示迟到、早退时间所在的单元格，可以方便快速地在考勤表中查看需要的信息。

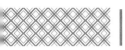
5.7.1 设置单元格样式

单元格样式是一组已定义的格式特征，使用 Microsoft Excel 中的内置单元格样式可以快速改变文本样式、标题样式、背景样式和数字样式等。在考勤表中设置单元格样式的具体操作步骤如下。

第 1 步 选择单元格 A1 到 AH43 之间的单元格区域，单击【开始】选项卡下的【单元格样式】右侧的下拉按钮 单元格样式▼ ，在弹出的下拉列表中选择【20%-个性色 2】选项，如下图所示。

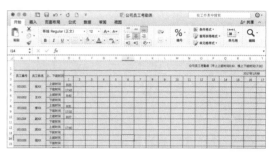

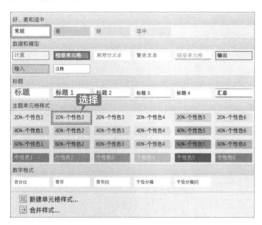

第 3 步 重复 5.6.3 小节的操作步骤，再次设置边框背景与文字格式，效果如下图所示。

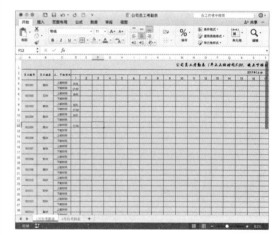

第 2 步 即可改变单元格样式，效果如下图所示。

5.7.2 套用表格格式

Microsoft Excel 中的自动套用表格格式功能可以快速统一表格中的格式，大大提高工作效率。在考勤表中自动套用表格格式的具体操作步骤如下。

第 1 步 选择任意一个单元格，单击【开始】选项卡下的【套用表格格式】右侧的下拉按钮 套用表格格式▼ ，在弹出的格式列表中，选择一种格式，如下图所示。

第2步 弹出【套用表格式】对话框，单击【表数据的来源？】文本框右侧的按钮 ，如下图所示。

第4步 展开【套用表格式】对话框，选中【表包含标题】复选框，然后单击【确定】按钮，如下图所示。

第3步 将【套用表格式】对话框折叠，选择要设置套用格式的单元格，然后单击 按钮，如下图所示。

第5步 最终效果如下图所示。

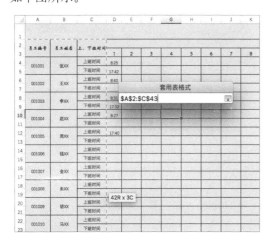

5.7.3 设置条件样式

在 Microsoft Excel 中可以使用条件格式，将考勤表中符合条件的数据突出显示出来，让公司员工对迟到次数、时间等一目了然。对一个单元格区域应用条件格式的具体操作步骤如下。

第1步 选择要设置条件样式的单元格区域 D4:AH43，单击【开始】选项卡下的【条件格式】右侧的下拉按钮 ，在弹出的下拉列表中选择【突出显示单元格规则】→【介于】选项，如下图所示。

第2步 弹出【新建格式规则】对话框，在两个文本框中分别输入"8:30"与"17:30"，在【设置格式】微调框中选择【绿填充色深绿色文本】选项，单击【确定】按钮，如下图所示。

第3步 最终效果如下图所示。

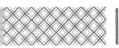

设定条件格式后，可以管理和清除设置的条件格式。

选择设置条件格式的区域，单击【开始】选项卡下的【条件格式】按钮，在弹出的下拉列表中选择【清除规则】→【清除所选单元格的规则】选项，可清除选择区域中的条件规则，如下图所示。

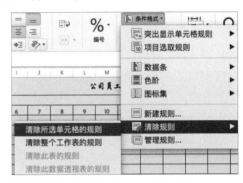

| 提示 |::::::::

选择【新建规则】选项，弹出【新建格式规则】对话框，在此对话框中可以根据自己的需要来设定条件规则。

5.8 页面设置

设置纸张方向与添加页眉和页脚来满足考勤表格式的要求，并完善文档的信息。

5.8.1 设置纸张方向

设置纸张的方向，可以满足考勤表的布局格式要求，具体操作步骤如下。

第1步 单击【页面布局】选项卡下的【方向】按钮 ，在弹出的下拉列表中选择【横向】选项，如下图所示。

第2步 设置纸张方向的效果如下图所示。

5.8.2 添加页眉和页脚

在页眉和页脚中可以输入创建文档的基本信息，如在页眉中输入文档名称、章节标题或作者名称等信息，在页脚中输入文档的创建时间、页码等，不仅能使表格更加美观，还能向读者快速传递文档要表达的信息，具体操作步骤如下。

第1步 选中考勤表中任一单元格，单击【插入】选项卡下的【页眉和页脚】按钮，显示页眉和页脚区域，如下图所示。

第2步 在【单击可添加页眉】文本框中，输入"考勤表"文本，如下图所示。

第3步 在【单击可添加页脚】文本框中，输入"2017"文本，如下图所示。

第4步 单击【视图】选项卡下的【普通】按钮，如下图所示。

第5步 返回普通视图，效果如下图所示。

5.9 保存与共享工作簿

保存与共享考勤表，可以快速实现公司重要文件的信息共享，实现公司办公制度的透明化。

5.9.1 保存考勤表

保存考勤表到计算机硬盘中，防止资料丢失，具体操作步骤如下。

第1步 在 Excel 中选择【文件】→【另存为】选项，如下图所示。

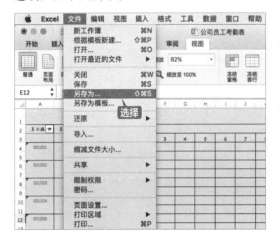

第2步 在弹出的保存界面中选择文件要保存的位置，并在【存储为】文本框中输入"公司员工考勤表"，单击【存储】按钮，即可保存考勤表，如下图所示。

5.9.2 另存为其他兼容格式

将 Excel 工作簿另存为 PDF 格式，可以方便用户阅读。但要想将表格内容完整地显示在一张 PDF 上，需要先进行打印设置，然后再将文件另存为 PDF 格式，具体操作步骤如下。

第1步 选中 A1:AH43 单元格区域，在 Excel 中选择【文件】→【打印】选项，如下图所示。

第2步 弹出【打印】对话框，单击【打印】文本框右侧的下拉按钮，在弹出的下拉列表中选择【选定内容】选项，如下图所示。

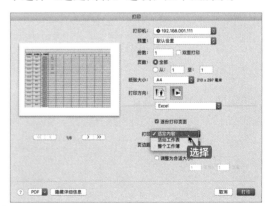

第3步 选中【调整为合适大小】复选框，单击【取消】按钮，如下图所示。

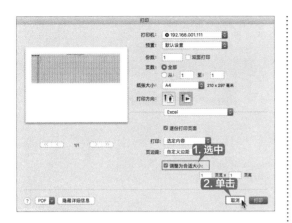

第4步 在 Excel 中选择【文件】→【另存为】选项，如下图所示。

第5步 在弹出的保存界面中选择文件要保存的位置，并在【存储为】文本框中输入"公司员工考勤表"，单击【文件格式】文本框右侧的下拉按钮，在弹出的下拉列表中选择【PDF】选项，如下图所示。

第6步 在【文件格式】文本框下方选中【选择：单元格 A1:AH43】单选按钮，单击【存储】按钮，如下图所示。

第7步 即可将考勤表另存为 PDF 格式，如下图所示。

5.9.3 共享工作簿

把考勤表共享之后，可以让公司员工保持同步信息，具体操作步骤如下。

第1步 选择 A2 单元格，单击【表格】选项卡下的【转换为区域】按钮 [转换为区域]，弹出【警告】对话框，单击【是】按钮，如下图所示。

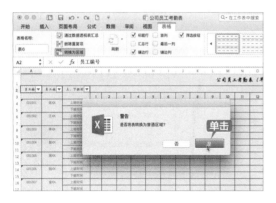

第2步 即可将表转换为区域，调整 A2：C43 单元格，最终效果如下图所示。

第3步 选中考勤表中任一单元格，单击【审阅】选项卡下的【共享工作簿】按钮，如下图所示。

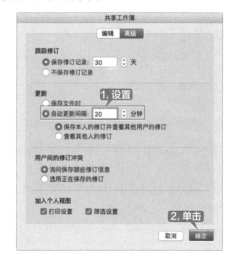

第4步 弹出【共享工作簿】对话框，选中【允许多用户同时编辑，同时允许工作簿合并】复选框，如下图所示。

第5步 选中【高级】选项卡下【更新】选项区域中的【自动更新间隔】单选按钮，并把时间设置为"20分钟"，然后单击【确定】按钮，如下图所示。

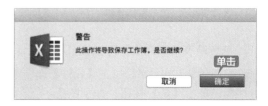

第6步 在弹出的【警告】对话框中，单击【确定】按钮，如下图所示。

第7步 返回文档中，即可看到考勤表的格式已经变为【共享】格式，如下图所示。

举一反三

制作工作计划进度表

与公司员工考勤表类似的文档还有工作计划进度表、包装材料采购明细表、成绩表、汇总表等，制作这类表格时，要做到数据准确、重点突出、分类简洁，使读者快速明了表格信息，可以方便地对表格进行编辑操作。下面就以制作工作计划进度表为例进行介绍。

第1步 创建空白工作簿

新建空白工作簿，重命名工作表并设置工作表标签的颜色等，如下图所示。

第2步 输入数据

输入工作计划进度表中的各种数据，并对数据列进行填充，合并单元格并调整行高与列宽，如下图所示。

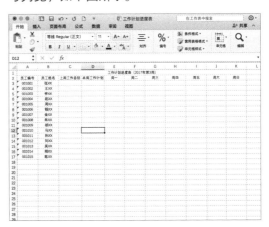

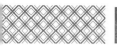

第 3 步　文本段落格式化

设置工作簿中的文本段落格式、文本对齐方式，并设置边框和背景，如下图所示。

第 4 步　设置页面

在工作计划进度表中，根据表格的布局来设置纸张的方向，并添加页眉和页脚，保存并共享工作簿，如下图所示。

◇【F4】键的妙用

Excel 中，对表格中的数据进行操作之后，按【F4】键可以重复上一次的操作，具体操作步骤如下。

第 1 步　新建工作簿，并输入一些数据，选择 B2 单元格，单击【开始】选项卡下的【字体颜色】按钮，在弹出的下拉列表中选择【红色】选项，将【字体颜色】设置为"红色"，如下图所示。

第 2 步　选择单元格 C3，按【F4】键，即可重复上一步的操作，将单元格中文本颜色设置为"红色"，再把 C3 单元格中字体的颜色也设置为红色，如下图所示。

◇打开隐藏的所有重要信息

单击系统功能图标区域中的【通知中心】按钮▤，即可弹出通知中心，显示隐藏的重要信息，在【通知中心】中可以查看日历、天气、提醒事项及股票等重要信息，如下图所示。

第6章

Excel 表格的美化

● 本章导读

　　工作表的管理和美化是制作表格的一项重要内容，通过对表格格式的设置，可使表格的框线、底纹以不同的形式表现出来；同时还可以设置表格的条件格式，重点突出表格中的特殊数据。Microsoft　Excel 为工作表的美化设置提供了方便的操作方法和多项功能。

● 思维导图

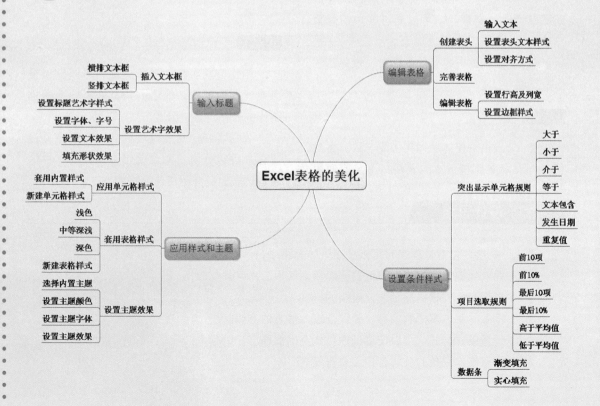

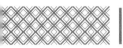

6.1 公司客户信息管理表

公司客户信息管理表是管理公司客户信息的表格，制作公司客户信息管理表时要准确记录客户的基本信息，并突出重点客户。

实例名称：制作公司客户信息管理表	
实例目的：掌握 Excel 表格的美化	
素材	素材 \ch06\ 客户表 .xlsx
结果	结果 \ch06\ 公司客户信息管理表 .xlsx
录像	录像 \06 第 6 章

6.1.1 案例概述

公司客户信息管理表是公司常用的表格，主要用于管理公司的客户信息，制作公司客户信息管理表时，需要注意以下几点。

1. 内容要完整

（1）表格中的客户信息要完整，如客户公司编号、名称、电话、传真、邮箱、客户购买的产品、数量等。可以通过客户信息管理表快速了解客户的基本信息。

（2）输入的内容要仔细核对，避免出现数据错误。

2. 制作规范

（1）表格的整体色调要协调一致。客户信息管理表是比较正式的表格，不需要使用过多的颜色。

（2）数据的格式要统一，文字的大小与单元格的宽度和高度要匹配，避免太拥挤或太稀疏。

3. 突出特殊客户

制作公司客户信息管理表时可以突出重点或优质的客户，便于公司其他人快速根据制作的表格对客户分类。

公司客户信息管理表需要制作规范并设置客户等级分类。本章就以美化公司客户信息管理表为例介绍美化表格的方法。

6.1.2 设计思路

美化公司客户信息管理表时可以按以下的思路进行。

（1）插入标题文本框，设计标题艺术字，使用艺术字美化表格。

（2）创建表头并根据需要设置表头的样式。

（3）输入并编辑表格的内容，要保证输入信息的准确。

（4）设置条件样式，可以使用条件样式突出优质客户的信息。

（5）保存制作完成的公司客户信息管理表。

6.1.3 涉及知识点

本案例主要涉及以下知识点。

（1）插入文本框。

（2）插入艺术字。

（3）创建和编辑信息管理表。

（4）设置条件样式。

（5）应用样式。

（6）设置主题。

6.2 输入标题

在美化公司客户信息管理表时，首先要设置管理表的标题并对标题中的艺术字进行设计美化。

6.2.1 插入标题文本框

插入标题文本框能更好地控制标题内容的宽度和长度，插入标题文本框的具体操作步骤如下。

第1步 打开 Microsoft Excel 软件，新建一个 Excel 表格，如下图所示。

第2步 在 Excel 中选择【文件】→【另存为】选项，在弹出的保存界面中选择文件要保存的位置，并在【存储为】文本框中输入"公司客户信息管理表"，然后单击【存储】按钮，

如下图所示。

第3步 单击【插入】选项卡下的【文本框】按钮，在弹出的下拉列表中选择【横排文本框】选项，如下图所示。

第4步 在表格中单击，指定标题文本框的开始位置，按住鼠标左键并拖曳鼠标，至合适大

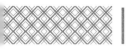
小后释放鼠标左键，即可完成标题文本框的绘制。这里在单元格区域 A1:L5 上绘制文本框，如下图所示。

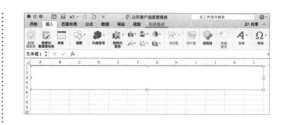

6.2.2 设计标题的艺术字效果

设置好标题文本框位置和大小后，即可在标题文本框内输入标题，并根据需要设计标题的艺术字效果，具体操作步骤如下。

第1步 在【文本框】中输入文字"公司客户信息管理表"，如下图所示。

第2步 选中文字"公司客户信息管理表"，单击【开始】选项卡下的【增大字号】按钮 A˄，把标题的字号增大到合适的大小，并设置【字体】为"华文新魏"，如下图所示。

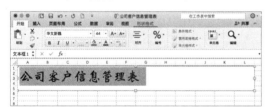

第3步 选择输入的文本，单击【开始】选项卡下的【居中】按钮 ≡ ，使标题位于文本框的中间位置，如下图所示。

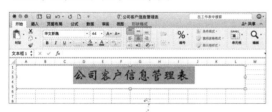

第4步 单击【形状格式】选项卡下的【其他】按钮 ▼ ，在弹出的下拉列表中选择一种艺术字，如下图所示。

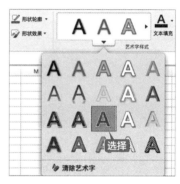

第5步 单击【形状格式】选项卡下的【文本填充】右侧的下拉按钮 A̲，在弹出的下拉列表中有许多颜色可以选择，如果没有需要的颜色，选择【其他填充颜色】选项，如下图所示。

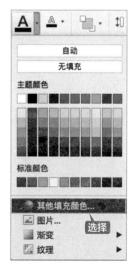

第6步 在弹出的颜色面板中，单击【颜色滑块】按钮，在列表框中选择【RGB 滑块】选项，设置红色为"132"、绿色为"172"、蓝色

为"182"，设置完成后，单击【好】按钮，如下图所示。

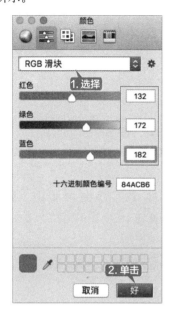

第7步 选中插入的艺术字，单击【形状格式】选项卡下的【文本效果】右侧的下拉按钮，在弹出的下拉列表中选择【映像】→【紧密映像，接触】选项，如下图所示。

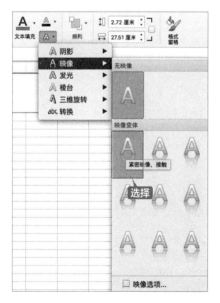

第8步 单击【形状格式】选项卡下的【形状填充】右侧的下拉按钮，在弹出的下拉列表中选择【蓝－灰，文字2，淡色 80%】选项，如下图所示。

第9步 单击【形状格式】选项卡下的【形状填充】右侧的下拉按钮，在弹出的下拉列表中选择【渐变】→【线性向上】选项，如下图所示。

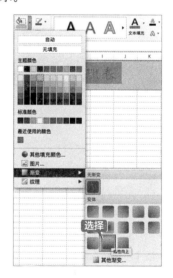

第10步 完成标题艺术字的设置，效果如下图所示。

6.3 创建和编辑信息管理表

使用 Microsoft Excel 可以创建并编辑信息管理表，完善管理表的内容并美化管理表的文字。

6.3.1 创建表头

表头是表格中的第一行内容，是表格的开头部分，表头主要列举表格数据的属性或对应的值，能够使用户通过表头快速了解表格内容，设计表头时应根据调查内容的不同有所分别，表头所列项目是分析表格数据时不可或缺的，具体操作步骤如下。

第1步 打开随书光盘中的"素材 \ch06\ 客户表 .xlsx"工作簿，选择 A1:L1 单元格区域，按【Command+C】组合键进行复制，如下图所示。

第2步 返回"公司客户信息管理表"工作簿，选择 A6 单元格，按【Command+V】组合键，把所选内容粘贴到单元格区域 A6:L6 中，如下图所示。

第3步 单击【开始】选项卡下的【字体】文本框右侧的下拉按钮，在弹出的下拉列表中选择【华文楷体】选项，如下图所示。

第4步 单击【开始】选项卡下的【字号】右侧的下拉按钮，在弹出的下拉列表中选择【12】选项，如下图所示。

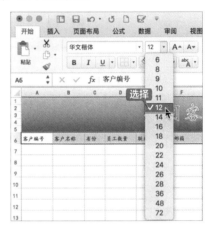

第5步 单击【开始】选项卡下的【加粗】按钮 B ，如下图所示。

第6步 单击【开始】选项卡下的【居中】按钮 ，使表头中的字体居中设置。创建表头后的效果如下图所示。

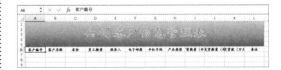

6.3.2 创建信息管理表

表头创建完成后，需要对信息管理表进行完善，补充客户信息，具体操作步骤如下。

第1步 在打开的"客户表.xlsx"工作簿中复制 A2:L22 单元格区域的内容，如下图所示。

第2步 返回"公司客户信息管理表.xlsx"工作簿，选择单元格 A7，按【Command+V】组合键，把所复制的内容粘贴到单元格区域A7:L27 中，如下图所示。

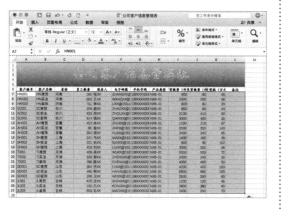

第3步 单击【开始】选项卡下的【字体】文本框右侧的下拉按钮，在弹出的下拉列表中，选择【黑体】选项，如下图所示。

第4步 单击【开始】选项卡下的【字号】右侧的下拉按钮，在弹出的下拉列表中选择【12】选项，如下图所示。

第5步 单击【开始】选项卡下的【居中】按钮，使表格中的内容居中对齐，如下图所示。

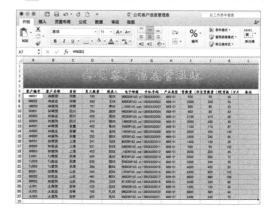

6.3.3 编辑信息管理表

完成信息管理表的内容后，需要对单元格的行高与列宽进行相应的调整，并给管理表添加列表框，具体操作步骤如下。

第1步 单击【全选】按钮 ◢，单击【开始】选项卡下的【格式】按钮，在弹出的下拉列表中选择【自动调整列宽】选项，如下图所示。

第2步 选择第6行至第27行，增大行高，效果如下图所示。

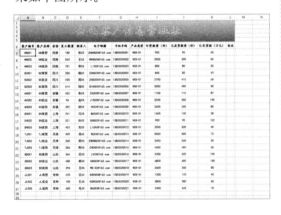

第3步 选择 A6:L27 单元格区域，单击【开始】选项卡下的【下框线】右侧的下拉按钮，在弹出的下拉列表中选择【所有框线】选项，如下图所示。

第4步 编辑信息管理表的最终效果如下图所示。

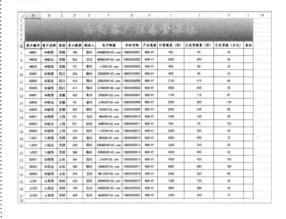

6.4 设置条件样式

在信息管理表中设置条件样式，可以把满足某种条件的单元格突出显示，并设置选取规则，以及添加更简单易懂的数据条效果。

6.4.1 突出显示优质客户信息

突出显示优质客户信息，需要在信息管理表中设置条件样式。例如，需要将订货数量超过"3000"件的客户设置为优质客户，具体操作步骤如下。

第1步 选择要设置条件样式的 I7:I27 单元格区域，单击【开始】选项卡下的【条件格式】右侧的下拉按钮，在弹出的下拉列表中选择【突出显示单元格规则】→【大于】选项，如

下图所示。

第2步 弹出【新建格式规则】对话框，在【大于】文本框后面的文本框中输入"3000"，在【设置格式】右侧的列表框中选择【浅红填充色深红色文本】选项，单击【确定】按钮，如下图所示。

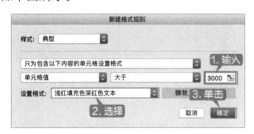

第3步 最终效果如下图所示，订货数量超过3000 的客户已突出显示。

产品类型	订货数量（件）	已发货数量（件）	已交货款（万元）	备注
NX8-01	900	90	45	
NX8-01	2000	200	56	
NX8-01	800	80	20	
NX8-01	850	85	43	
NX8-01	2100	410	60	
NX8-01	3000	400	30	
NX8-01	1100	110	87	
NX8-01	2500	250	140	
NX8-01	2400	240	85	
NX8-01	1600	160	28	
NX8-01	900	90	102	
NX8-01	2000	200	45	
NX8-01	5000	500	72	
NX8-01	2400	240	30	
NX8-01	4000	400	50	
NX8-01	4200	420	150	
NX8-01	6800	680	180	
NX8-01	2600	260	80	
NX8-01	1200	120	45	
NX8-01	3800	380	60	
NX8-01	2400	240	70	

6.4.2 设置项目的选取规则

项目选取规则不仅可以突出显示选定区域中最大或最小的百分数或所指定的数据所在单元格，还可以指定大于或小于平均值的单元格。在信息管理表中，需要为发货数量设置一个选取规则，具体操作步骤如下。

第1步 选择 J7:J27 单元格区域，单击【开始】选项卡下的【条件格式】右侧的下拉按钮 ，在弹出的下拉列表中选择【项目选取规则】→【低于平均值】选项，如下图所示。

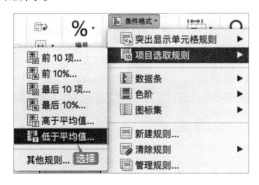

第2步 弹出【新建格式规则】对话框，单击【设置格式】右侧的下拉按钮，在弹出的下拉列表中选择【绿填充色深绿色文本】选项，单击【确定】按钮，如下图所示。

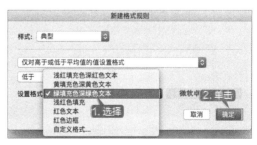

第 3 步 即可看到在信息管理表工作薄中，低于发货数量平均值的单元格都使用绿色背景突出显示，如下图所示。

产品类型	订货数量（件）	已发货数量（件）	已交货款（万元）	备注
NX8-01	900	90	45	
NX8-01	2000	200	56	
NX8-01	800	80	20	
NX8-01	850	85	43	
NX8-01	2100	410	60	
NX8-01	3000	400	30	
NX8-01	1100	110	87	
NX8-01	2500	250	140	
NX8-01	2400	240	85	
NX8-01	1600	160	28	
NX8-01	900	90	102	
NX8-01	2000	200	45	
NX8-01	5000	500	72	
NX8-01	2400	240	30	
NX8-01	4000	400	50	
NX8-01	4200	420	150	
NX8-01	6800	680	180	
NX8-01	2600	260	80	
NX8-01	1200	120	45	
NX8-01	3800	380	60	
NX8-01	2400	240	70	

6.4.3 添加数据条效果

在信息管理表中添加数据条效果，使用数据条的长短来标识单元格中数据的大小，可以使用户对多个单元格中数据的大小关系一目了然，便于数据的分析。

第 1 步 选择 K7:K27 单元格区域，单击【开始】选项卡下的【条件格式】右侧的下拉按钮 条件格式▼，在弹出的下拉列表中选择【数据条】→【渐变填充】→【紫色数据条】选项，如下图所示。

第 2 步 添加数据条后的效果如下图所示。

订货数量（件）	已发货数量（件）	已交货款（万元）	备注
900	90	45	
2000	200	56	
800	80	20	
850	85	43	
2100	410	60	
3000	400	30	
1100	110	87	
2500	250	140	
2400	240	85	
1600	160	28	
900	90	102	
2000	200	45	
5000	500	72	
2400	240	30	
4000	400	50	
4200	420	150	
6800	680	180	
2600	260	80	
1200	120	45	
3800	380	60	
2400	240	70	

6.5 应用样式和主题

在信息管理表中应用样式和主题可以使用 Microsoft Excel 中设计好的字体、字号、颜色、填充色、表格边框等样式来实现对工作簿的美化。

6.5.1 应用单元格样式

在信息管理表中应用单元格样式，可以编辑工作簿的字体、表格边框等，具体操作步骤如下。

第1步 选择单元格区域 A6：L27，单击【开始】选项卡下的【单元格样式】右侧的下拉按钮 单元格样式 ，在弹出的面板中选择【新建单元格样式】选项，如下图所示。

第2步 弹出【新建单元格样式】对话框，在【样式名称】文本框中输入"信息管理表"，单击【格式】按钮，如下图所示。

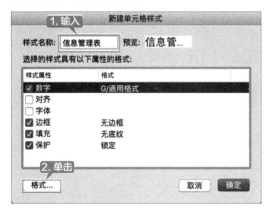

第3步 在弹出的【设置单元格格式】对话框中，单击【边框】选项卡下【线条颜色】右侧的下拉按钮，在弹出的面板中选择一种颜色，在【预设】选项区域选择【外边框】选项，将选择的边框颜色应用到外边框上，单击【确定】按钮，如下图所示。

第4步 返回【新建单元格样式】对话框，单击【确定】按钮，如下图所示。

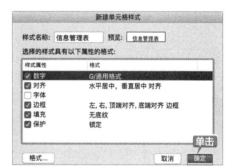

第5步 单击【开始】选项卡下的【单元格样式】右侧的下拉按钮 单元格样式 ，在弹出的面板中选择【自定义】→【信息管理表】选项，如下图所示。

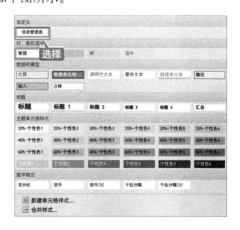

第6步 应用单元格样式后的效果如下图所示。

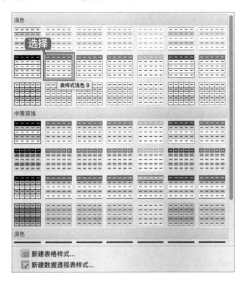

6.5.2 套用表格格式

Excel 预置有 60 种常用的格式，用户可以自动地套用这些预先定义好的格式，以提高工作效率，具体操作步骤如下。

第1步 选择要套用格式的单元格区域 A6:L27，单击【开始】选项卡下的【套用表格格式】右侧的下拉按钮 ，在弹出的下拉列表中选择【浅色】选项组中的【表样式浅色 9】选项，如下图所示。

第2步 弹出【套用表格式】对话框，选中【表包含标题】复选框，然后单击【确定】按钮，如下图所示。

第3步 即可套用该浅色样式，如下图所示。

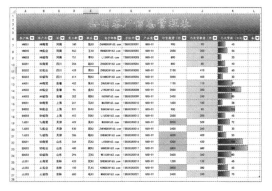

第4步 在此样式中单击任意一个单元格，功能区就会出现【表格】选项卡，单击【表格】选项卡下的【其他】按钮，在弹出的下拉列表中选择一种样式，即可完成更改表格样式的操作，如下图所示。

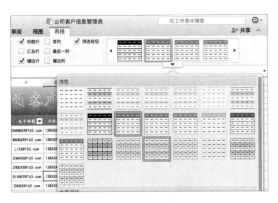

第5步 选择表格内的任意单元格，单击【表格】选项卡下的【转换为区域】按钮，如下图所示。

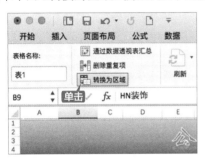

第6步 弹出【警告】对话框，单击【是】按钮，如下图所示。

第7步 即可结束标题栏的筛选状态，把表格转换为区域，如下图所示。

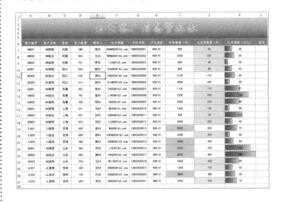

6.5.3 设置主题效果

Microsoft Excel 工作簿由颜色、字体及效果组成，使用主题可以对信息管理表进行美化，让表格更加美观。设置主题效果的具体操作步骤如下。

第1步 单击【页面布局】选项卡下的【主题】右侧的下拉按钮，在弹出【内置】面板中选择【环保】选项，如下图所示。

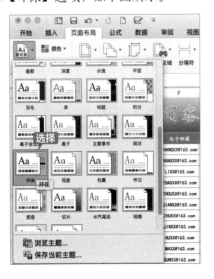

第2步 设置表格为【环保】主题后的效果如下图所示。

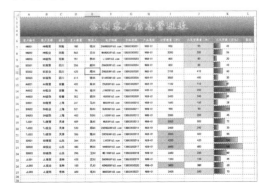

第3步 单击【页面布局】选项卡下的【颜色】右侧的下拉按钮，在弹出的【内置】面板中选择【灰度】选项，如下图所示。

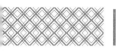

第4步 设置【灰度】主题颜色后的效果如下图所示。

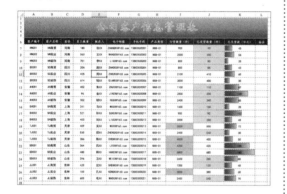

第5步 单击【页面布局】选项卡下的【字体】右侧的下拉按钮，在弹出的【内置】面板中选择一种字体主题样式，如下图所示。

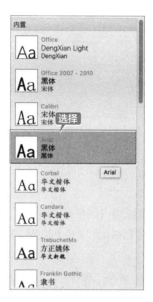

第6步 设置主题样式后的效果如下图所示。

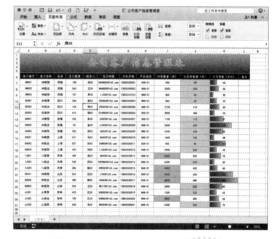

制作人事变更表

与公司客户信息管理表类似的工作表还有人事变更表、采购表、期末成绩表等。制作美化这类表格时，都要做到主题鲜明、制作规范、重点突出，便于公司更好地管理内部信息。下面就以制作人事变更表为例进行介绍。

第1步 创建空白工作簿

新建空白工作簿，重命名工作表，并将其保存为"制作人事变更表.xlsx"工作簿，如下图所示。

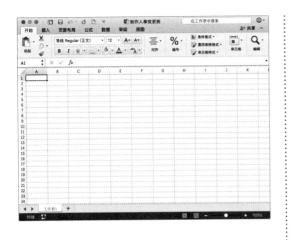

第 2 步　编辑人事变更表

　　输入标题并设计标题的艺术字效果，输入人事变更表的各种数据并进行编辑，如下图所示。

第 3 步　设置条件样式

　　在人事变更表中设置条件格式，突出变更后高于 8000 元的薪资，如下图所示。

第 4 步　应用样式和主题

　　在人事变更表中应用样式和主题可以实现对人事变更表进行美化，让表格更加美观，如下图所示。

◇ **善用叠加搜索条件快速查找**

　　使用叠加搜索条件可以快速精准地找到所需要的问价，具体操作步骤如下。

第 1 步　在 Dock 栏中单击【Finder】图标，在 Finder 菜单中选择【文件】→【新建智能文

件夹】选项，如下图所示。

第2步 弹出【新建智能文件夹】对话框，单击右上角的【存储】按钮，如下图所示。

第3步 弹出【为您的智能文件夹指定名称和位置】界面，在【存储为】文本框中输入名称，选中【添加到边栏】复选框，设置完成后，单击【存储】按钮，如下图所示。

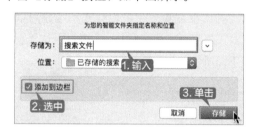

第4步 即可看到智能文件夹【搜索文件】被添加到了侧栏，在侧栏选中【搜索文件】并右击，在弹出的快捷菜单中选择【显示搜索条件】选项，如下图所示。

第5步 即可在【搜索文件】界面中显示搜索条件，单击第一个文本框右侧的下拉按钮，在弹出的条件选项中选中一种搜索条件，如下图所示。

第6步 单击右上角的⊕按钮，可以继续添加新的搜索条件，如下图所示。

第7步 通过这些搜索条件，用户即可找到需要的文件，如下图所示。

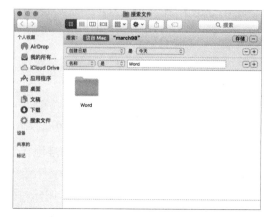

第 7 章
初级数据处理与分析

本章导读

在工作中，经常对各种类型的数据进行处理和分析。Excel 具有处理与分析数据的能力，设置数据的有效性可以防止输入错误数据；使用排序功能可以将数据表中的内容按照特定的规则排序；使用筛选功能可以将满足用户条件的数据单独显示；使用条件格式功能可以直观地突出显示重要值；使用合并计算和分类汇总功能可以对数据进行分类或汇总。本章就以统计商品库存明细表为例，介绍使用 Excel 处理和分析数据的操作。

思维导图

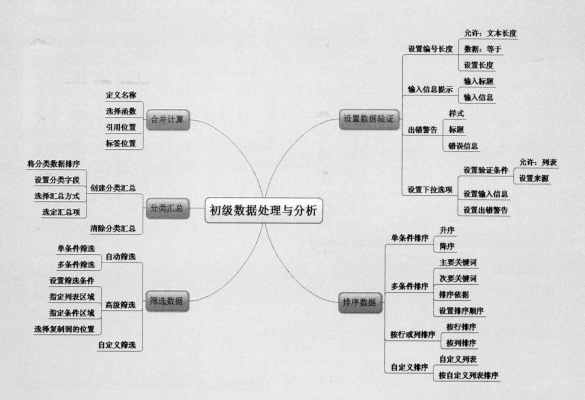

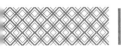

7.1 商品库存明细表

　　商品库存明细表是一个公司或单位进出物品的详细统计清单，记录着一段时间物品的消耗和剩余状况，对下一阶段相应商品的采购和使用计划有很重要的参考作用。库存明细表类目众多，如果手动统计不仅费时费力，而且容易出错，使用 Excel 则可以快速对这类工作表进行分析统计，得出详细而准确的数据。

实例名称：制作商品库存明细表	
实例目的：掌握初级数据处理与分析	
素材	素材 \ch07\ 商品库存明细表 .xlsx
结果	结果 \ch07\ 商品库存明细表 .xlsx
录像	录像 \07 第 7 章

7.1.1 案例概述

　　完整的商品库存明细表主要包括商品名称、商品数量、库存、结余等，需要对商品库存的各个类目进行统计和分析，在对数据进行统计分析的过程中，需要用到排序、筛选、分类汇总等操作。熟悉各个类型的操作，对以后处理相似数据时有很大的帮助。

　　打开随书光盘中的"素材 \ch07\ 商品库存明细表 .xlsx"工作簿，如下图所示。

　　商品库存明细表工作簿中包含了两个工作表，分别是 Sheet1 工作表和 Sheet2 工作表。其中 Sheet1 工作表主要记录了商品的基本信息和使用情况，如下图所示。

　　Sheet2 工作表除了简单记录了商品基本信息外，还记录了下个月的预计出库量和采购计划，如下图所示。

7.1.2 设计思路

对商品库存明细表的处理和分析可以通过以下思路进行。

（1）设置商品编号和单位的数据验证。

（2）通过对商品排序进行分析处理。

（3）通过筛选的方法对库存和使用状况进行分析。

（4）使用分类汇总操作对商品使用情况进行分析。

（5）使用合并计算操作将两个工作表中的数据进行合并。

7.1.3 涉及知识点

本案例主要涉及以下知识点。

（1）设置数据验证。

（2）排序操作。

（3）筛选数据。

（4）分类汇总。

（5）合并计算。

7.2 设置数据验证

在制作商品库存明细表的过程中，对数据的类型和格式会有严格的要求，因此需要在输入数据时对数据的有效性进行验证。

7.2.1 设置商品编号长度

商品库存明细表需要对商品进行编号以便更好地进行统计。编号的长度是固定的，因此需要对输入数据的长度进行限制，以避免输入错误数据，具体操作步骤如下。

第1步 选中 Sheet1 工作表中的 B3:B22 单元格区域，如下图所示。

第2步 单击【数据】选项卡下的【数据验证】

按钮，如下图所示。

第3步 弹出【数据验证】对话框，选择【设置】选项卡，单击【验证条件】选项区域内【允许】文本框右侧的下拉按钮，在弹出的选项列表中选择【文本长度】选项，如下图所示。

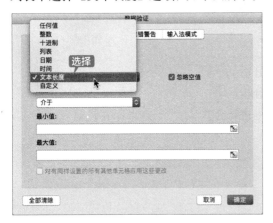

第4步 数据文本框变为可编辑状态，在【数据】文本框的下拉列表中选择【等于】选项，在【长度】文本框内输入"6"，选中【忽略空值】复选框，单击【确定】按钮，如下图所示。

第5步 即可完成设置输入数据长度的操作，当输入的文本长度不是6时，即会弹出提示窗口，如下图所示。

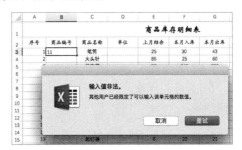

7.2.2 设置输入信息时的提示

完成对单元格输入数据的长度限制设置后，可以设置输入信息时的提示信息，具体操作步骤如下。

第1步 再次选中B3:B22单元格区域，单击【数据】选项卡下的【数据验证】按钮 ，如下图所示。

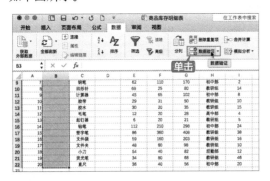

第2步 弹出【数据验证】对话框，选择【输入信息】选项卡，选中【选定单元格时显示输入信息】复选框，在【标题】文本框内输

入"请输入商品编号"，在【输入信息】文本框内输入"商品编号长度为6位，请正确输入！"，单击【确定】按钮，如下图所示。

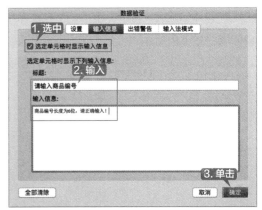

第 3 步 返回 Excel 工作表中，选中设置了提示信息的单元格时，即可显示提示信息，效果如下图所示。

7.2.3 设置输错时的警告信息

当用户输入错误的数据时，可以设置警告信息提示用户，具体操作步骤如下。

第 1 步 选中 B3:B22 单元格区域，单击【数据】选项卡下的【数据验证】按钮 <kbd>数据验证 ▾</kbd>，如下图所示。

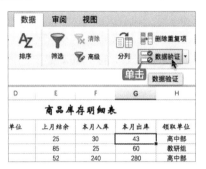

第 2 步 弹出【数据验证】对话框，选择【出错警告】选项卡，选中【输入无效数据时显示出错警告】复选框，在【样式】下拉列表中选择【停止】选项，在【标题】文本框内输入文字"输入错误"，在【错误信息】文本框内输入文字"请输入正确商品编号"，单击【确定】按钮，如下图所示。

第 3 步 例如，在 B3 单元格内输入"11"，即会弹出设置的警示信息，如下图所示。

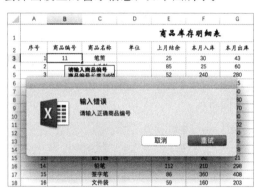

第 4 步 设置完成后，在 B3 单元格内输入"MN0001"，按【Enter】键确定，即可完成输入，如下图所示。

	A	B	C
1			
2	序号	商品编号	商品名称
3	1	MN0001	笔筒
4	2		大头针
5	3	请输入商品编号 商品编号长度为6位，请正确输入！	档案袋
6	4		订书机
7	5		复写纸
8	6		复印纸

第 5 步 使用快速填充功能填充 B4:B22 单元格区域，效果如下图所示。

	A	B	C	D	E	F	G
1					*商品库存明细表*		
2	序号	商品编号	商品名称	单位	上月结余	本月入库	本月出库
3	1	MN0001	笔筒		25	30	43
4	2	MN0002	大头针		85	25	60
5	3	MN0003	档案袋		52	240	280
6	4	MN0004	订书机		12	10	15
7	5	MN0005	复写纸		52	20	60
8	6	MN0006	复印纸		206	100	280
9	7	MN0007	钢笔		62	110	170
10	8	MN0008	回形针		69	25	80
11	9	MN0009	计算器		45	65	102
12	10	MN0010	胶带		29	31	50
13	11	MN0011	胶水		30	20	35
14	12	MN0012	毛笔		12	20	28
15	13	MN0013	起钉器		6	20	21
16	14	MN0014	铅笔		112	210	298
17	15	MN0015	签字笔		86	360	408
18	16	MN0016	文件袋		59	160	203
19	17	MN0017	文件夹		48	60	98
20	18	MN0018	小刀		54	40	82
21	19	MN0019	荧光笔		34	80	68
22	20	MN0020	直尺		36	40	56
23							

7.2.4 设置单元格的下拉选项

加入单元格内需要输入像单位这样的特定几个字符时，可以将其设置为下拉选项以方便输入，具体操作步骤如下。

第1步 选中 D3：D22 单元格区域，单击【数据】选项卡下的【数据验证】按钮，如下图所示。

第2步 弹出【数据验证】对话框，选择【设置】选项卡，单击【验证条件】选项区域内【允许】文本框的下拉按钮，在弹出的下拉列表中选择【列表】选项，如下图所示。

第3步 显示【源】文本框，在文本框内输入"个，盒，包，支，卷，瓶，把"，同时选中【忽略空值】和【提供下拉箭头】复选框，如下图所示。

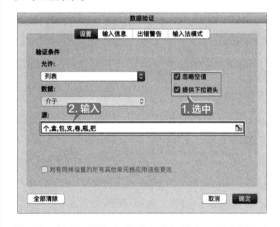

第4步 选择【输入信息】选项卡，设置单元格区域的提示信息【标题】为"在下拉列表中选择"，【输入信息】为"请在下拉列表中选择商品的单位！"，如下图所示。

第5步 选择【出错警告】选项卡，设置单元格的出错信息【标题】为"输入有误"，【错误信息】为"请在下拉列表中选择！"。设置完成后单击【确定】按钮，如下图所示。

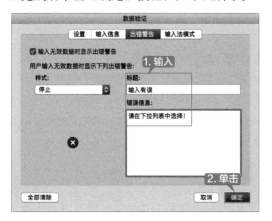

第6步 即可在"单位"列的单元格后显示下拉选项，单击下拉按钮，即可在下拉列表中选择特定的单位，效果如下图所示。

第7步 使用同样的方法在 B4:B20 单元格区域输入商品单位，如下图所示。

	A	B	C	D	E	F	G
1				商品库存明细表			
2	序号	商品编号	商品名称	单位	上月结余	本月入库	本月出库
3	1	MN0001	笔筒	个	25	30	43
4	2	MN0002	大头针	盒	85	25	60
5	3	MN0003	档案袋	个	52	240	280
6	4	MN0004	订书机	个	12	10	15
7	5	MN0005	复写纸	包	52	20	60
8	6	MN0006	复印纸	包	206	100	280
9	7	MN0007	钢笔	支	62	110	170
10	8	MN0008	回形针	盒	69	25	80
11	9	MN0009	计算器	个	45	65	102
12	10	MN0010	胶带	卷	29	31	50
13	11	MN0011	胶水	瓶	30	20	35
14	12	MN0012	毛笔	支	12	20	28
15	13	MN0013	起钉器	个	6	20	21
16	14	MN0014	铅笔	支	112	210	298
17	15	MN0015	签字笔	支	86	360	408
18	16	MN0016	文件袋	个	59	160	203
19	17	MN0017	文件夹	个	48	60	98
20	18	MN0018	小刀	把	54	40	82
21	19	MN0019	荧光笔	支	34	80	68
22	20	MN0020	直尺	把	36	40	56

7.3 排序数据

在对商品库存明细表中的数据进行统计时，需要对数据进行排序，以便更好地对数据进行分析和处理。

7.3.1 单条件排序

Excel 可以根据某个条件对数据进行排序，如在库存明细表中对入库数量多少进行排序，具体操作步骤如下。

第1步 选中数据区域的任意单元格，单击【数据】选项卡下的【排序】按钮 ，如下图所示。

第2步 弹出【排序】对话框，将【列】设置为"本月入库"，【排序依据】设置为"值"，将【顺序】设置为"升序"，选中【列表包含标题】复选框，单击【确定】按钮，如下图所示。

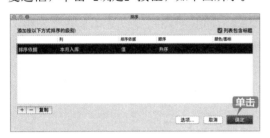

第3步 即可将数据以入库数量为依据进行从小到大的排序，效果如下图所示。

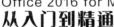

> **提示**
>
> Excel 默认的排序是根据单元格中的数据进行排序的。在按升序排序时，Excel 使用如下的顺序。
>
> （1）数值从最小的负数到最大的正数排序。
>
> （2）文本按 A~Z 顺序。
>
> （3）逻辑值 False 在前，True 在后。
>
> （4）空格排在最后。

7.3.2 多条件排序

如果需要对各个部门进行排序的同时又要对各个部门内部商品的本月结余情况进行比较，可以使用多条件排序，具体操作步骤如下。

第1步 选择"Sheet1"工作表，选中任意数据，单击【数据】选项卡下的【排序】按钮，如下图所示。

第2步 弹出【排序】对话框，设置【列】为

"领取单位"、【排序依据】为"值"、【顺序】为"A 到 Z"，单击【添加级别】按钮，如下图所示。

第3步 设置【列】为"本月结余"、【排序依据】为"值"、【顺序】为"升序"，单击【确定】按钮，如下图所示。

第4步 即可对工作表进行排序，效果如下图所示。

|提示|

在多条件排序中，数据区域按主要关键字排列，主要关键字相同的按次要关键字排列，如果次要关键字也相同的则按第三关键字排列。

7.3.3 按行或列排序

如果需要对商品库存明细进行按行或按列的排序，也可以通过排序功能实现，具体操作步骤如下。

第1步 选中 E2:G22 单元格区域，单击【数据】选项卡下的【排序】按钮，如下图所示。

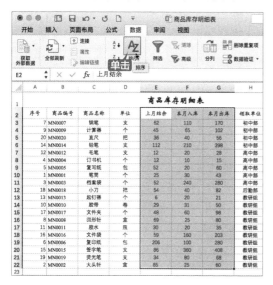

第2步 弹出【排序】对话框，单击【选项】按钮，如下图所示。

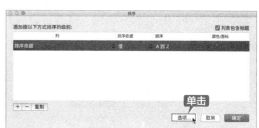

第3步 在弹出的【排序】选项中【方向】选项区域选中【按行排序】单选按钮，单击【确定】按钮，如下图所示。

第4步 返回【排序】对话框，将【行】设置为【行2】，【排序依据】设置为【值】，【顺序】设置为【A到Z】，单击【确定】按钮，如下图所示。

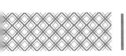

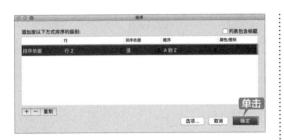

第5步 即可将工作表数据根据设置进行排序，效果如下图所示。

D	E	F	G	H
		商品库存明细表		
单位	本月出库	本月入库	上月结余	领取单位
支	170	110	62	初中部
个	102	65	45	初中部
把	56	40	36	初中部
支	298	210	112	初中部
支	28	20	12	高中部
个	15	10	12	高中部
包	60	20	52	高中部
个	43	30	25	高中部
个	280	240	52	高中部
把	82	40	54	后勤部
个	21	20	6	教研组
卷	50	31	29	教研组
个	98	60	48	教研组
盒	80	25	69	教研组
瓶	35	20	30	教研组
个	203	160	59	教研组
包	280	100	206	教研组
支	408	360	86	教研组
支	68	80	34	教研组
盒	60	25	85	教研组

7.3.4 自定义排序

如果需要按商品的单位进行一定顺序排列，例如，将商品的名称自定义为排序序列，具体操作步骤如下。

1. 创建自定义列表

第1步 在 Excel 中选择【Excel】→【偏好设置】选项，如下图所示。

第2步 弹出【Excel 偏好设置】对话框，选择【公式和列表】选项下的【自定义列表】选项，如下图所示。

第3步 打开【自定义列表】对话框，在【列表条目】文本框内输入"个、盒、包、支、卷、瓶、把"，每输入一个条目后按【Enter】键分隔条目，输入完成后单击【添加】按钮，如下图所示。

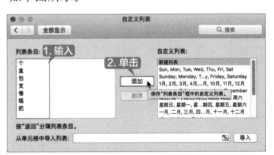

第4步 然后单击【关闭】按钮，完成自定义列表的创建，如下图所示。

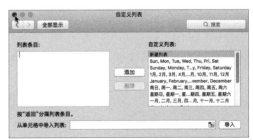

2. 使用创建的自定义列表

第1步 选中数据区域内任意单元格，如下图所示。

第2步 单击【数据】选项卡下的【排序】按钮 ，如下图所示。

第3步 弹出【排序】对话框，设置【列】为"单位"，选择【顺序】下拉列表中的【自定义列表】选项，如下图所示。

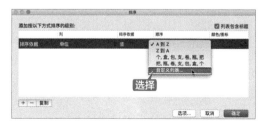

第4步 弹出【自定义列表】对话框，在【自定义列表】列表框中选择刚创建的【个、盒、包、支、卷、瓶、把】选项，单击【确定】按钮，如下图所示。

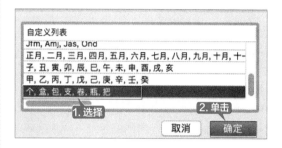

第5步 即可在【排序】对话框中看到自定义的次序，单击【确定】按钮，如下图所示。

第6步 即可将数据按照自定义的序列进行排序，效果如下图所示。

7.4 筛选数据

在对商品库存明细表的数据进行处理时，如果需要查看一些特定的数据，可以使用数据筛选功能筛选出需要的数据。

7.4.1 自动筛选

通过自动筛选功能，可以筛选出符合条件的数据。自动筛选包括单条件筛选和多条件筛选。

1. 单条件筛选

单条件筛选就是将符合一种条件的数据筛选出来。例如，筛选出商品库存明细表中和初中部有关的商品。

第1步 选中数据区域任意单元格，如下图所示。

第2步 单击【数据】选项卡下的【筛选】按钮，如下图所示。

第3步 工作表自动进入筛选状态，每列的标题下面出现一个下拉按钮，单击 H2 单元格的下拉按钮，如下图所示。

第4步 在弹出的下拉选项框中选中【初中部】复选框，如下图所示。

第5步 即可将和初中部有关的商品筛选出来，效果如下图所示。

	A	B	C	D	E	F	G	H	I	J	K
2	序号	商品编	商品名称	单位	本月出库	本月入库	上月结余	领取单位	本月结余	审核人	
3	9	MN0009	计算器	个	102	65	45	初中部	122	张XX	
14	7	MN0007	钢笔	支	170	110	62	初中部	218	张XX	
15	14	MN0014	铅笔	支	296	210	112	初中部	396	王XX	
21	20	MN0020	直尺	把	56	40	36	初中部	60	王XX	

2. 多条件筛选

多条件筛选就是将符合多个条件的数据筛选出来。例如，了解商品库存明细表中档案袋和回形针的使用情况。

第1步 选中数据区域任意单元格，如下图所示。

	A	B	C	D	E	F	G
2	序号	商品编号	商品名称	单位	本月出库	本月入库	上月结余
3	9	MN0009	计算器	个	102	65	45
4	4	MN0004	订书机	个	15	10	12
5	1	MN0001	笔筒	个	43	30	25
6	3	MN0003	档案袋	个	280	240	52
7	13	MN0013	起钉器	个	21	20	6
8	17	MN0017	文件夹	个	98	60	48
9	16	MN0016	文件袋	个	203	160	59
10	8	MN0008	回形针	盒	80	25	69
11	2	MN0002	大头针	盒	60	25	85
12	5	MN0005	复写纸	包	60	20	52
13	6	MN0006	复印纸	包	280	100	206
14	7	MN0007	钢笔	支	170	110	62
15	14	MN0014	铅笔	支	298	210	112

第2步 单击【数据】选项卡下的【筛选】按钮，如下图所示。

	A	B	C	D	E	F	G	H
2	序号	商品编号	商品名称	单位	本月出库	本月入库	上月结余	领取单位
3	9	MN0009	计算器	个	102	65	45	初中部
4	4	MN0004	订书机	个	15	10	12	高中部
5	1	MN0001	笔筒	个	43	30	25	高中部
6	3	MN0003	档案袋	个	280	240	52	初中部
7	13	MN0013	起钉器	个	21	20	6	教研组
8	17	MN0017	文件夹	个	98	60	48	教研组
9	16	MN0016	文件袋	个	203	160	59	教研组
10	8	MN0008	回形针	盒	80	25	69	教研组
11	2	MN0002	大头针	盒	60	25	85	高中部
12	5	MN0005	复写纸	包	60	20	52	高中部
13	6	MN0006	复印纸	包	280	100	206	教研组
14	7	MN0007	钢笔	支	170	110	62	初中部
15	14	MN0014	铅笔	支	298	210	112	初中部

第3步 工作表自动进入筛选状态，每列的标题下面出现一个下拉按钮，单击 C2 单元格的下拉按钮，如下图所示。

	A	B	C	D
2	序号	商品编	商品名称	单位
3	9	MN0009	计算器	个
4	4	MN0004	订书机	个
5	1	MN0001	笔筒	个
6	3	MN0003	档案袋	个
7	13	MN0013	起钉器	个
8	17	MN0017	文件夹	个
9	16	MN0016	文件袋	个
10	8	MN0008	回形针	盒
11	2	MN0002	大头针	盒
12	5	MN0005	复写纸	包

第4步 在弹出的下拉选项框中选中【档案袋】和【回形针】复选框，如下图所示。

第5步 即可筛选出和档案袋、回形针有关的所有数据，效果如下图所示。

	A	B	C	D	E	F	G	H	I	J
1				商品库存明细表						
2	序号	商品编	商品名称	单位	本月出库	本月入库	上月结余	领取单位	本月结余	审核人
6	3	MN0003	档案袋	个	280	240	52	高中部	466	张XX
22	8	MN0008	回形针	盒	80	25	69	教研组	36	王XX

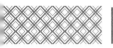

7.4.2 高级筛选

如果要将商品库存明细表中张 XX 审核的商品名称单独筛选出来，可以使用高级筛选功能设置多个复杂筛选条件来实现，具体操作步骤如下。

第1步 在 I25 和 I26 单元格内分别输入"审核人"和"张 XX"，在 J25 单元格内输入"商品名称"，如下图所示。

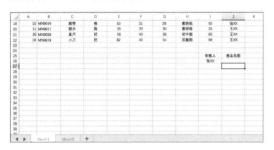

第2步 选中数据区域任意单元格，单击【数据】选项卡下的【高级】按钮，如下图所示。

第3步 弹出【高级筛选】对话框，选中【将筛选结果复制到其他位置】单选按钮，在【列表区域】文本框内输入"$A$2:$J$22"，在【条件区域】文本框内输入"$I$25:$I$26"，在【复制到】文本框内输入"$J$25"，选中【选择不重复的记录】复选框，单击【确定】按钮，如下图所示。

第4步 即可将商品库存明细表中张 XX 审核的商品名称单独筛选出来并复制在指定区域，效果如下图所示。

G	H	I	J
30	教研组	25	王XX
36	初中部	60	王XX
54	后勤部	68	王XX
		审核人	商品名称
		张XX	计算器
			订书机
			笔筒
			档案袋
			文件袋
			大头针
			复印纸
			钢笔
			毛笔
			签字笔
			胶带

提示

输入的筛选条件文字需要和数据表中的文字保持一致。

7.4.3 自定义筛选

如果用户需要将本月入库量介于 20~31 之间的商品筛选出来，可以根据需要自定义筛选，具体操作步骤如下。

第1步 选择任意数据区域任意单元格，如下图所示。

	A	B	C	D	E	F	G
1					商品库存明细表		
2	序号	商品编号	商品名称	单位	本月出库	本月入库	上月结余
3	9	MN0009	计算器	个	102	65	45
4	4	MN0004	订书机	个	15	10	12
5	1	MN0001	笔筒	个	43	30	25
6	3	MN0003	档案袋	个	280	240	52
7	13	MN0013	起钉器	个	21	20	6
8	17	MN0017	文件夹	个	98	60	48
9	16	MN0016	文件袋	个	203	160	59
10	8	MN0008	回形针	盒	80	25	69
11	2	MN0002	大头针	盒	60	25	85
12	5	MN0005	复写纸	包	60	20	52
13	6	MN0006	复印纸	包	280	100	206
14	7	MN0007	钢笔	支	170	110	62
15	14	MN0014	铅笔	支	298	210	112
16	12	MN0012	毛笔	支	28	20	12
17	15	MN0015	签字笔	支	408	360	86

第2步 单击【数据】选项卡下的【筛选】按
钮 ，如下图所示。

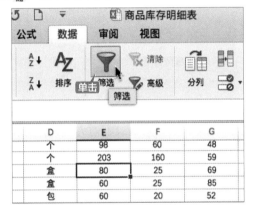

第3步 即可进入筛选模式，单击【本月入库】
的下拉按钮，在弹出的下拉面板中单击默认
值为【选择一个】的文本框右侧的下拉按钮，
在弹出的下拉列表中选择【之间】选项，如
下图所示。

第4步 选择【大于或等于】选项，右侧数值
设置为"20"，选中【与】单选按钮，在下
方左侧下拉列表框中选择【小于或等于】选项，
数值设置为"31"，如下图所示。

第5步 即可将本月入库量介于20到31之间的商品筛选出来，效果如下图所示。

	A	B	C	D	E	F	G	H	I	J	K
1						商品库存明细表					
2	序号	商品编号	商品名称	单位	本月出库	本月入库	上月结余	领取单位	本月结余	审核人	
14	10	MN0010	胶带	卷	50	31	29	教研组	52	张XX	
15	1	MN0001	笔筒	个	43	30	25	高中部	48	张XX	
16	8	MN0008	回形针	盒	80	25	69	教研组	36	王XX	
17	2	MN0002	大头针	盒	60	25	85	教研组	0	张XX	
18	13	MN0013	起钉器	个	21	20	6	教研组	35	王XX	
19	5	MN0005	复写纸	包	60	20	52	高中部	28	王XX	
20	12	MN0012	毛笔	支	28	20	12	高中部	36	张XX	
21	11	MN0011	胶水	瓶	35	20	30	教研组	25	王XX	
23											
24											
25											
26											
27											
28											

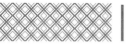

7.5 数据的分类汇总

商品库存明细表需要对不同分类的商品进行分类汇总，使工作表更加有条理，有利于对数据的分析和处理。

7.5.1 创建分类汇总

将商品根据领取单位对上月结余情况进行分类汇总，具体操作步骤如下。

第 1 步 选中 "领取单位" 区域任意单元格，如下图所示。

第 2 步 单击【数据】选项卡下的【升序】按钮 ，如下图所示。

第 3 步 即可将数据以领取单位为依据进行升序排列，效果如下图所示。

第 4 步 单击【数据】选项卡下的【小计】按

钮 小计 ，如下图所示。

第 5 步 弹出【分类汇总】对话框，设置【分类字段】为"领取单位"、【汇总方式】为"求和"，在【选定汇总项】列表框中选中【本月结余】复选框，其余保持默认值，单击【确定】按钮，如下图所示。

第 6 步 即可对工作表进行以领取单位为类别的对本月结余进行的分类汇总，结果如下图所示。

	A	B	C	D	E	F	G	H	I	J	K	L
1						商品库存明细表						
2	序号	商品编号	商品名称	单位	本月出库	本月入库	上月结余	领取单位	本月结余	审核人		
3	14	MN0014	铅笔	支	298	210	112	初中部	396	王XX		
4	7	MN0007	钢笔	支	170	110	62	初中部	218	张XX		
5	9	MN0009	计算器	个	102	65	45	初中部	122	张XX		
6	20	MN0020	直尺	把	56	40	36	初中部	60	王XX		
7								初中部 汇总	796			
8	3	MN0003	档案袋	个	280	240	52	高中部	468	张XX		
9	1	MN0001	笔筒	个	43	30	25	高中部	48	张XX		
10	5	MN0005	复写纸	包	60	20	52	高中部	28	王XX		
11	12	MN0012	毛笔	支	28	20	12	高中部	36	张XX		
12	4	MN0004	订书机	个	15	10	12	高中部	13	张XX		
13								高中部 汇总	593			
14	18	MN0018	小刀	把	82	40	54	后勤部	68	王XX		
15								后勤部 汇总	68			
16	15	MN0015	签字笔	支	408	360	86	教研组	682	张XX		
17	16	MN0016	文件装	个	203	160	59	教研组	304	张XX		
18	6	MN0006	复印纸	包	280	100	206	教研组	174	张XX		
19	19	MN0019	荧光笔	支	68	80	34	教研组	114	王XX		
20	17	MN0017	文件夹	个	98	60	48	教研组	110	王XX		
21	10	MN0010	胶带	卷	50	31	29	教研组	52	张XX		
22	8	MN0008	回形针	盒	80	25	69	教研组	36	张XX		
23	2	MN0002	大头针	盒	60	25	85	教研组	0	张XX		
24	13	MN0013	起钉器	个	21	20	6	教研组	35	王XX		
25	11	MN0011	胶水	瓶	35	20	30	教研组	25	王XX		
26								教研组 汇总	1532			
27								总计	2989			
28												
29												
30												

Sheet1　Sheet2　+

提示

在进行分类汇总之前，需要对分类字段进行排序使其符合分类汇总的条件，达到最佳的效果。

7.5.2 清除分类汇总

如果不再需要对数据进行分类汇总，可以选择清除分类汇总，具体操作步骤如下。

第1步 接 7.5.1 小节操作，选中数据区域任意单元格，如下图所示。

	A	B	C	D	E	F	G	H	I	J	K	L
1						商品库存明细表						
2	序号	商品编号	商品名称	单位	本月出库	本月入库	上月结余	领取单位	本月结余	审核人		
3	14	MN0014	铅笔	支	298	210	112	初中部	396	王XX		
4	7	MN0007	钢笔	支	170	110	62	初中部	218	张XX		
5	9	MN0009	计算器	个	102	65	45	初中部	122	张XX		
6	20	MN0020	直尺	把	56	40	36	初中部	60	王XX		
7								初中部 汇总	796			
8	3	MN0003	档案袋	个	280	240	52	高中部	468	张XX		
9	1	MN0001	笔筒	个	43	30	25	高中部	48	张XX		
10	5	MN0005	复写纸	包	60	20	52	高中部	28	王XX		
11	12	MN0012	毛笔	支	28	20	12	高中部	36	张XX		
12	4	MN0004	订书机	个	15	10	12	高中部	13	张XX		
13								高中部 汇总	593			
14	18	MN0018	小刀	把	82	40	54	后勤部	68	王XX		
15								后勤部 汇总	68			
16	15	MN0015	签字笔	支	408	360	86	教研组	682	张XX		
17	16	MN0016	文件装	个	203	160	59	教研组	304	张XX		
18	6	MN0006	复印纸	包	280	100	206	教研组	174	张XX		
19	19	MN0019	荧光笔	支	68	80	34	教研组	114	王XX		
20	17	MN0017	文件夹	个	98	60	48	教研组	110	王XX		
21	10	MN0010	胶带	卷	50	31	29	教研组	52	张XX		
22	8	MN0008	回形针	盒	80	25	69	教研组	36	张XX		
23	2	MN0002	大头针	盒	60	25	85	教研组	0	张XX		
24	13	MN0013	起钉器	个	21	20	6	教研组	35	王XX		
25	11	MN0011	胶水	瓶	35	20	30	教研组	25	王XX		
26								教研组 汇总	1532			
27								总计	2989			

Sheet1　Sheet2　+

第2步 单击【数据】选项卡下的【小计】按钮 小计，在弹出的【分类汇总】对话框中单击【全部删除】按钮，如下图所示。

第3步 即可将分类汇总全部删除，效果如下图所示。

	A	B	C	D	E	F	G	H	I	J
1					商品库存明细表					
2	序号	商品编号	商品名称	单位	本月出库	本月入库	上月结余	领取单位	本月结余	审核人
3	14	MN0014	铅笔	支	298	210	112	初中部	396	王XX
4	7	MN0007	钢笔	支	170	110	62	初中部	218	张XX
5	9	MN0009	计算器	个	102	65	45	初中部	122	张XX
6	20	MN0020	直尺	把	56	40	36	初中部	60	王XX
7	3	MN0003	档案袋	个	280	240	52	高中部	468	张XX
8	1	MN0001	笔筒	个	43	30	25	高中部	48	张XX
9	5	MN0005	复写纸	包	60	20	52	高中部	28	王XX
10	12	MN0012	毛笔	支	28	20	12	高中部	36	张XX
11	4	MN0004	订书机	个	15	10	12	高中部	13	张XX
12	18	MN0018	小刀	把	82	40	54	后勤组	68	王XX
13	15	MN0015	签字笔	支	408	360	86	教研组	682	张XX
14	16	MN0016	文件袋	个	203	160	70	教研组	304	张XX
15	6	MN0006	复印纸	包	280	100	206	教研组	174	张XX
16	19	MN0019	荧光笔	支	68	80	34	教研组	114	王XX
17	17	MN0017	文件夹	个	98	60	48	教研组	110	张XX
18	10	MN0010	胶带	卷	50	31	29	教研组	52	张XX
19	8	MN0008	回形针	盒	80	25	69	教研组	36	王XX
20	2	MN0002	大头针	盒	60	25	85	教研组	0	张XX
21	13	MN0013	起钉器	个	21	20	6	教研组	35	王XX
22	11	MN0011	胶水	瓶	35	20	30	教研组	25	王XX
23										

7.6 合并计算

合并计算可以将多个工作表中的数据合并在一个工作表中，以便能够对数据进行更新和汇总。商品库存明细表中，Sheet 1 工作表和 Sheet2 工作表的内容可以汇总在一个工作表中，具体操作步骤如下。

第1步 选择"Sheet1"工作表，选中 A2:J22 单元格区域，如下图所示。

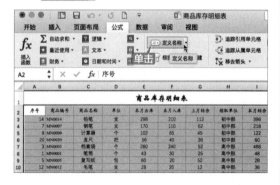

第2步 单击【公式】选项卡下的【定义名称】按钮，如下图所示。

第3步 弹出【定义名称】对话框，在【输入

数据区域的名称】文本框内输入"表1"文本，单击【添加】按钮，即可在【工作簿中的名称】列表框中显示出来，单击【确定】按钮，如下图所示。

第4步 选择"Sheet2"工作表，选中 E1:F21 单元格区域，使用同样的方法，将选中的区域设置为"表2"，单击【确定】按钮，如下图所示。

第5步 在"Sheet1"工作表中选中 K2 单元格，

单击【数据】选项卡下的【合并计算】按钮，如下图所示。

第6步 弹出【合并计算】对话框，设置【函数】为"求和"，在【所有引用位置】列表框中选择【表 2】选项，其他选项都删除，选中【标

签位置】选项区域内的【首行】复选框，单击【确定】按钮，如下图所示。

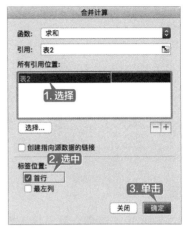

第7步 即可将表 2 合并在"Sheet1"工作表内，效果如下图所示。

序号	商品编号	商品名称	单位	本月出库	本月入库	上月结余	领取单位	本月结余	审核人	次月预计入库	次月预计出库	出库数量
14	MN0014	铅笔	支	298	210	112	初中部	396	王XX	50	60	
7	MN0007	钢笔	支	170	110	62	初中部	218	张XX	30	40	
9	MN0009	计算器	个	102	65	45	初中部	122	张XX	180	200	
20	MN0020	直尺	把	56	40	36	初中部	60	王XX	10	10	
3	MN0003	档案袋	个	280	240	52	高中部	468	张XX	20	60	
1	MN0001	笔筒	个	43	30	25	高中部	48	张XX	110	200	
5	MN0005	复写纸	包	60	20	52	高中部	28	王XX	110	160	
12	MN0012	毛笔	支	28	20	12	高中部	36	王XX	30	40	
4	MN0004	订书机	个	15	10	12	高中部	13	张XX	65	102	
18	MN0018	小刀	把	82	40	54	后勤部	68	王XX	30	25	
15	MN0015	签字笔	支	408	360	86	教研组	682	张XX	20	35	
16	MN0016	文件袋	个	203	160	59	教研组	304	张XX	10	20	
6	MN0006	复印纸	包	280	100	206	教研组	174	张XX	20	21	
19	MN0019	荧光笔	支	68	80	34	教研组	114	王XX	210	200	
17	MN0017	文件夹	个	98	60	48	教研组	110	张XX	200	210	
10	MN0010	胶带	卷	50	31	29	教研组	52	张XX	160	203	
8	MN0008	回形针	盒	80	25	69	教研组	36	王XX	60	98	
2	MN0002	大头针	盒	60	25	85	教研组	0	张XX	40	82	
13	MN0013	起钉器	个	21	20	6	教研组	35	王XX	60	70	
11	MN0011	胶水	瓶	35	20	30	教研组	25	王XX	50	40	

| 提示 |

除了使用上述方式外，还可以在工作表名称栏中直接为单元格区域命名。

举一
反三

分析与汇总商品销售数据表

商品销售数据记录着一个阶段内各个种类商品的销售情况，通过对商品销售数据的分析可以找出在销售过程中存在的问题，分析与汇总商品销售数据表的思路如下。

第1步 设置数据验证

设置商品编号的数据验证，完成编号的输入，如下图所示。

第2步 排序数据

根据需要按照销售金额、销售数量等对表格中的数据进行排序，如下图所示。

第3步 筛选数据

根据需要筛选出满足需要的数据，如下图所示。

第4步 对数据进行分类汇总

根据需要对商品的种类进行分类汇总，如下图所示。

◇ 真正应该使用的任务枢纽

使用 Mac 系统自带的"提醒事项"应用，可以帮助用户有效安排工作任务，具体操作步骤如下。

第1步 在 Dock 栏中单击【Launchpad】图标，在应用程序中单击【提醒事项】图标，打开【提醒事项】应用程序，如下图所示。

第2步 在弹出的界面中单击【添加列表】按钮，

在弹出的下拉列表中选择添加的位置，这里选择【iCloud】选项，如下图所示。

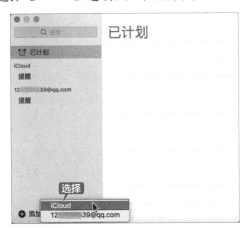

第 3 步 即可在【iCloud】区域中添加一个列表，并将其重命名为【今天的任务】，如下图所示。

第 4 步 在右侧区域中单击 + 按钮，填写今天需要完成的任务，填写完成后，单击 ⓘ 按钮，如下图所示。

第 5 步 在弹出的侧栏中，可以设置提醒的时间，重复次数及任务的优先级等。设置完成后，单击【完成】按钮即可，如下图所示。

第 6 步 返回任务列表，即可看到在任务的下方显示提醒时间，如下图所示。

第 7 步 每完成一项任务，单击任务前面的 ○ 按钮，如下图所示。

第8步 此项任务将会从任务清单中被移除，如下图所示。

第9步 使用同样的方法创建第二天的任务列表，并设置在第二天上午提醒，如下图所示。

这样，第二天到公司打开计算机后，提醒就会自动跳出来，并显示今天任务的数量。

◇ 实时计算数字及换算汇率

Mac 系统中的"Spotlight"不仅可以搜索文件，还可以计算数字，具体操作步骤如下。

第1步 单击系统功能图标区域中的【Spotlight】按钮Q，或者按【Control+Space】组合键，弹出【Spotlight】搜索框，如下图所示。

第2步 在搜索框中输入任意计算公式，"Spotlight"会立即显示结果，如下图所示。

第3步 同时也可以使用"Spotlight"计算汇率。例如，在搜索框中输入"1 欧元"，即可显示出欧元与其他币种之间的汇率，如下图所示。

第8章
中级数据处理与分析——图表

本章导读

在 Excel 中使用图表，不仅能使数据的统计结果更直观、更形象，还能够清晰地反映数据的变化规律和发展趋势，使用图表可以制作产品统计分析表、预算分析表、工资分析表、成绩分析表等。本章主要介绍创建图表、图表的设置和调整、添加图表元素及创建迷你图等操作。

思维导图

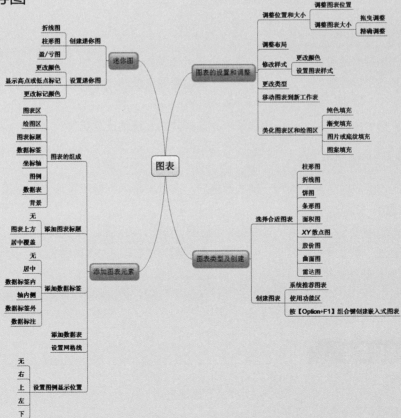

8.1 产品销售统计分析图表

制作产品销售统计分析图表时，表格内的数据类型要格式一致，选取的图表类型要能恰当地反映数据的变化趋势。

	实例名称：制作产品销售统计分析图表	
	实例目的：掌握中级数据处理与分析	
	素材	素材 \ch08\ 产品销售统计分析图表 .xlsx
	结果	结果 \ch08\ 产品销售统计分析图表 .xlsx
	录像	录像 \08 第 8 章

8.1.1 案例概述

数据分析是指用适当的统计分析方法对收集来的大量数据进行分析，提取有用信息并形成结论，从而对数据加以详细研究和概括总结的过程。Excel 作为常用的分析工具，可以实现基本的分析工作。在 Excel 中使用图表可以清楚地表达数据的变化关系，并且可以分析数据的规律进行预测。本节就以制作产品销售统计分析图表为例，介绍使用 Excel 的图表功能分析销售数据的方法。

制作产品销售统计分析图表时，需要注意以下几点。

1. 表格的设计要合理

（1）表格要有明确的表格名称，快速向读者传递要制作图表的信息。

（2）表头的设计要合理，能够指明每一项数据要反映的销售信息，如时间、产品名称或者销售人员等。

（3）表格中的数据格式、单位要统一，这样才能正确地反映销售统计表中的数据。

2. 选择合适的图表类型

（1）制作图表时首先要选择正确的数据源，有时表格的标题不可作为数据源，而表头通常要作为数据源的一部分。

（2）Microsoft Excel 提供了柱形图、折线图、饼图、条形图、面积图、XY 散点图、股价图、曲面图、雷达图、树状图、旭日图、直方图、箱形图、瀑布图等 14 种图表类型及组合图表类型，每一类图表所反映的数据主题不同，用户需要根据要表达的主题选择合适的图表。

（3）图表中可以添加合适的图表元素，如图表标题、数据标签、数据表、图例等，通过这些图表元素可以更直观地反映图表信息。

8.1.2 设计思路

制作产品销售统计分析图表时可以按以下思路进行。

（1）设计要使用图表分析的数据表格。

（2）为表格选择合适的图标类型并创建图表。

（3）设置并调整图表的位置、大小、布局、样式及美化图表。

（4）添加并设置图表标题、数据标签、数据表、网格线及图例等图表元素。

（5）为各月的销售情况创建迷你图。

8.1.3 涉及知识点

本案例主要涉及以下知识点。

（1）创建图表。

（2）设置和调整图表。

（3）添加图表元素。

（4）创建迷你图。

8.2 图表类型及创建

Microsoft Excel 提供了包含组合图表在内的 14 种图表类型，用户可以根据需求选择合适的图表类型，然后创建嵌入式图表或工作表图表来表达数据信息。

8.2.1 如何选择合适的图表

Microsoft Excel 提供了 14 种图表类型及组合图表类型，需要根据图表的特点选择合适的图表类型。

第1步 打开随书光盘中的"素材 \ch08\ 产品销售统计分析图表 .xlsx"文件，在数据区域选择任意一个单元格，这里选择 H6 单元格，如下图所示。

第2步 选择【插入】→【图表】→【柱形图】选项，如下图所示。

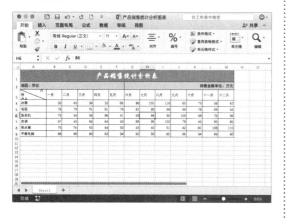

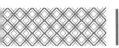
第3步 即可在工作簿中插入一个柱形图，单击【图表设计】选项卡下的【更改图表类型】下拉按钮，在弹出的下拉列表中即可看到 Microsoft Excel 提供的所有图表类型，如下图所示。

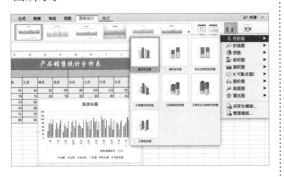

（1）柱形图——以垂直条跨若干类别比较值。

柱形图由一系列垂直条组成，通常用来比较一段时间中两个或多个项目的相对尺寸。例如，不同产品季度或年销售量对比、在几个项目中不同部门的经费分配情况、每年各类资料的数目等，如下图所示。

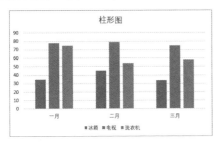

（2）折线图——按时间或类别显示趋势。

折线图用来显示一段时间内的趋势。例如，数据在一段时间内是呈增长趋势的，另一段时间内呈下降趋势，可以通过折线图对将来做出预测，如下图所示。

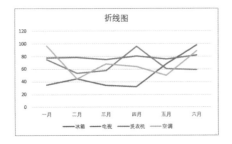

（3）饼图——显示比例。

饼图用于对比几个数据在其形成的总和中所占百分比值。整个饼代表总和，每一个数用一个楔形或薄片代表，如下图所示。

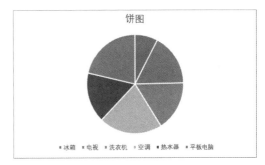

（4）条形图——以水平条跨若干类别比较值。

条形图由一系列水平条组成。使时间轴上的某一点对于两个或多个项目的相对尺寸具有可比性。条形图中的每一条在工作表上是一个单独的数据点或数，如下图所示。

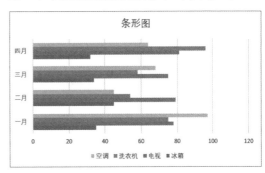

（5）面积图——显示变动幅度。

面积图显示一段时间内变动的幅值。当有几个部分的数据都在变动时，可以选择显示需要的部分，既可看到单独各部分的变动，同时也可看到总体的变动，如下图所示。

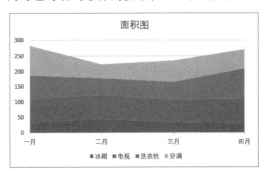

（6）*XY* 散点图——显示值集之间的关系。

XY 散点图展示成对的数和它们所代表的趋势之间的关系。散点图的重要作用是可以用来绘制函数曲线，从简单的三角函数、指数函数、对数函数到更复杂的混合型函数，都可以利用它快速准确地绘制出曲线，所以在教学、科学计算中会经常用到，如下图所示。

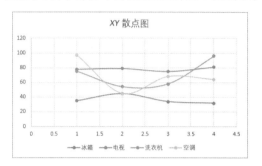

（7）股价图——显示股票变化趋势。

股价图是具有 3 个数据序列的折线图，被用来显示一段给定时间内一种股票的最高价、最低价和收盘价。股价图多用于金融、商贸等行业，用来描述商品价格、货币兑换率和温度、压力测量等，如下图所示。

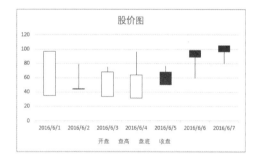

（8）曲面图——在曲面上显示两个或多个数据。

曲面图显示的是连接一组数据点的三维曲面。曲面图主要用于寻找两组数据的最优组合，如下图所示。

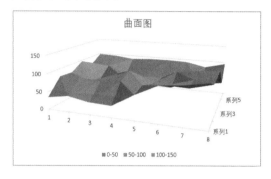

（9）雷达图——显示相对于中心点的值。

雷达图显示数据如何按中心点或其他数据变动。每个类别的坐标值从中心点向外辐射，如下图所示。

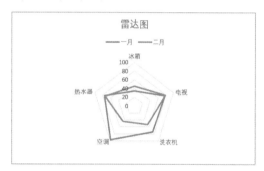

第4步 掌握各类图表的特点之后就可以根据需要选择合适的图表。

8.2.2 创建图表

创建图表时，不仅可以使用系统推荐的图表创建图表，还可以根据实际需要选择并创建合适的图表，下面介绍在产品销售统计分析图表中创建图表的方法。

1. 使用系统推荐的图表

Microsoft Excel 为用户推荐了多种图表类型，并提供图表的预览，用户只需要选择一种图表类型就可完成图表的创建，具体操作步骤如下。

第1步 在打开的"产品销售统计分析图表 .xlsx"素材文件中，选择数据区域内的任意一个单元格，单击【插入】选项卡下的【推荐的图表】按钮，如下图所示。

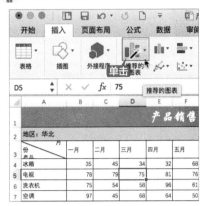

第2步 在弹出的下拉列表中选择需要的图表类型，这里选择"簇状柱形图"图表，如下图所示。

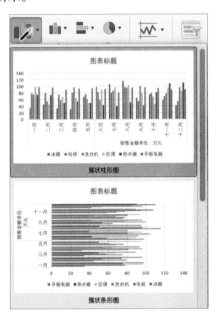

第3步 就可以完成使用推荐的图表创建图表的操作，如下图所示。

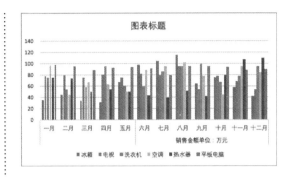

2. 使用功能区创建图表

在 Microsoft Excel 的功能区中将图标类型集中显示在【插入】选项卡下的【图表】选项组中，方便用户快速创建图表，具体操作步骤如下。

第1步 选择数据区域内的任意一个单元格，选择【插入】选项卡，即可看到包含的多个创建图表按钮，如下图所示。

第2步 单击【折线图】下拉按钮，在弹出的下拉列表框中选择【折线图】选项，如下图所示。

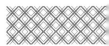

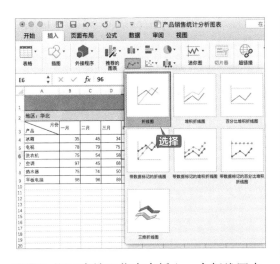

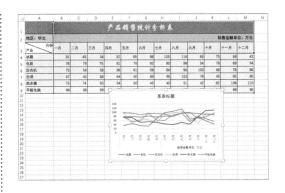

第3步 即可在该工作表中插入一个折线图表，效果如下图所示。

> **|提示|**∷∷∷∷∷∷
>
> 　　除了使用上面的两种方法创建图表外，还可以按【Option+F1】组合键创建嵌入式图表。嵌入式图表就是与工作表数据或与其他嵌入式图表在一起的图表。

8.3 图表的设置和调整

　　在产品销售统计分析表中创建图表后，可以根据需要调整图表的位置和大小，还可以根据需要调整图表的样式及类型。

8.3.1 调整图表的位置和大小

　　创建图表后，如果对图表的位置和大小不满意，可以根据需要调整图表的位置和大小。

1. 调整图表位置

第1步 选择创建的图表，将鼠标指针放置在图表上，当鼠标指针变为✛形状时，按住鼠标左键并拖曳鼠标，如下图所示。

成调整图表位置的操作，如下图所示。

第2步 至合适位置处释放鼠标左键，即可完

2. 调整图表大小

调整图表大小有两种方法，第一种方法是使用鼠标拖曳调整，第二种方法是精确调整图表的大小。

方法一：拖曳鼠标调整图表大小。

第1步 选择插入的图表，将鼠标指针放置在图表四周的控制点上，如这里将鼠标指针放置在右下角的控制点上，当鼠标指针变为 ⬊ 形状时，按住鼠标左键并拖曳鼠标，如下图所示。

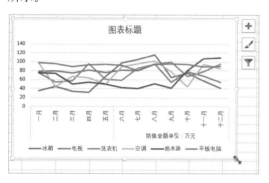

方法二：精确调整图表大小。

第2步 至合适大小后释放鼠标左键，即可完成调整图表大小的操作，如下图所示。

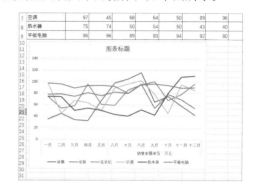

| 提示 |

将鼠标指针放置在 4 个角的控制点上可以同时调整图表的宽度和高度，将鼠标指针放置在左右边的控制点上可以调整图表的宽度，将鼠标指针放置在上下边的控制点上可以同时调整图表的高度。

如要精确地调整图表的大小，可以选择插入的图表，在【格式】选项卡下单击【形状高度】和【形状宽度】微调框后的微调按钮，或者直接输入图表的高度和宽度值，按【Enter】键确认即可，如下图所示。

8.3.2 调整图表布局

创建图表后，可以根据需要调整图表的布局，具体操作步骤如下。

第1步 选择创建的图表，单击【图表设计】选项卡下的【快速布局】下拉按钮，在弹出的下拉列表中选择一种布局（这里选择第 3 行，第 1 列的布局样式），如下图所示。

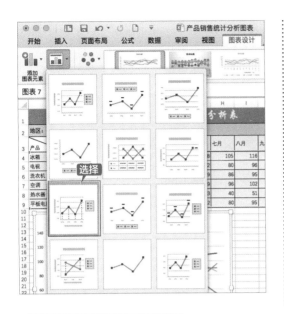

第2步 即可看到调整图表布局后的效果，如下图所示。

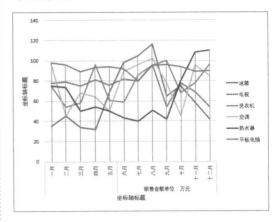

8.3.3 修改图表样式

修改图表样式主要包括调整图表颜色和调整图表样式两方面的内容，修改图表样式的具体操作步骤如下。

第1步 选择图表，单击【图表设计】选项卡下的【更改颜色】下拉按钮，在弹出的下拉列表中选择【彩色 调色板 3】选项，如下图所示。

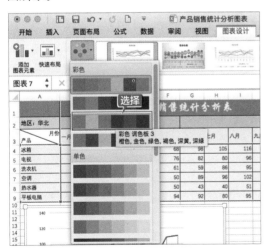

第2步 即可看到调整图表颜色后的效果，如下图所示。

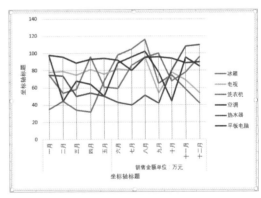

第3步 选择图表，单击【图表设计】选项卡下的【其他】按钮，在弹出的下拉列表中选择【样式6】图表样式选项，如下图所示。

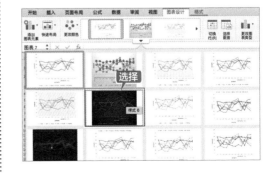

第4步 即可更改图表的样式，效果如下图所示。

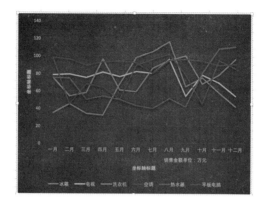

8.3.4 更改图表类型

创建图表后，如果选择的图表类型不能满足展示数据的效果，还可以更改图表类型，具体操作步骤如下。

第1步 选择图表，单击【图表设计】选项卡下的【更改图表类型】按钮，如下图所示。

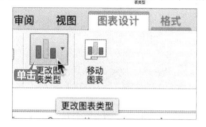

第2步 在弹出的下拉列表中选择要更改的图表类型，这里选择【柱形图】→【簇状柱形图】类型，如下图所示。

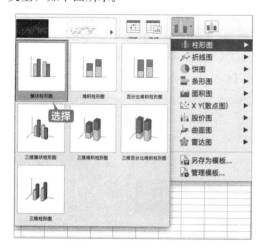

第3步 即可看到将折线图更改为簇状柱形图后的效果，如下图所示。

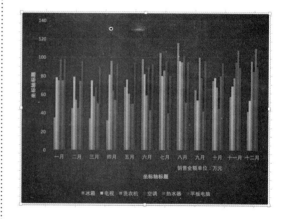

8.3.5 移动图表到新工作表中

创建图表后，如果工作表中数据较多，数据和图表将会有重叠，可以将图表移动到新工作表中，具体操作步骤如下。

第 1 步 选择图表，单击【图表设计】选项卡下的【移动图表】按钮 ，如下图所示。

第 2 步 弹出【移动图表】对话框，在【选择放置图表的位置】组中选中【新工作表】单选按钮，并在文本框中设置新工作表的名称，单击【确定】按钮，如下图所示。

第 3 步 即可创建名称为"Chart1"的工作表，并在表中显示图表，而"Sheet1"工作表中则不包含图表，如下图所示。

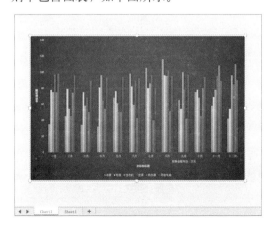

第 4 步 在"Chart1"工作表中选择图表并右击，在弹出的快捷菜单中选择【移动图表】命令，如下图所示。

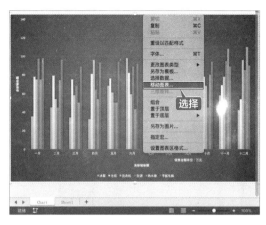

第 5 步 弹出【移动图表】对话框，在【选择放置图表的位置】组中选中【对象位于】单选按钮，并在文本框中选择"Sheet1"工作表，单击【确定】按钮，如下图所示。

第 6 步 即可将图表移动至"Sheet1"工作表中，并删除"Chart1"工作表，如下图所示。

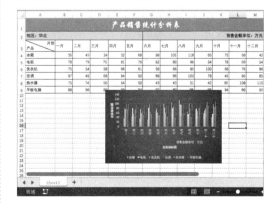

8.3.6 美化图表区和绘图区

美化图表区和绘图区可以使图表更美观，美化图表区和绘图区的具体操作步骤如下。

1. 美化图表区

第1步 选中图表并右击，在弹出的快捷菜单中选择【设置图表区格式】命令，如下图所示。

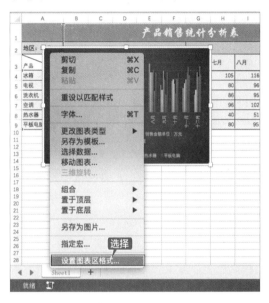

第2步 弹出【设置图表区格式】窗格，在【填充与线条】选项卡下【填充】组中选中【渐变填充】单选按钮，如下图所示。

第3步 单击【预设渐变】后的下拉按钮，在

弹出的下拉列表中选择一种渐变样式，如下图所示。

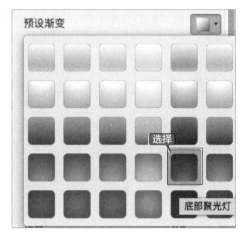

第4步 单击【类型】后的下拉按钮，在弹出的下拉列表中选择【线性】线型，如下图所示。

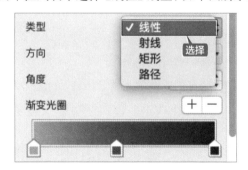

第5步 然后根据需要设置【方向】为"线性对角 - 右上到左下"，如下图所示。

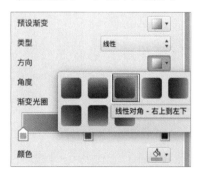

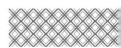

第6步 设置【角度】为【90°】，在【渐变光圈】区域可以设置渐变光圈效果，选择渐变光圈后，按住鼠标左键并拖曳鼠标，可以调整渐变光圈的位置，选择第 1 个渐变光圈，单击下方【颜色】下拉按钮，在弹出的下拉列表中设置颜色为【黑色】，设置第 2 个渐变光圈颜色为【红色】，设置第 3 个渐变光圈颜色为【紫色】，如下图所示。

| 提示 |

单击【添加渐变光圈】按钮 + 可增加渐变光圈，选择渐变光圈后，单击【删除渐变光圈】按钮 − 可移除渐变光圈。

第7步 关闭【设置图表区格式】窗格，即可看到美化图表区后的效果，如下图所示。

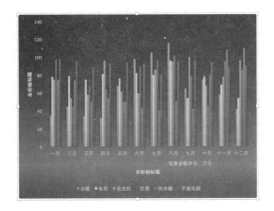

| 提示 |

在【边框】组中可以美化边框样式。

2. 美化绘图区

第1步 选中图表的绘图区并右击，在弹出的

快捷菜单中选择【设置绘图区格式】命令，如下图所示。

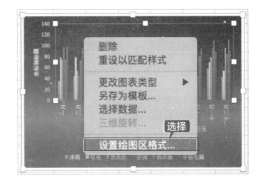

第2步 弹出【设置绘图区格式】窗格，在【填充与线条】选项卡下【填充】组中选中【纯色填充】单选按钮，并单击【颜色】下拉按钮，在弹出的下拉列表中选择一种颜色，还可以根据需要调整透明度，如下图所示。

第3步 关闭【设置绘图区格式】窗格，即可看到美化绘图区后的效果，如下图所示。

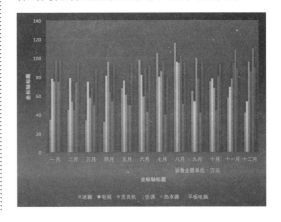

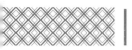

8.4 添加图表元素

创建图表后，可以在图表中添加坐标轴、轴标题、图表标题、数据标签、数据表、网格线和图例等元素。

8.4.1 图表的组成

图表主要由图表区、绘图区、标题、数据系列、坐标轴、图例、运算表和背景等组成，如下图所示。

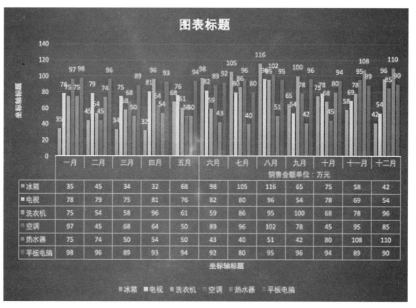

（1）图表区。整个图表及图表中的数据称为图表区。在图表区中，当鼠标指针停留在图表元素上方时，Excel会显示元素的名称，从而方便用户查找图表元素。

（2）绘图区。绘图区主要显示数据表中的数据，数据随着工作表中数据的更新而更新，如下图所示。

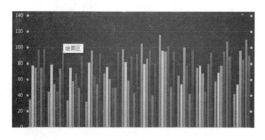

（3）图表标题。创建图表后，图表会自动创建标题文本框，只需在文本框中输入标题即可。

（4）数据标签。图表中绘制的相关数据点的数据来自数据的行和列。如果要快速标识图表中的数据，可以为图表的数据添加数据标签，在数据标签中可以显示系列名称、类别名称和百分比，如下图所示。

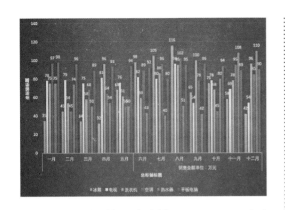

（5）坐标轴。默认情况下，Excel会自动确定图表坐标轴中图表的刻度值，也可以自定义刻度，以满足使用需要。当在图表中绘制的数值涵盖范围较大时，可以将垂直坐标轴改为对数刻度。

（6）图例。图例用方框表示，用于标识图表中的数据系列所指定的颜色或图案。创

建图表后，图例以默认的颜色来显示图表中的数据系列。

（7）数据表。数据表是反映图表中源数据的表格，默认的图表一般都不显示数据表，如下图所示。

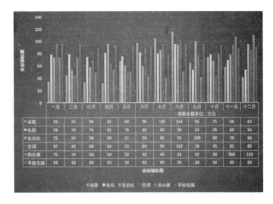

（8）背景。背景主要用于衬托图表，可以使图表更加美观。

8.4.2 添加图表标题

在图表中添加标题可以直观地反映图表的内容。添加图表标题的具体操作步骤如下。

第1步 选择美化后的图表，单击【图表设计】选项卡下的【添加图表元素】下拉按钮，在弹出的下拉列表中选择【图表标题】→【图表上方】选项，如下图所示。

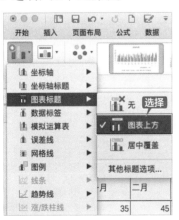

第2步 即可在图表的上方添加【图表标题】文本框，如下图所示。

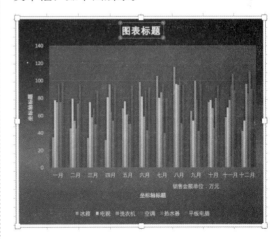

第3步 删除【图表标题】文本框中的内容，并输入"产品销售统计分析表"，就完成了图表标题的添加，如下图所示。

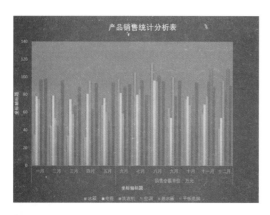

第4步 选择添加的图表标题，单击【格式】选项卡下的【快速样式】下拉按钮，在弹出的下拉列表中选择一种艺术字样式，如下图所示。

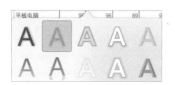

第5步 单击【格式】选项卡下的【文本效果】下拉按钮 ，在弹出的下拉列表中选择一种映像效果样式，如下图所示。

第6步 在【开始】选项卡中设置图表标题的【字体】为【楷体】，【字号】为【18】，即可完成图表标题的美化操作，最终效果如下图所示。

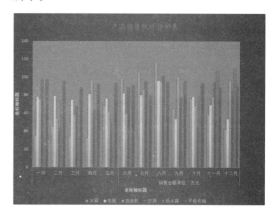

8.4.3 添加数据标签

添加数据标签可以直接读出柱形条对应的数值，添加数据标签的具体操作步骤如下。

第1步 选择图表，单击【图表设计】选项卡下的【添加图表元素】下拉按钮 ，在弹出的下拉列表中选择【数据标签】→【数据标签外】选项，如下图所示。

第2步 即可在图表中添加数据标签，效果如下图所示。

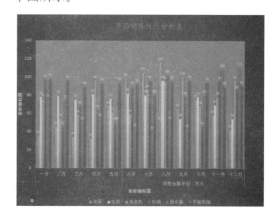

8.4.4 添加数据表

数据表是反映图表中源数据的表格，默认情况下图表中不显示数据表。添加数据表的具体操作步骤如下。

第1步 选择图表，单击【图表设计】选项卡下的【添加图表元素】下拉按钮，在弹出的下拉列表中选择【模拟运算表】→【有图例项标示】选项，如下图所示。

第2步 即可在图表中添加数据表，效果如下图所示。

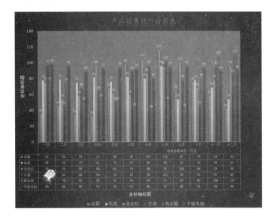

8.4.5 设置网格线

如果对默认的网格线不满意，可以添加网格线或自定义网格线样式，具体操作步骤如下。

第1步 选择图表，单击【图表设计】选项卡下的【添加图表元素】下拉按钮，在弹出的下拉列表中选择【网格线】→【主轴主要垂直网格线】选项，如下图所示。

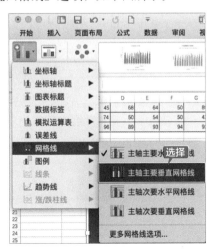

> **| 提示 |**
>
> 默认情况下图表中显示"主轴主要水平网格线"，再次选择【主轴主要水平网格线】选项，可取消"主轴主要水平网格线"的显示。

第2步 即可在图表中添加主轴主要垂直网格线，效果如下图所示。

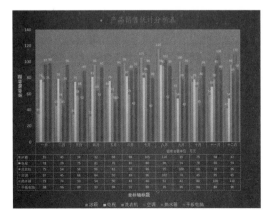

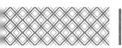

|提示|

选择网格线并右击，在弹出的快捷菜单中选择【设置网格线格式】命令，可以打开【设置主要网格线格式】窗格，在其中就可以对网格线进行自定义设置，如下图所示。

8.4.6 设置图例显示位置

图例可以显示在图表区的右侧、顶部、左侧及底部，为了使图表的布局更合理，可以根据需要更改图例的显示位置，设置图例显示在图表区的右侧，具体操作步骤如下。

第1步 选择图表，单击【图表设计】选项卡下的【添加图表元素】下拉按钮，在弹出的下拉列表中选择【图例】→【右】选项，如下图所示。

第2步 即可将图例显示在图表区右侧，效果如下图所示。

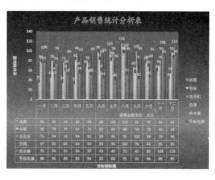

第3步 添加图表元素完成之后，根据需要调整图表的位置及大小，并对图表进行美化，以便能更清晰地显示图表中的数据，如下图所示。

8.5 为各月销售情况创建迷你图

迷你图是一种小型图表,可放在工作表内的单个单元格中。由于其尺寸已经过压缩,因此,迷你图能够以简明且非常直观的方式显示大量数据集所反映出的图案。使用迷你图可以显示一系列数值的趋势,如季节性增长或降低、经济周期或突出显示最大值和最小值。将迷你图放在它所表示的数据附近时会产生最大的效果。 若要创建迷你图,必须先选择要分析的数据区域,然后选择要放置迷你图的位置。为各月销售情况创建迷你图的具体操作步骤如下。

1. 创建迷你图

第1步 选择 N4 单元格,单击【插入】选项卡下【迷你图】按钮,在弹出的下拉列表中选择【折线图】选项,如下图所示。

第2步 弹出【插入迷你图】对话框,单击【选择迷你图的数据区域】右侧的按钮,如下图所示。

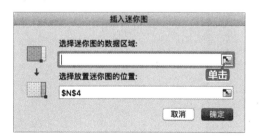

第3步 选择 B4:M4 单元格区域,单击按钮,返回【插入迷你图】对话框单击【确定】按钮,如下图所示。

插入迷你图
B4:M4

第4步 即可完成冰箱各月销售情况迷你图的创建,如下图所示。

K	L	M	N	O
	销售金额单位: 万元			
十月	十一月	十二月		
75	58	42		
78	69	54		
68	78	96		
45	95	85		
80	108	110		
94	89	90		

第5步 将鼠标指针放在 N4 单元格右下角的控制柄上,按住鼠标左键,向下填充至 N9 单元格,即可完成所有产品各月销售迷你图的创建,如下图所示。

十一月	十二月	
58	42	
69	54	
78	96	
95	85	
108	110	
89	90	

2. 设置迷你图

第1步 选择 N4:N9 单元格区域,单击【迷你图设计】选项卡下【样式】组中的【其他】按钮,在弹出的下拉列表中选择一种样式,如下图所示。

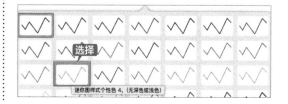

迷你图样式个性色 4, (无深色或浅色)

|提示|::::::::

如果要更改迷你图样式，可以选择 N4:N9 单元格区域，单击【设计】选项卡下的【柱形图】按钮或【盈/亏】按钮，即可更改迷你图的样式，如下图所示。

第2步 单击【设计】选项卡下的【迷你图颜色】下拉按钮，在弹出的下拉列表中选择【红色】选项，即可更改迷你图的颜色，如下图所示。

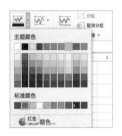

第3步 即可看到更改迷你图样式后的效果，如下图所示。

销售金额单位：万元			
十月	十一月	十二月	
75	58	42	
78	69	54	
68	78	96	
45	95	85	
80	108	110	
94	89	90	

第4步 选择 N4:N9 单元格区域，选中【迷你图设计】选项卡下的【高点】和【低点】复选框，显示迷你图中的最高点和最低点，如下图所示。

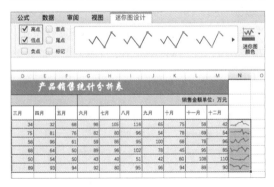

第5步 单击【迷你图设计】选项卡下的【标记颜色】下拉按钮，在弹出的下拉列表中选择【高点】→【蓝色】选项，使用同样的方法选择【低点】→【黄色】选项，如下图所示。

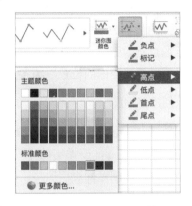

第6步 即可看到设置迷你图后的效果，如下图所示。

销售金额单位：万元			
十月	十一月	十二月	
75	58	42	
78	69	54	
68	78	96	
45	95	85	
80	108	110	
94	89	90	

第7步 至此，就完成了产品销售统计分析图表的制作，只需要按【Command+S】组合键保存制作完成的工作簿文件即可，如下图所示。

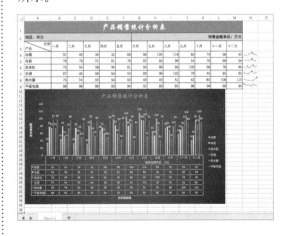

项目预算分析图表

与产品销售统计分析图表类似的文件还有项目预算分析图表、年产量统计图表、货物库存分析图表、成绩统计分析图表等。制作这类文档时，都要做到数据格式的统一，并且要选择合适的图表类型，以便准确表达要传递的信息，下面就以制作项目预算分析图表为例进行介绍。

第1步　创建图表

打开随书光盘中的"素材 \ch08\ 项目预算表 .xlsx"文件，创建簇状柱形图图表，如下图所示。

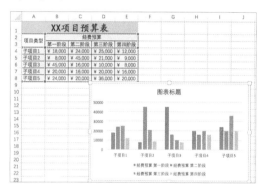

第2步　设置并调整图表

根据需要调增图表的大小和位置，并调整图表的布局、样式，最后根据需要美化图表，如下图所示。

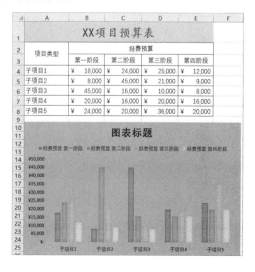

第3步　添加图表元素

更改图表标题、添加数据标签、数据表及调整图例的位置，如下图所示。

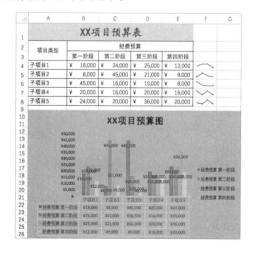

第4步　创建迷你图

为每个子项目的每个阶段经费预算创建迷你图，如下图所示。

◇ 分离饼图制作技巧

使用饼图可以清楚地看到各个数据在总数据中的百分比，饼图的类型很多，下面就介绍一下在 Microsoft Excel 中制作分离饼图的技巧。

第1步 打开随书光盘中的"素材 \ch08\ 产品销售统计分析图表 .xlsx"工作簿，选中 B3:M4 单元格区域，如下图所示。

第2步 单击【插入】选项卡下的【饼图】按钮，在弹出的下拉列表中选择【三维饼图】选项，如下图所示。

第3步 即可插入饼图，如下图所示。

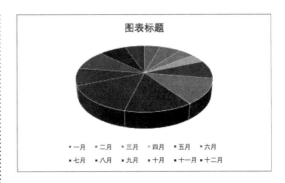

第4步 将鼠标指针放置在饼图上并按住鼠标左键向外拖曳饼块至合适位置，如下图所示。

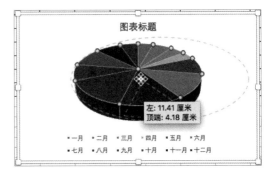

第5步 即可将各饼块分离，效果如下图所示。

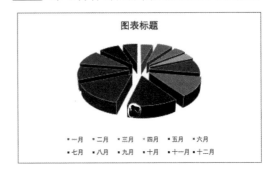

> **提示**
>
> 也可选中单独饼块向外拖动，则只将此饼块从饼图中分离。

第9章
中级数据处理与分析——数据透视表

本章导读

数据透视表可以清晰地展示数据的汇总情况，对于数据的分析、决策可以起到至关重要的作用，本章以制作办公用品采购透视表为例学习创建数据透视表、编辑透视表的方法。

思维导图

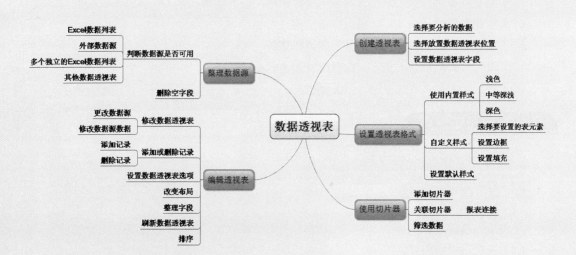

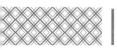

9.1 办公用品采购透视表

办公用品采购表是各单位采购物品的明细表，一方面是下阶段采购计划的清单；另一方面则从侧面反映了各种办公用品在各个部门的消耗情况。办公用品采购透视表对办公用品采购表的分析有很大帮助。

实例名称：制作办公用品采购透视表	
实例目的：掌握中级数据处理与分析	
素材	素材 \ch09\ 办公用品采购透视表 . xlsx
结果	结果 \ch09\ 办公用品采购透视表 . xlsx
录像	录像 \09 第 9 章

9.1.1 案例概述

由于办公用品采购表的数据类目比较多，且数据比较繁杂，因此直接观察很难发现其中的规律和变化趋势，使用数据透视表可以将数据按一定规律进行整理汇总，从而更直观地展现出数据的变化情况。

9.1.2 设计思路

制作办公用品采购透视表可以按以下思路进行。
（1）对数据源进行整理，使其符合创建数据透视表的条件。
（2）创建数据透视表，对数据进行初步整理汇总。
（3）编辑数据透视表，对数据进行完善和更新。
（4）设置数据透视表格式，对数据透视表进行美化。
（5）使用切片工具对数据进行筛选分析。

9.1.3 涉及知识点

本案例主要涉及以下知识点。
（1）整理数据源。
（2）创建透视表。
（3）编辑透视表。
（4）设置透视表格式。
（5）使用切片工具。

9.2 整理数据源

创建数据透视表之前需要对数据源进行整理，使其符合创建数据透视表的条件。

9.2.1 判断数据源是否可用

创建数据透视表时首先需要判断数据源是否可用，在 Excel 中，用户可以从以下 4 种类型的数据源中创建数据透视表。

（1）Excel 数据列表。Excel 数据列表是最常用的数据源。如果以 Excel 数据列表作为数据源，则标题行不能有空白单元格或者合并的单元格，否则不能生成数据透视表，会出现如下图所示的错误提示。

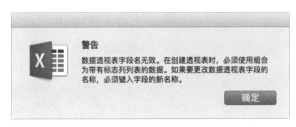

（2）外部数据源。文本文件、Microsoft SQL Server 数据库、Microsoft Access 数据库、dBASE 数据库等均可作为数据源。Excel 2000 及以上版本还可以利用 Microsoft OLAP 多维数据集创建数据透视表。

（3）多个独立的 Excel 数据列表。数据透视表可以将多个独立的 Excel 表格中的数据汇总到一起。

（4）其他数据透视表。创建完成的数据透视表也可以作为数据源来创建另一个数据透视表。

在实际工作中，用户的数据往往是以二维表格的形式存在的，如左下图所示。这样的数据表无法作为数据源创建理想的数据透视表。只能把二维的数据表格转换为如右下图所示的一维表格，才能作为数据透视表的理想数据源。数据列表就是指这种以列表形式存在的数据表格。

	A	B	C	D	E
1		东北	华中	西北	西南
2	第一季度	1200	1100	1300	1500
3	第二季度	1000	1500	1500	1400
4	第三季度	1500	1300	1200	1800
5	第四季度	2000	1400	1300	1600
6					
7					
8					

	A	B	C
1	地区	季度	销量
2	东北	第一季度	1200
3	东北	第二季度	1000
4	东北	第三季度	1500
5	东北	第四季度	2000
6	华中	第一季度	1100
7	华中	第二季度	1500
8	华中	第三季度	1300
9	华中	第四季度	1400
10	西北	第一季度	1300
11	西北	第二季度	1500
12	西北	第三季度	1200
13	西北	第四季度	1300
14	西南	第一季度	1500
15	西南	第二季度	1400
16	西南	第三季度	1800
17	西南	第四季度	1600

9.2.2 删除数据源中的空行和空列

在数据源表中不可以存在空行或者空列,删除数据源中的空行和空列的具体操作步骤如下。

第1步 打开随书光盘中的"素材 \ch09\ 办公用品采购透视表 .xlsx"工作簿,如下图所示。

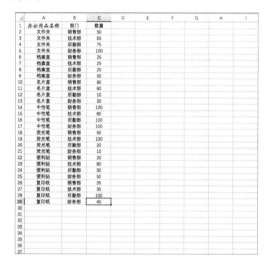

第2步 在第 14 行插入空白行,并在 A14 单元格和 C14 单元格分别输入"名片盒"和"30",此时,表格中即出现了空白单元格,如下图所示。

	A	B	C	D	E
1	办公用品名称	部门	数量		
2	文件夹	销售部	50		
3	文件夹	技术部	65		
4	文件夹	后勤部	75		
5	文件夹	财务部	100		
6	档案盒	销售部	25		
7	档案盒	技术部	25		
8	档案盒	后勤部	20		
9	档案盒	财务部	50		
10	名片盒	销售部	80		
11	名片盒	技术部	60		
12	名片盒	后勤部	10		
13	名片盒	财务部	20		
14	名片盒		30		
15	中性笔	销售部	100		
16	中性笔	技术部	80		
17	中性笔	后勤部	100		
18	中性笔	财务部	100		
19	荧光笔	销售部	50		
20	荧光笔	技术部	100		
21	荧光笔	后勤部	20		
22	荧光笔	财务部	10		

第3步 在 Excel 菜单栏中选择【编辑】→【查找】→【定位】选项,如下图所示。

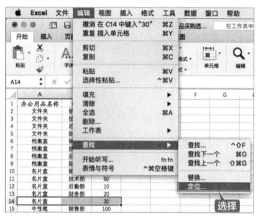

第4步 弹出【定位】对话框,单击左下角的【定位条件】按钮,如下图所示。

第5步 弹出【定位条件】对话框,在【选择】组中选中【空值】单选按钮,单击【确定】按钮,如下图所示。

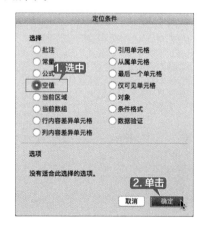

第6步 即可定位到工作表中的空白单元格，效果如下图所示。

	A	B	C	D
1	办公用品名称	部门	数量	
2	文件夹	销售部	50	
3	文件夹	技术部	65	
4	文件夹	后勤部	75	
5	文件夹	财务部	100	
6	档案盒	销售部	25	
7	档案盒	技术部	25	
8	档案盒	后勤部	20	
9	档案盒	财务部	50	
10	名片盒	销售部	80	
11	名片盒	技术部	60	
12	名片盒	后勤部	10	
13	名片盒	财务部	20	
14	名片盒		30	
15	中性笔	销售部	100	
16	中性笔	技术部	80	
17	中性笔	后勤部	100	
18	中性笔	财务部	100	

第7步 将鼠标指针放置在定位的单元格上并右击，在弹出的快捷菜单中选择【删除】命令，如下图所示。

第8步 弹出【删除】对话框，选中【整行】单选按钮，单击【确定】按钮，如下图所示。

第9步 即可将空白单元格所在行删除，效果如下图所示。

	A	B	C	D	E	F
1	办公用品名称	部门	数量			
2	文件夹	销售部	50			
3	文件夹	技术部	65			
4	文件夹	后勤部	75			
5	文件夹	财务部	100			
6	档案盒	销售部	25			
7	档案盒	技术部	25			
8	档案盒	后勤部	20			
9	档案盒	财务部	50			
10	名片盒	销售部	80			
11	名片盒	技术部	60			
12	名片盒	后勤部	10			
13	名片盒	财务部	20			
14	中性笔	销售部	100			
15	中性笔	技术部	80			
16	中性笔	后勤部	100			
17	中性笔	财务部	100			
18	荧光笔	销售部	50			
19	荧光笔	技术部	100			
20	荧光笔	后勤部	20			
21	荧光笔	财务部	10			
22	便利贴	销售部	20			
23	便利贴	技术部	80			
24	便利贴	后勤部	30			
25	便利贴	财务部	50			
26	复印纸	销售部	35			
27	复印纸	技术部	30			
28	复印纸	后勤部	100			
29	复印纸	财务部	40			
30						

工作表1

9.3 创建透视表

当数据源工作表符合创建数据透视表的要求时，即可创建透视表，以便更好地对办公用品采购工作表进行分析和处理，具体操作步骤如下。

第1步 选中数据区域中任意单元格，单击【插入】选项卡下的【数据透视表】按钮，如下图所示。

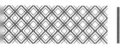
第2步 弹出【创建数据透视表】对话框，选中【请选择要分析的数据】组中的【选择一个表或区域】单选按钮，单击【表／区域】文本框右侧的【折叠】按钮，如下图所示。

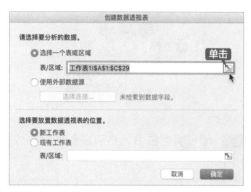

第3步 在工作表中选择表格数据区域，单击【展开】按钮，如下图所示。

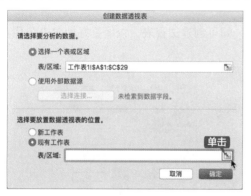

第4步 选中【选择要放置数据透视表的位置】组中的【现有工作表】单选按钮，单击【表／区域】文本框右侧的【折叠】按钮，如下图所示。

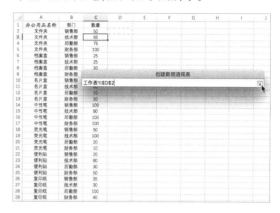

第5步 在工作表中选择创建工作表的位置，单击【展开】按钮，如下图所示。

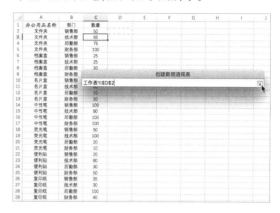

第6步 返回【创建数据透视表】对话框，单击【确定】按钮，如下图所示。

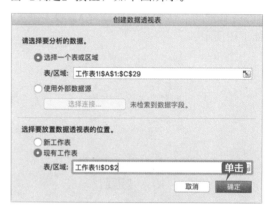

第7步 即可创建数据透视表，如下图所示。

第8步 在【数据透视表生成器】窗格中将【办公用品名称】字段拖至【列】区域中，将【部门】字段拖动至【行】区域中，将【数量】字段

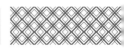

拖动至【值】区域中，即可生成数据透视表，效果如下图所示。

 编辑透视表

创建数据透视表之后，当需要添加或者删除数据，或者对数据进行更新时，可以对透视表进行编辑。

9.4.1 修改数据透视表

如果需要对数据透视表添加字段，可以使用更改数据源的方式对数据透视表做出修改，具体操作步骤如下。

第1步 选择新建的数据透视表中的 D 列单元格区域，如下图所示。

	A	B	C	D	E	F	G
1	办公用品名称	部门	数量				
2	文件夹	销售部	50	求和/数量	列标签		
3	文件夹	技术部	65	行标签	便利贴	档案盒	复印纸
4	文件夹	后勤部	75	财务部	50	50	40
5	文件夹	财务部	100	后勤部	30	20	100
6	档案盒	销售部	25	技术部	80	25	30
7	档案盒	技术部	25	销售部	20	25	35
8	档案盒	后勤部	20	总计	180	120	205
9	档案盒	财务部	50				
10	名片盒	销售部	80				
11	名片盒	技术部	60				

第2步 在 D 列单元格区域右击，在弹出的快捷菜单中选择【插入】选项，如下图所示。

第3步 即可在 D 列插入空白列，选择 D1 单元格，输入"采购人"文本，并在下方输入采购人姓名，效果如下图所示。

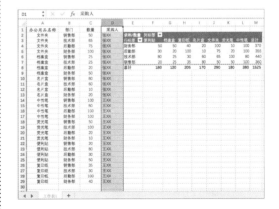

第4步 选择数据透视表，单击【数据透视表分析】选项卡下的【更改数据源】按钮，如下图所示。

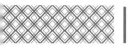

第 5 步 弹出【更改数据透视表数据源】对话框，单击【请选择要分析的数据】组中的【位置】文本框右侧的【折叠】按钮，如下图所示。

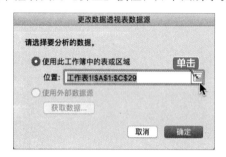

第 6 步 选择 A1:D29 单元格区域，单击【展开】按钮，如下图所示。

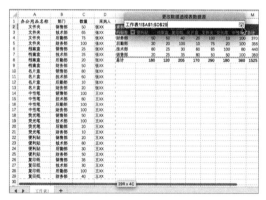

第 7 步 返回至【更改数据透视表数据源】对话框，单击【确定】按钮，如下图所示。

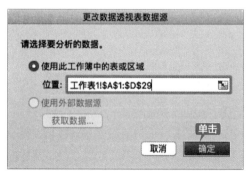

第 8 步 单击【数据透视表分析】选项卡下的【字

段列表】按钮，如下图所示。

第 9 步 弹出【数据透视表生成器】窗格，即可将【采购人】字段添加在字段列表，将【采购人】字段拖动至【筛选器】区域，如下图所示。

第 10 步 完成修改数据透视表的操作，效果如下图所示。

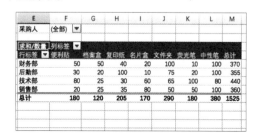

9.4.2 添加或者删除记录

如果工作表中的记录发生变化，就需要对数据透视表做出相应修改，具体操作步骤如下。

第1步 选择表中第 18 行~第 19 行单元格区域，如下图所示。

13	名片盒	财务部	20	张XX
14	中性笔	销售部	100	王XX
15	中性笔	技术部	80	王XX
16	中性笔	后勤部	100	王XX
17	中性笔	财务部	100	王XX
18	荧光笔	销售部	50	王XX
19	荧光笔	技术部	100	王XX
20	荧光笔	后勤部	20	王XX
21	荧光笔	财务部	10	王XX
22	便利贴	销售部	20	王XX
23	便利贴	技术部	80	王XX
24	便利贴	后勤部	30	王XX
25	便利贴	财务部	50	王XX
26	复印纸	销售部	35	王XX
27	复印纸	技术部	30	王XX
28	复印纸	后勤部	100	王XX
29	复印纸	财务部	40	王XX
30				

◀ ▶   工作表1   +

第2步 在选择的单元格区域右击，在弹出的快捷菜单中选择【插入】选项，即可插入空白行，效果如下图所示。

12	名片盒	后勤部	10	张XX
13	名片盒	财务部	20	张XX
14	中性笔	销售部	100	王XX
15	中性笔	技术部	80	王XX
16	中性笔	后勤部	100	王XX
17	中性笔	财务部	100	王XX
18				
19				
20	荧光笔	销售部	50	王XX
21	荧光笔	技术部	100	王XX
22	荧光笔	后勤部	20	王XX
23	荧光笔	财务部	10	王XX

第3步 在新插入的单元格区域中输入相关内容，效果如下图所示。

14	中性笔	销售部	100	王XX
15	中性笔	技术部	80	王XX
16	中性笔	后勤部	100	王XX
17	中性笔	财务部	100	王XX
18	中性笔	办公室	80	王XX
19	中性笔	市场部	60	王XX
20	荧光笔	销售部	50	王XX
21	荧光笔	技术部	100	王XX
22	荧光笔	后勤部	20	王XX
23	荧光笔	财务部	10	王XX

第4步 选择数据透视表，单击【数据透视表分析】选项卡下的【刷新】按钮，如下图所示。

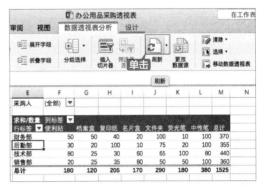

求和/数量	列标签							
行标签	便利贴	档案盒	复印纸	名片盒	文件夹	荧光笔	中性笔	总计
财务部	50	50	40	20	100	10	100	370
后勤部	30	20	100	10	75	20	100	355
技术部	80	25	30	60	65	100	80	440
销售部	20	25	35	80	50	50	100	360
总计	180	120	205	170	290	180	380	1525

第5步 即可在数据透视表中加入新添加的记录，效果如下图所示。

采购人	(全部)							
求和/数量	列标签							
行标签	便利贴	档案盒	复印纸	名片盒	文件夹	荧光笔	中性笔	总计
财务部	50	50	40	20	100	10	100	370
后勤部	30	20	100	10	75	20	100	355
技术部	80	25	30	60	65	100	80	440
销售部	20	25	35	80	50	50	100	360
办公室							80	80
市场部							60	60
总计	180	120	205	170	290	180	520	1665

第6步 将新插入的记录从表中删除。选中数据透视表，单击【数据透视表分析】选项卡下的【刷新】按钮，记录即会从数据透视表中消失，如下图所示。

采购人	(全部)							
求和/数量	列标签							
行标签	便利贴	档案盒	复印纸	名片盒	文件夹	荧光笔	中性笔	总计
财务部	50	50	40	20	100	10	100	370
后勤部	30	20	100	10	75	20	100	355
技术部	80	25	30	60	65	100	80	440
销售部	20	25	35	80	50	50	100	360
总计	180	120	205	170	290	180	380	1525

9.4.3 设置数据透视表选项

数据透视表创建后还可对其外观进行设置，具体操作步骤如下。

第1步 选择数据透视表，选择【设计】选项卡，选中【镶边行】和【镶边列】复选框，如下图所示。

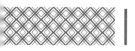

第2步 即可在数据透视表中加入镶边行和镶边列，效果如下图所示。

第3步 选择数据透视表，单击【数据透视表分析】选项卡下的【选项】按钮，如下图所示。

第4步 弹出【数据透视表选项】对话框，选择【布局】选项卡，取消选中【布局】组中【更新时自动调整列宽】复选框，如下图所示。

第5步 选择【数据】选项卡，选中【数据】组中的【打开文件时刷新数据】复选框，单击【确定】按钮，如下图所示。

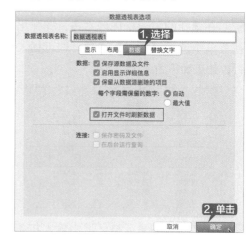

9.4.4 改变数据透视表的布局

根据需要可以对数据透视表的布局进行改变，具体操作步骤如下。

第1步 选择数据透视表，单击【设计】选项卡下的【总计】按钮，在弹出的下拉列表中选择【为行和列启用】选项，如下图所示。

第2步 即可对行和列都进行总计操作，效果如下图所示。

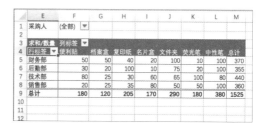

第3步 单击【设计】选项卡下的【报表布局】按钮，在弹出的下拉列表中选择【以大纲形

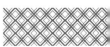

式显示】选项，如下图所示。

第4步 即可以以大纲形式显示数据透视表，效果如下图所示。

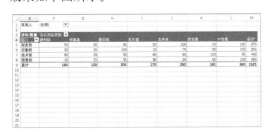

第5步 单击【设计】选项卡下的【报表布局】按钮，在弹出的下拉列表中选择【以压缩形式显示】选项，如下图所示。

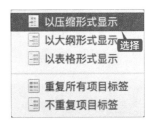

第6步 可以将数据透视表切换回压缩形式显示，如下图所示。

9.4.5 整理数据透视表的字段

在统计和分析过程中，可以通过整理数据透视表中的字段来分别对各字段进行统计分析，具体操作步骤如下。

第1步 选中数据透视表，单击【数据透视表分析】选项卡下的【字段列表】按钮，即可打开【数据透视表生成器】窗格，如下图所示。

第2步 在【数据透视表生成器】窗格中取消选中【部门】字段复选框，如下图所示。

第3步 即可取消在数据透视表中显示部门，效果如下图所示。

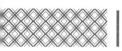

第4步 取消选中【办公用品名称】复选框，则该字段也不显示在数据透视表中，效果如下图所示。

	C	D	E	F
1	数量	采购人	采购人	(全部) ▼
2	50	张XX		
3	65	张XX	求和/数量	
4	75	张XX	1525	
5	100	张XX		
6	25	张XX		
7	25	张XX		
8	20	张XX		
9	50	张XX		
10	80	张XX		
11	60	张XX		

第5步 在【数据透视表生成器】窗格中将【部门】字段拖动至【列】区域中，将【办公用品名称】字段拖动至【行】区域中，如下图所示。

第6步 即可将原来数据透视表中行和列进行互换，效果如下图所示。

	C	D	E	F	G	H	I	J
1	数量	采购人	采购人	(全部) ▼				
2	50	张XX						
3	65	张XX	求和/数量	列标签 ▼				
4	75	张XX	行标签 ▼	财务部	后勤部	技术部	销售部	总计
5	100	张XX	便利贴	50	30	80	20	180
6	25	张XX	档案盒	50	20	25	25	120
7	25	张XX	复印纸	40	100	30	35	205
8	20	张XX	名片盒	20	10	60	80	170
9	50	张XX	文件夹	100	75	65	50	290
10	80	张XX	荧光笔	10	20	100	50	180
11	60	张XX	中性笔	100	100	80	100	380
12	10	张XX	总计	370	355	440	360	1525
13	20	张XX						

第7步 将【部门】字段拖动至【行】区域中，则可在数据透视表中不显示列，效果如下图所示。

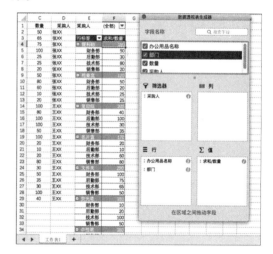

第8步 再次将【办公用品名称】字段拖至【列】区域内，即可再次更改数据透视表的行和列，效果如下图所示。

	E	F	G	H	I	J	K	L	M
	采购人	(全部) ▼							
	求和/数量	列标签 ▼							
	行标签 ▼	便利贴	档案盒	复印纸	名片盒	文件夹	荧光笔	中性笔	总计
	财务部	50	50	40	20	100	10	100	370
	后勤部	30	20	100	10	75	20	100	355
	技术部	80	25	30	60	65	100	80	440
	销售部	20	25	35	80	50	50	100	360
	总计	180	120	205	170	290	180	380	1525

9.4.6 刷新数据透视表

如果数据源工作表中的数据发生变化，可以使用刷新功能刷新数据透视表，具体操作步骤如下。

第1步 选择 C8 单元格，将单元格中数值更改为"200"，如下图所示。

	A	B	C	D
1	办公用品名称	部门	数量	采购人
2	文件夹	销售部	50	张XX
3	文件夹	技术部	65	张XX
4	文件夹	后勤部	75	张XX
5	文件夹	财务部	100	张XX
6	档案盒	销售部	25	张XX
7	档案盒	技术部	25	张XX
8	档案盒	后勤部	200	张XX
9	档案盒	财务部	50	张XX

第 2 步 选择数据透视表，单击【数据透视表分析】选项卡下的【刷新】按钮，如下图所示。

E	F	G	H	I	J	K	L	M	N
采购人	(全部) ▼								
求和/数量	列标签 ▼								
行标签 ▼	便利贴	档案盒	复印纸	名片盒	文件夹	荧光笔	中性笔	总计	
财务部	50	50	40	20	100	10	100	370	
后勤部	30	20	100	10	75	20	100	355	
技术部	80	25	30	60	65	100	80	440	
销售部	20	25	35	80	50	50	100	360	
总计	180	120	205	170	290	180	380	1525	

第 3 步 数据透视表的数据即可发生变化，效果如下图所示。

E	F	G	H	I	J	K	L	M
采购人	(全部) ▼							
求和/数量	列标签 ▼							
行标签 ▼	便利贴	档案盒	复印纸	名片盒	文件夹	荧光笔	中性笔	总计
财务部	50	50	40	20	100	10	100	370
后勤部	30	200	100	10	75	20	100	535
技术部	80	25	30	60	65	100	80	440
销售部	20	25	35	80	50	50	100	360
总计	180	300	205	170	290	180	380	1705

第 4 步 将 C8 单元格数值改回为"20"，再次单击【数据透视表分析】选项卡下的【刷新】按钮，数据透视表中相应数据即会恢复至"20"，效果如下图所示。

E	F	G	H	I	J	K	L	M
采购人	(全部) ▼							
求和/数量	列标签 ▼							
行标签 ▼	便利贴	档案盒	复印纸	名片盒	文件夹	荧光笔	中性笔	总计
财务部	50	50	40	20	100	10	100	370
后勤部	30	20	100	10	75	20	100	355
技术部	80	25	30	60	65	100	80	440
销售部	20	25	35	80	50	50	100	360
总计	180	120	205	170	290	180	380	1525

9.4.7 在透视表中排序

根据需要可以对数据透视表中的数据进行排序，具体操作步骤如下。

第 1 步 单击 E4 单元格内【行标签】下拉按钮，在弹出的下拉列表中选择【降序】选项，如下图所示。

第 2 步 即可看到以降序顺序显示的数据，效果如下图所示。

E	F	G	H	I	J	K	L	M
采购人	(全部) ▼							
求和/数量	列标签 ▼							
行标签 ↓	便利贴	档案盒	复印纸	名片盒	文件夹	荧光笔	中性笔	总计
销售部	20	25	35	80	50	50	100	360
技术部	80	25	30	60	65	100	80	440
后勤部	30	20	100	10	75	20	100	355
财务部	50	50	40	20	100	10	100	370
总计	180	120	205	170	290	180	380	1525

第 3 步 按【Command+Z】组合键撤销上步操作，选择数据透视表数据区域 I 列中任意单元格，单击【数据】选项卡下的【升序】按钮，如下图所示。

第 4 步 即可将数据以【名片盒】数据为标准进行升序排列，效果如下图所示。

【Command+Z】组合键撤销上步操作，效果如下图所示。

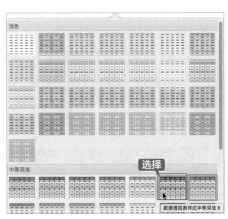

第5步 对数据进行排序分析后，可以按

9.5 数据透视表的格式设置

设置数据透视表的格式不仅能使数据透视表更美观，还可以增加数据透视表的可读性，方便用户快速获取重要数据。

9.5.1 使用内置的数据透视表样式

Excel 内置了多种数据透视表的样式，可以满足大部分数据透视表的需要，使用内置的数据透视表样式的具体操作步骤如下。

第1步 选择数据透视表内任意单元格，如下图所示。

第2步 单击【设计】选项卡下的【其他】按钮，在弹出下拉列表中选择【中等深浅】组中的【数据透视表样式中等深浅6】样式，如下图所示。

第3步 即可对数据透视表应用该样式，效果如下图所示。

9.5.2 为数据透视表自定义样式

除了使用内置样式外，用户还可以为数据透视表自定义样式，具体操作步骤如下。

第1步 选择数据透视表中任意单元格，单击
【设计】选项卡下的【其他】按钮，在弹出
的下拉列表中选择【新建数据透视表样式】
选项，如下图所示。

第2步 弹出【新建数据透视表快速样式】对
话框，选择【表元素】列表框中的【整张表格】
选项，单击【格式】按钮，如下图所示。

第3步 弹出【设置单元格格式】对话框，选
择【边框】选项卡，在【线型】列表框中选
择一种线条样式，在【线条颜色】下拉列表
中设置【颜色】为"红色"，在【预设】选
项区域单击【外边框】按钮，根据需要在【边
框】选项区域选择要应用该样式的外边框，
如下图所示。

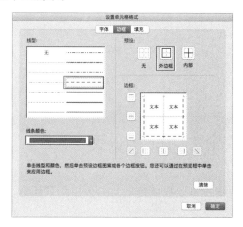

第4步 使用上述方法添加内边框，根据需要
设置线条样式和颜色，效果如下图所示。

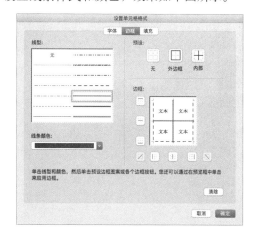

第5步 选择【填充】选项卡，在【背景色】
下拉列表中选择一种颜色，单击【确定】按钮，
如下图所示。

第6步 返回至【新建数据透视表快速样式】对
话框，即可在【预览】选项区域中看到创建
的样式预览图，单击【确定】按钮，如下图
所示。

第7步 再次单击【设计】选项卡下的【其他】按钮，在弹出的下拉列表中就会出现自定义的样式，选择该样式，如下图所示。

第8步 即可对数据透视表应用自定义的样式，效果如下图所示。

9.5.3 设置默认样式

如果经常使用某个样式，可以将其设置为默认样式，具体操作步骤如下。

第1步 选择数据透视表区域中任意单元格，如下图所示。

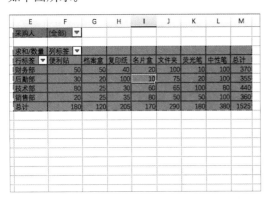

第2步 单击【设计】选项卡下【数据透视表样式】组中的【其他】按钮，弹出样式下拉列表，将鼠标指针放置在需要设置为默认样式的样式上并右击，在弹出的快捷菜单中选择【设为默认值】命令，如下图所示。

第3步 即可将该样式设置为默认数据透视表样式，以后在创建数据透视表时，将会自动应用该样式。例如，创建 A1:D10 单元格区域的数据透视表，就会自动使用默认样式，如下图所示。

9.6 使用切片器同步筛选多个数据透视表

使用切片器可以同步筛选多个数据透视表中的数据，可以很快捷地对办公用品采购透视表中的数据进行筛选，具体操作步骤如下。

第1步 再次创建一个数据透视表，在【数据透视表生成器】窗格中将【办公用品名称】字段移至【行】区域，将【部门】字段移至【列】区域，将【数量】字段移至【值】区域。将【采购人】字段移至【筛选器】区域，如下图所示。

第2步 效果如下图所示。

采购人	(全部)

求和/数量	列标签				
行标签	财务部	后勤部	技术部	销售部	总计
便利贴	50	30	80	20	180
档案盒	50	20	25	25	120
复印纸	40	100	30	35	205
名片盒	20	10	60	80	170
文件夹	100	75	65	50	290
荧光笔	10	20	100	50	180
中性笔	100	100	80	100	380
总计	370	355	440	360	1525

第3步 由于使用切片器工具筛选多个透视表，要求筛选的透视表拥有同样的数据源，因此删除第二个透视表，效果如下图所示。

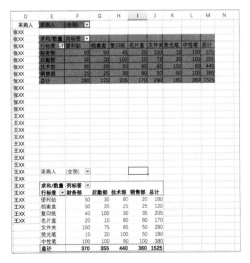

第4步 选择第一个数据透视表中任意单元格，单击【数据透视表分析】选项卡下的【插入切片器】按钮，如下图所示。

第5步 弹出【插入切片器】对话框，选中【办公用品名称】复选框，单击【确定】按钮，如下图所示。

第6步 即可插入【办公用品名称】切片器，效果如下图所示。

第7步 插入切片器后即可对切片器目录中的内容进行筛选，如选择【复印纸】选项即可将第一个数据透视表中的复印纸数据筛选出来，效果如下图所示。

第8步 将鼠标指针放置在【办公用品名称】切片器上并右击，在弹出的快捷菜单中选择【报表连接】命令，如下图所示。

第9步 弹出【报表连接（办公用品名称）】对话框，选中【数据透视表7】复选框，单击【确定】按钮，如下图所示。

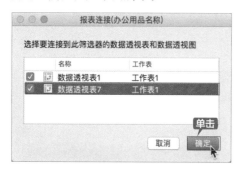

第10步 即可将【办公用品名称】切片器同时应用于第二个数据透视表，效果如下图所示。

第11步 按住【Command】键的同时选择【办公用品名称】切片器中的多个目录，可同时选中多个目录进行筛选，效果如下图所示。

第12步 选中第二个数据透视表中任意单元格，使用上面的方法插入【部门】切片器，并将【部门】切片器同时应用于第一个数据透视表，效果如下图所示。

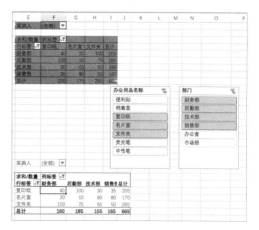

第13步 使用两个切片器，可以进行更详细的筛选，如筛选财务部的便利贴采购情况，如下图所示。

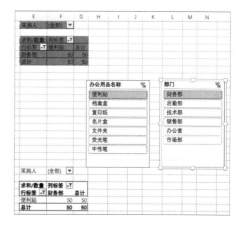

制作销售业绩透视表

制作销售业绩透视表可以很好地对销售业绩数据进行分析，找到普通数据表中很难发现的规律，对以后的销售策略有很重要的参考作用。制作销售业绩透视表可以按照以下步骤进行。

第 1 步 创建销售业绩透视表

根据销售业绩表创建出销售业绩透视表，如下图所示。

第 2 步 设置数据透视表格式

根据需要对数据透视表的格式进行设置，使表格更加清晰易读，如下图所示。

第 3 步 刷新数据透视表

修改错误数据，使用刷新功能刷新数据透视表中的数据，使数据透视表中的数据与表格中的数据保持同步，如下图所示。

第 4 步 使用切片器筛选数据

使用切片器快速筛选要查看的数据，帮助用户更便捷地分析数据，如下图所示。

至此，销售业绩透视表就制作完成了。

◇ 组合数据透视表中的数据项

对于数据透视表中性质相同的数据项，可以将其进行组合以便更好地对数据进行统计分析，具体操作步骤如下。

第1步 打开随书光盘中的"素材 \ch09\ 采购数据透视表 .xlsx"工作簿，如下图所示。

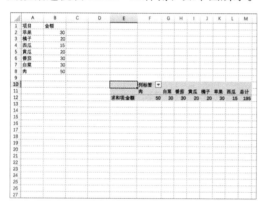

第2步 选中 F11:I11 单元格区域并右击，在弹出的快捷菜单中选择【分组和分级显示】→【组合】命令，如下图所示。

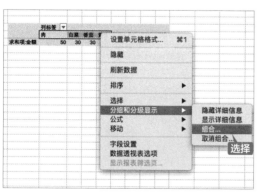

第3步 即可创建名称为"数据组 1"的组合，输入数据组名称"蔬菜"，按【Enter】键确认，效果如下图所示。

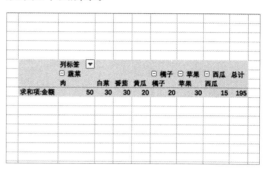

第4步 使用同样的方法，将 J11:L11 单元格区域创建为"水果"数据组，效果如下图所示。

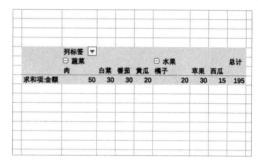

第5步 单击数据组名称左侧的按钮，即可将数据组合并起来，并给出统计结果，如下图所示。

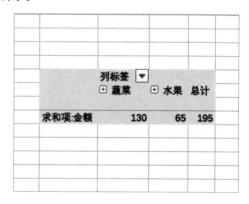

第 10 章
高级数据处理与分析——公式和函数的应用

📖 本章导读

　　公式和函数是 Excel 的重要组成部分，灵活使用公式和函数可以节省处理数据的时间，降低在处理大量数据时的出错率，大大提高数据分析的能力和效率。本章将通过介绍输入和编辑公式、单元格的引用、名称的定义与使用、使用函数计算工资等操作制作一份员工工资明细表。

✈ 思维导图

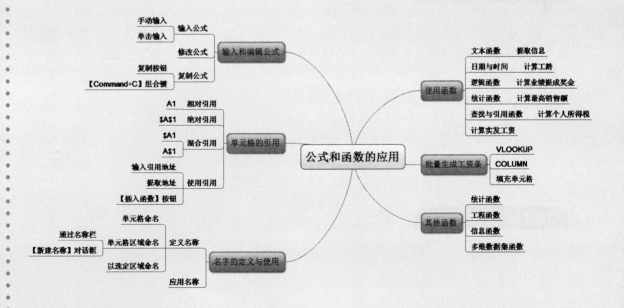

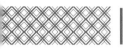

10.1 员工工资明细表

员工工资明细表是最常见的工作表类型之一，工资明细表作为员工工资的发放凭证，由各类数据汇总而成，涉及众多函数的使用。在制作员工工资明细表的过程中，需要使用多种类型的函数，了解各种函数的用法和性质，对以后制作相似工作表有很大帮助。

实例名称：制作员工工资明细表	
实例目的：掌握高级数据处理与分析	
素材	素材 \ch10\ 员工工资明细表 .xlsx
结果	结果 \ch10\ 员工工资明细表 .xlsx
录像	录像 \10 第 10 章

10.1.1 案例概述

员工工资明细表由工资条、工资表、员工基本信息表、销售奖金表、业绩奖金标准和税率表组成。每个工作表中的数据都需要经过大量的运算，各个工资表之间也需要使用函数相互调用，最后由各个工作表共同组成一个员工工资明细的工作簿。通过制作员工工资明细表，可以学习各种函数的使用方法。

10.1.2 设计思路

员工工资明细表通常需要包含多个表格，如员工基本信息表、工资表、销售奖金表、税率表等，通过这些表格使用函数计算将最终的工资情况汇总至一个表格中，并制作出工资条。制作员工工资明细表的设计思路如下。

（1）完善员工基本信息，计算出五险一金的缴纳金额。

（2）计算员工工龄，得出员工工龄工资。

（3）根据奖金发放标准计算出员工奖金数目。

（4）汇总得出应发工资数目，得出个人所得税缴纳金额。

（5）汇总各项工资数额，得出实发工资数，最后生成工资条。

10.1.3 涉及知识点

本案例主要涉及以下知识点。

（1）输入、复制和修改公式。

（2）单元格的引用。

（3）名称的定义与使用。

（4）文本函数的使用。

（5）日期函数和时间函数的使用。

（6）逻辑函数的使用。

（7）统计函数的使用。

（8）查找和引用函数。

10.2 输入和编辑公式

输入公式是使用函数的第一步，在制作员工工资明细表的过程中使用的函数种类多种多样，输入方法也可以根据需要进行调整。

打开随书光盘中的"素材\ch10\员工工资明细表.xlsx"工作簿，可以看到工作簿中包含 5 个工作表，先来介绍一下各个表格及其作用，如下图所示。

工资表：员工工资的最终汇总表，主要记录员工基本信息和工资组成的类别，如下图所示。

员工基本信息：主要记录着员工的员工编号、员工姓名、入职日期、基本工资和五险一金的应缴金额等信息，如下图所示。

销售业绩表：员工业绩的统计表，记录员工信息及业绩情况，统计各个员工应发放奖金的比例和金额。此外，如果对销售最多的员工有特殊奖励，还可以计算出最高销售额及查找出完成量高销售额的员工，如下图所示。

业绩奖金标准：记录各个层级的销售额应发放奖金比例的表格，是统计奖金额度的依据，如下图所示。

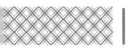

税率表：记录着个人所得税的征收标准，是统计个人所得税的依据，如下图所示。

个税税率表

级数	应纳税所得额	级别	税率	速算扣除数
1	1500以下	0	0.03	
2	1500~4500	1500	0.1	105
3	4500~9000	4500	0.2	555
4	9000~35000	9000	0.25	1005
5	35000~55000	35000	0.3	2755
6	55000~80000	55000	0.35	5505
7	80000以上	80000	0.45	13505

超额数 3500

工资表　员工基本信息　销售奖金表　业绩奖金标准　税率表

10.2.1 输入公式

输入公式的方法很多，可以根据需要进行选择，做到准确快速输入。

1. 公式的输入方法

在 Excel 中输入公式的方法可分为手动输入和单击输入。

（1）手动输入。

选择"员工基本信息"工作表，在 B15 单元格中输入"=11+4"，公式会同时出现在单元格和编辑栏中，如下图所示。

SUM		fx	=11+4

	A	B	C	D
9	101007	李XX	2013/10/20	4000
10	101008	胡XX	2014/6/5	3800
11	101009	马XX	2014/7/20	3600
12	101010	刘XX	2015/6/20	3200
13				
14				
15		=11+4		
16				
17				
18				

按【Enter】键即可确认输入并计算出运算结果，如下图所示。

	A	B	C
9	101007	李XX	2013/10/20
10	101008	胡XX	2014/6/5
11	101009	马XX	2014/7/20
12	101010	刘XX	2015/6/20
13			
14			
15		15	
16			
17			
18			
19			

| 提示 |

公式中的各种符号一般都是要求在英文状态下输入。

（2）单击输入。

在需要输入大量单元格时，选择单击输入的方法可以节省很多时间且不容易出错。下面以输入公式"=A7+B7"为例演示一下单击输入的具体操作步骤。

第1步 选择"员工基本信息"工作表，选中 G4 单元格，输入"="，如下图所示。

SUM		fx	=

	C	D	E	F	G
1	本信息表				
2	入职日期	基本工资	五险一金		
3	2007/1/20	6500			
4	2008/5/10	5800			=
5	2008/6/25	5800			
6	2010/2/3	5000			
7	2010/8/5	4800			
8	2012/4/20	4200			
9	2013/10/20	4000			

第2步 单击 D3 单元格，单元格周围会显示活动的虚线框，同时编辑栏中会显示"D3"，这就表示单元格已被引用，如下图所示。

SUM		× ✓ fx	=D3		
	C	D	E	F	G
1	本信息表				
2	入职日期	基本工资	五险一金		
3	2007/1/20	6500			
4	2008/5/10	5800			=D3
5	2008/6/25	5800			
6	2010/2/3	5000			
7	2010/8/5	4800			
8	2012/4/20	4200			
9	2013/10/20	4000			
10	2014/6/5	3800			
11	2014/7/20	3600			
12	2015/6/20	3200			
13					

第3步 输入加号"+"，单击 D4 单元格，D4 单元格也被引用，如下图所示。

SUM		× ✓ fx	=D3+D4		
	C	D	E	F	G
1	本信息表				
2	入职日期	基本工资	五险一金		
3	2007/1/20	6500			
4	2008/5/10	5800			=D3+D4
5	2008/6/25	5800			
6	2010/2/3	5000			
7	2010/8/5	4800			
8	2012/4/20	4200			
9	2013/10/20	4000			
10	2014/6/5	3800			
11	2014/7/20	3600			
12	2015/6/20	3200			
13					

第4步 按【Enter】键确认，即可完成公式的输入并得出结果，效果如下图所示。

	C	D	E	F	G
1	本信息表				
2	入职日期	基本工资	五险一金		
3	2007/1/20	6500			
4	2008/5/10	5800			12300
5	2008/6/25	5800			
6	2010/2/3	5000			
7	2010/8/5	4800			
8	2012/4/20	4200			
9	2013/10/20	4000			
10	2014/6/5	3800			
11	2014/7/20	3600			
12	2015/6/20	3200			

2. 在员工工资明细表中输入公式

第1步 选择"员工基本信息"工作表，选中 E3 单元格，在单元格中输入公式"=D3*10%"，如下图所示。

SUM		× ✓ fx	=D3*10%		
	B	C	D	E	F
1	员工基本信息表				
2	员工姓名	入职日期	基本工资	五险一金	
3	张XX	2007/1/20	6500	=D3*10%	
4	王XX	2008/5/10	5800		
5	李XX	2008/6/25	5800		
6	赵XX	2010/2/3	5000		
7	钱XX	2010/8/5	4800		
8	孙XX	2012/4/20	4200		
9	李XX	2013/10/20	4000		
10	胡XX	2014/6/5	3800		
11	马XX	2014/7/20	3600		
12	刘XX	2015/6/20	3200		
13					
14					
15					

第2步 按【Enter】键确认，即可得出员工"张 XX"五险一金缴纳金额，如下图所示。

	B	C	D	E
1	员工基本信息表			
2	员工姓名	入职日期	基本工资	五险一金
3	张XX	2007/1/20	6500	650
4	王XX	2008/5/10	5800	
5	李XX	2008/6/25	5800	
6	赵XX	2010/2/3	5000	
7	钱XX	2010/8/5	4800	
8	孙XX	2012/4/20	4200	
9	李XX	2013/10/20	4000	
10	胡XX	2014/6/5	3800	
11	马XX	2014/7/20	3600	
12	刘XX	2015/6/20	3200	
13				
14				
15				

第3步 将鼠标指针放置在 E3 单元格右下角，当指针变为实心十字时，按住鼠标并向下拖动至 E12 单元格。即可快速填充至所选单元格，效果如下图所示。

	B	C	D	E	F
1	员工基本信息表				
2	员工姓名	入职日期	基本工资	五险一金	
3	张XX	2007/1/20	6500	650	
4	王XX	2008/5/10	5800	580	
5	李XX	2008/6/25	5800	580	
6	赵XX	2010/2/3	5000	500	
7	钱XX	2010/8/5	4800	480	
8	孙XX	2012/4/20	4200	420	
9	李XX	2013/10/20	4000	400	
10	胡XX	2014/6/5	3800	380	
11	马XX	2014/7/20	3600	360	
12	刘XX	2015/6/20	3200	320	
13					
14					
15					

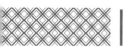

10.2.2 修改公式

根据各地情况不同，五险一金缴纳比例也不一样，因此公式也应做出对应修改，具体操作步骤如下。

第1步 选择"员工基本信息"工作表，选中 E3 单元格，如下图所示。

第3步 按【Enter】键确认，E3 单元格即可显示更改后的缴纳金额，如下图所示。

第2步 如果需要将缴纳比例更改为 11%，只需在上方编辑栏中将公式更改为"=D3*11%"，如下图所示。

第4步 使用填充柄工具填充其他单元格即可完成其他单元格中公式的修改，如下图所示。

10.2.3 复制公式

在"员工基本信息"工作表中可以使用复制公式的方法快速输入相同公式，同时也可以使用填充柄工具快速在其余单元格中填充 E3 单元格使用的公式。在员工基本信息表中复制公式的具体操作步骤如下。

第1步 选中 E4~E12 单元格区域并右击，在弹出的快捷菜单中选择【清除内容】命令，如下图所示。

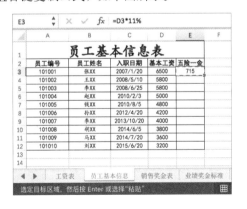

第2步 即可清除所选单元格区域中的内容，效果如下图所示。

第3步 选中 E3 单元格，按【Command+C】组合键复制公式，如下图所示。

第4步 选中 E12 单元格，按【Command+V】组合键粘贴公式，即可将公式粘贴至 E12 单元格，效果如下图所示。

第5步 使用同样的方法可以将公式粘贴至其他单元格，如下图所示。

> **提示**
>
> 单击【开始】选项卡下的【复制】按钮也可以执行复制的操作，单击【粘贴】按钮可执行粘贴操作，如下图所示。

10.3 单元格的引用

单元格的引用分为绝对引用、相对引用和混合引用 3 种，学会使用单元格的引用将为制作员工工资明细表提供很大帮助。

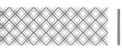

10.3.1 相对引用和绝对引用

相对引用：引用格式如"A1"，当引用单元格的公式被复制时，新公式引用的单元格的位置将会发生改变，例如：当在A1~A5单元格中分别输入数值"1，2，3，4，5"，然后在B1单元格中输入公式"=A1+3"，当把B1单元格中的公式分别复制到B2~B5单元格中，会发现B2~B5单元格中的计算结果为左侧单元格的值加上3，如下图所示。

绝对引用：引用格式形如"$A$1"，这种对单元格引用的方式是完全绝对的，即一旦成为绝对引用，无论公式如何被复制，对采用绝对引用的单元格的引用位置是不会改变的。例如，在单元格B1中输入公式"=$A$1+3"，把B1单元格中的公式分别复制到B2~B5单元格中，则会发现B2~B5单元格中的结果均等于A1单元格的数值加上3，如下图所示。

10.3.2 混合引用

混合引用：引用形式如"$A1"，指具有绝对列和相对行，或是具有绝对行和相对列的引用。绝对引用列采用$A1、$B1等形式；绝对引用行采用A$1、B$1等形式。如果公式所在单元格的位置改变，则相对引用改变，而绝对引用不变。如果多行或多列地复制公式，相对引用自动调整，而绝对引用不做调整。

例如，当在A1~A5单元格中分别输入数值"1，2，3，4，5"，然后在B1~B5单元格中分别输入数值"2，4，6，8，10"，在D1~D5单元格中分别输入数值"3，4，5，6，7"，在C1单元格中输入公式"=$A1+B$1"。

把C1单元格中的公式分别复制到C2~C5单元格中，则会发现C2~C5单元格中的结果均等于A列单元格的数值加上B1单元格的数值，如下图所示。

在E1单元格中输入公式"=A$1+$D1"，并分别复制到E2~E5单元格中，则会发现E1~E5单元格中的结果均等于A1单元格的数值加上D列单元格的数值，如下图所示。

10.3.3 使用引用

灵活地使用引用可以更快地完成函数的输入，提高数据处理的速度和准确度。使用引用的方法有很多种，选择适合的方法可以达到最好的效果。

（1）输入引用地址。在使用引用单元格较少的公式时，可以使用直接输入引用地址的方法，这里输入公式"=A14+2"，如下图所示。

（2）提取地址。在输入公式过程中，在需要输入单元格或者单元格区域时，可以使用鼠标单击单元格或者选中单元格区域，如下图所示。

（3）使用【插入函数】按钮 f_x 。
第1步 选择"员工基本信息"工作表，选中 F2 单元格，如下图所示。

第2步 单击编辑栏中的【插入函数】按钮 f_x ，

在弹出的【公式生成器】对话框中选择【常用函数】列表中的【Max】函数，单击【插入函数】按钮，如下图所示。

第3步 弹出【MAX】函数窗格，单击【number1】文本框右侧的按钮，如下图所示。

第4步 在表格中选中需要处理的单元格区域，单击【完成】按钮，如下图所示。

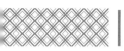

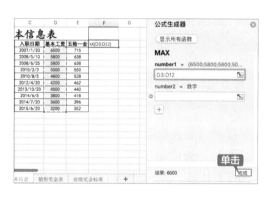

示在插入函数的单元格中，如下图所示。

F2			×	✓	fx	=MAX(D3:D12)	

员工基本信息表

	A	B	C	D	E	F
1						
2	员工编号	员工姓名	入职日期	基本工资	五险一金	6500
3	101001	张XX	2007/1/20	6500	715	
4	101002	王XX	2008/5/10	5800	638	
5	101003	李XX	2008/6/25	5800	638	
6	101004	赵XX	2010/2/3	5000	550	
7	101005	钱XX	2010/8/5	4800	528	
8	101006	孙XX	2012/4/20	4200	462	
9	101007	李XX	2013/10/20	4000	440	
10	101008	胡XX	2014/6/5	3800	418	
11	101009	马XX	2014/7/20	3600	396	
12	101010	刘XX	2015/6/20	3200	352	
13						
14						
15						
16						

第5步 即可得出最高的基本工资数额，并显

10.4 名称的定义与使用

为单元格或者单元格区域定义名称可以方便地对该单元格或者单元格区域进行查找和引用，在数据繁多的工资明细表中发挥很大作用。

10.4.1 定义名称

名称是代表单元格、单元格区域、公式或者常量值的单词或字符串，名称在使用范围内必须保持唯一，也可以在不同的范围中使用同一个名称。如果要引用工作簿中相同的名称，则需要在名称之前加上工作簿名。

1. 为单元格命名

选中【销售奖金表】中的 G3 单元格，在编辑栏的名称文本框中输入"最高销售额"，按【Enter】键确认，如下图所示。

最高销售额		×	✓	fx		
	C	D	E	F	G	
1	**售业绩表**					最高销
2	销售额	奖金比例	奖金		销售额	
3	48000					
4	38000					
5	52000					
6	45000					
7	45000					
8	62000					
9	30000					
10	34000					
11	24000					
12	8000					
13						

｜ 提示 ｜

为单元格命名时必须遵守以下几点规则。

（1）名称中的第1个字符必须是字母、汉字、下画线或反斜杠，其余字符可以是字母、汉字、数字、点和下画线，如下图所示。

\单元格		×	✓	fx
	A	B		
1				
2				
3				
4				
5				
6				

（2）不能将"C"和"R"的大小写字母作为定义的名称。在名称框中输入这些字母时，会将它们作为当前单元格选择行或列的表示法。例如，选择单元格A2，在名称框中输入"R"，按下【Enter】键，光标将定位到工作表的第2行上，如下图所示。

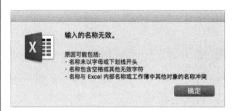

（3）不允许单元格引用。名称不能与单元格引用相同（例如，不能将单元格命名为"Z12"或"R1C1"）。如果将A2单元格命名为"Z12"，按【Enter】键，光标将定位到"Z12"单元格中，如下图所示。

（4）不允许使用空格。如果要将名称中的单词分开，可以使用下画线或句点作为分隔符。例如，选择一个单元格，在名称框中输入"单元格"，按【Enter】键，则会弹出错误提示框，如下图所示。

（5）一个名称最多可以包含255个字符。Excel名称不区分大小写字母。例如，在单元格A2中创建了名称"Smase"，在单元格B2名称栏中输入"SMASE"，确认后则会回到单元格A2中，而不能创建单元格B2的名称，如下图所示。

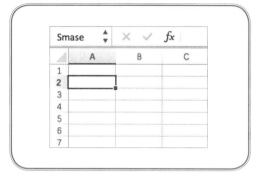

2. 为单元格区域命名

为单元格区域命名有以下几种方法。

（1）在名称栏中输入。

选择"销售奖金表"工作表，选中C3：C12单元格区域，如下图所示。

在名称栏中输入"销售额"文本，按【Enter】键，即可完成对该单元格区域的命名，如下图所示。

（2）使用【新建名称】对话框。

第1步 选择"销售奖金表"工作表，选中C3：C12单元格区域，如下图所示。

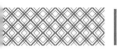

最左列通常含有标签以描述数据。若一个表格本身没有行标题和列标题，则可将这些选定的行和列标签转换为名称。具体操作步骤如下。

第1步 打开"员工基本信息"工作表，选中单元格区域 C2:C12，如下图所示。

第2步 单击【公式】选项卡下的【定义名称】按钮 ，如下图所示。

第2步 单击【公式】选项卡下的【根据所选内容创建】按钮 根据所选内容创建，如下图所示。

第3步 弹出【定义名称】对话框，在【输入数据区域的名称】文本框中输入"员工销售额"，单击 ＋ 按钮，即可将名称添加到【工作簿中的名称】列表框中，单击【确定】按钮即可定义该区域名称，如下图所示。

第3步 在弹出的【创建名称】对话框中选中【首行】复选框，单击【确定】按钮，如下图所示。

第4步 命名后效果如下图所示。

第4步 即可为单元格区域成功命名，在名称栏中输入"入职日期"按【Enter】键即可自动选中单元格区域 C3:C12，如下图所示。

3. 以选定区域命名

工作表（或选定区域）的首行或每行的

10.4.2 应用名称

为单元格、单元格区域定义好名称后，就可以在工作表中使用了。具体操作步骤如下。

第1步 选择"员工基本信息"工作表，分别定义 E3 和 E12 单元格名称为"最高缴纳额"和"最低缴纳额"，单击【公式】选项卡下的【定义名称】下拉按钮 ，在弹出的下拉列表中选择【应用名称】选项，如下图所示。

第2步 弹出【应用名称】对话框，可以看到定义的名称，如下图所示。

第3步 单击【取消】按钮，选择一个空白单元格 H5，输入公式"= 最高缴纳额"，如下图所示。

第4步 按【Enter】键即可将名称为"最高缴纳额"的单元格中的数据显示在 H5 单元格中，如下图所示。

10.5 使用函数计算工资

制作员工工资明细表需要运用很多种类型的函数，这些函数为数据处理提供了很大帮助。

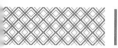

10.5.1 使用文本函数提取员工信息

员工的信息是工资表中必不可少的一项信息，逐个输入不仅浪费时间且容易出现错误，文本函数则很擅长处理这种字符串类型的数据。使用文本函数可以快速准确地将员工信息输入工资表，具体操作步骤如下。

第1步 选择"工资表"工作表，选中 B3 单元格，如下图所示。

第2步 在编辑栏中输入公式"=TEXT(员工基本信息 !A3,0)"，如下图所示。

| 提示 |

公式"=TEXT(员工基本信息 !A3,0)"用于显示员工基本信息表中 A3 单元格的员工编号。

第3步 按【Enter】键确认，即可将"员工基本信息"工作表相应单元格的员工编号引用在 B3 单元格，如下图所示。

第4步 使用填充柄工具可以将公式填充在 B4~B12 单元格中，效果如下图所示。

第5步 选中 C3 单元格，在编辑栏中输入"=TEXT(员工基本信息 !B3,0)"，如下图所示。

| 提示 |

公式"=TEXT(员工基本信息 !B3,0)"用于显示员工基本信息表中 B3 单元格的员工姓名。

第6步 按【Enter】键确认，即可将员工姓名填充在单元格内，如下图所示。

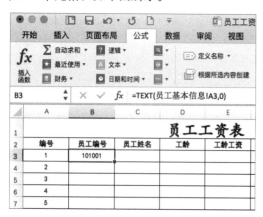

| C3 | | | | fx | =TEXT(员工基本信息!B3,0) |

员工工资表

	编号	员工编号	员工姓名	工龄	工龄工资
1	101001	张XX			
2	101002				
3	101003				
4	101004				
5	101005				
6	101006				
7	101007				
8	101008				
9	101009				
10	101010				

员工

编号	员工编号	员工姓名	工龄
1	101001	张XX	
2	101002	王XX	
3	101003	李XX	
4	101004	赵XX	
5	101005	钱XX	
6	101006	孙XX	
7	101007	李XX	
8	101008	胡XX	
9	101009	马XX	
10	101010	刘XX	

第 7 步 使用填充柄工具可以将公式填充在 C4~C12 单元格中，效果如下图所示。

| 提示 |

Excel 中常用的文本函数如下。

（1）CONCATENATE(text1,text2,...) 将若干字符串合并成一个字符串。

（2）LEN(text) 返回字符串中的字符数。

（3）MID(text,start_num,num_chars) 返回字符串中从指定位置开始的特定数目的字符。

（4）RIGHT(text,num_chars) 根据指定的字符数返回文本串中最后一个或多个字符。

（5）VALUE(text) 将代表数字的文字串转换成数字。

10.5.2 使用日期与时间函数计算工龄和工作日

员工的工龄是计算员工工龄工资的依据。使用日期函数可以准确地计算出员工工龄，根据工龄即可计算出工龄工资，具体操作步骤如下。

第 1 步 选择"工资表"工作表，选中 D3 单元格，如下图所示。

员工工资表

编号	员工编号	员工姓名	工龄	工龄工资
1	101001	张XX		
2	101002	王XX		
3	101003	李XX		
4	101004	赵XX		
5	101005	钱XX		
6	101006	孙XX		
7	101007	李XX		
8	101008	胡XX		
9	101009	马XX		
10	101010	刘XX		

◀ ▶ 工资表 | 员工基本信息 | 销售奖金表 | 业绩奖金标准

第 2 步 计算方法是使用当日日期减去入职日期，在单元格中输入公式"=DATEDIF(员工基本信息!C3,TODAY(),"y")"，如下图所示。

| | fx | =DATEDIF(员工基本信息!C3,TODAY(),"y") |

员工工资表

员工编号	员工姓名	工龄	工龄工资	应发工资
101001	张XX	DAY(),"y")		
101002	王XX			
101003	李XX			
101004	赵XX			
101005	钱XX			
101006	孙XX			
101007	李XX			
101008	胡XX			
101009	马XX			
101010	刘XX			

| 提示 |

公式"=DATEDIF(员工基本信息!C3,TODAY(),"y")"用于计算员工的工龄。

第3步 按【Enter】键确认，即可得出员工工龄，如下图所示。

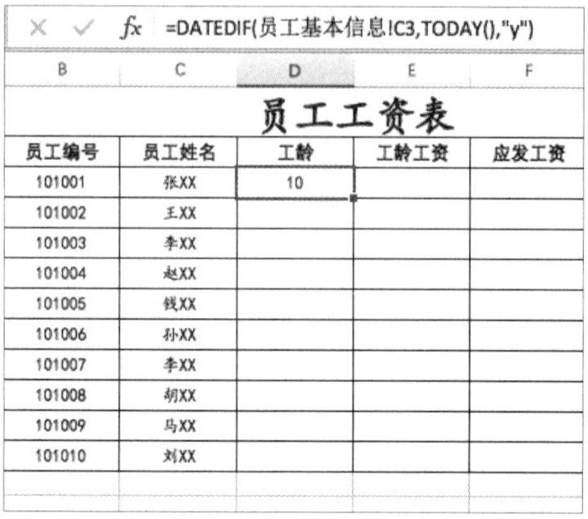

	B	C	D	E	F
fx =DATEDIF(员工基本信息!C3,TODAY(),"y")					
			员工工资表		
	员工编号	员工姓名	工龄	工龄工资	应发工资
	101001	张XX	10		
	101002	王XX			
	101003	李XX			
	101004	赵XX			
	101005	钱XX			
	101006	孙XX			
	101007	李XX			
	101008	胡XX			
	101009	马XX			
	101010	刘XX			

第4步 使用填充柄工具可快速计算出其余员工工龄，效果如下图所示。

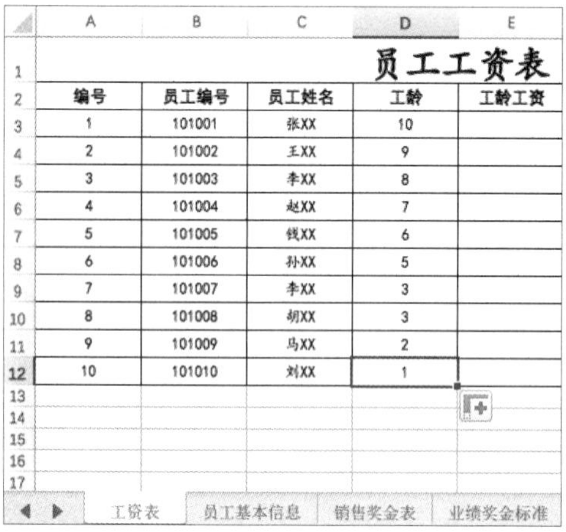

	A	B	C	D	E
1					员工工资表
2	编号	员工编号	员工姓名	工龄	工龄工资
3	1	101001	张XX	10	
4	2	101002	王XX	9	
5	3	101003	李XX	8	
6	4	101004	赵XX	7	
7	5	101005	钱XX	6	
8	6	101006	孙XX	5	
9	7	101007	李XX	3	
10	8	101008	胡XX	3	
11	9	101009	马XX	2	
12	10	101010	刘XX	1	
13					
14					
15					
16					
17					

工资表　员工基本信息　销售奖金表　业绩奖金标准

第5步 选中E3单元格，输入公式"=D3*100"，如下图所示。

	D	E	F
fx =D3*100			
		员工工资表	
	工龄	工龄工资	应发工资
	10	=D3*100	
	9		
	8		
	7		
	6		
	5		

第6步 按【Enter】键即可计算出对应员工工龄工资，如下图所示。

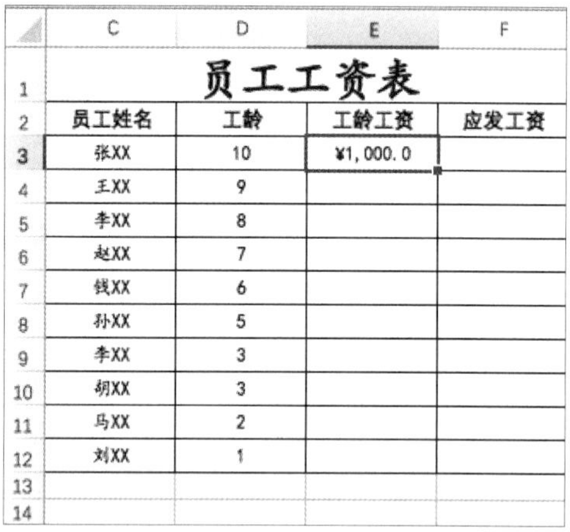

	C	D	E	F
1			员工工资表	
2	员工姓名	工龄	工龄工资	应发工资
3	张XX	10	¥1,000.0	
4	王XX	9		
5	李XX	8		
6	赵XX	7		
7	钱XX	6		
8	孙XX	5		
9	李XX	3		
10	胡XX	3		
11	马XX	2		
12	刘XX	1		
13				
14				

第7步 使用填充柄工具填充计算出其余员工工龄工资，效果如下图所示。

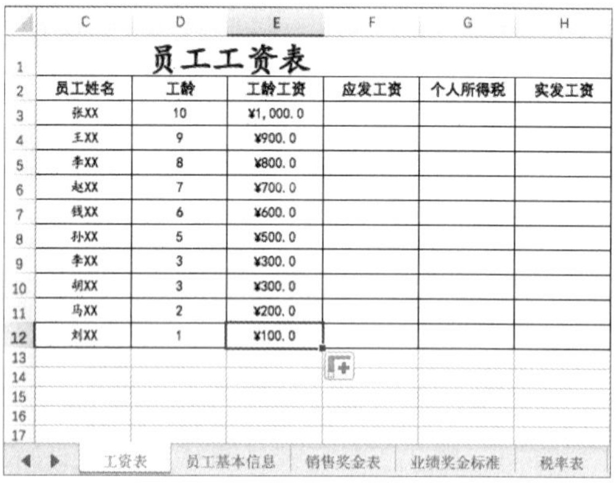

	C	D	E	F	G	H
1			员工工资表			
2	员工姓名	工龄	工龄工资	应发工资	个人所得税	实发工资
3	张XX	10	¥1,000.0			
4	王XX	9	¥900.0			
5	李XX	8	¥800.0			
6	赵XX	7	¥700.0			
7	钱XX	6	¥600.0			
8	孙XX	5	¥500.0			
9	李XX	3	¥300.0			
10	胡XX	3	¥300.0			
11	马XX	2	¥200.0			
12	刘XX	1	¥100.0			
13						
14						
15						
16						
17						

工资表　员工基本信息　销售奖金表　业绩奖金标准　税率表

| 提示 |

常用的日期函数还包括以下几个。

=NOW()：取系统日期和时间。

= NOW()-TODAY()：取当前是几点几分。

=YEAR(TODAY())：取当前日期的年份。

=MONTH(TODAY())：取当前日期的月份。

=DAY(TODAY())：取当前日期是几号。

10.5.3　使用逻辑函数计算业绩提成奖金

业绩奖金是员工工资的重要构成部分，业绩奖金根据员工的业绩划分为几个等级，每个等

级的奖金比例也不同。逻辑函数可以用来进行复合检验，因此很适合计算这种类型的数据。具体操作步骤如下。

第1步 切换至"销售奖金表"工作表，选中 D3 单元格，在单元格中输入公式"=HLOOKUP(C3，业绩奖金标准 !$B$2：$F$3,2)"，如下图所示。

第4步 选中 E3 单元格，在单元格中输入公式"=IF(C3<50000,C3*D3,C3*D3+500)"，如下图所示。

| 提示 |

HLOOKUP 函数是 Excel 中的横向查找函数，公式"=HLOOKUP(C3，业绩奖金标准 !$B$2:$F$3,2)"中第 3 个参数设置为"2"表示取满足条件的记录在"业绩奖金标准！$B$2:$F$3"区域中第 2 行的值。

第2步 按【Enter】键确认，即可得出奖金比例，如下图所示。

第3步 使用填充柄工具将公式填充至其余单元格，效果如下图所示。

| 提示 |

公式"=IF(C3<50000，C3*D3，C3*D3+500)"的含义为单月销售额大于 50000，给予 500 元奖励。

第5步 按【Enter】键确认，即可计算出该员工奖金数目，如下图所示。

第6步 使用填充柄工具将公式填充至其余奖金单元格内，效果如下图所示。

10.5.4 使用统计函数计算最高销售额

公司会对业绩突出的员工进行表彰，因此需要在众多销售数据中找出最高的销售额并找到对应的员工。统计函数作为专门进行统计分析的函数，可以很快捷地在工作表中找到相应数据，具体操作步骤如下。

第1步 选中G3单元格，单击编辑栏左侧的【插入函数】按钮 f_x，如下图所示。

第2步 弹出【公式生成器】窗格，在【常用函数】列表框中选择【MAX】函数，单击【插入函数】按钮，如下图所示。

第3步 弹出【MAX】函数窗格，在【number1】文本框中输入"员工销售额"，按【Enter】键确认，单击【完成】按钮，如下图所示。

第4步 即可找出最高销售额并显示在G3单元格内，如下图所示。

G	H
最高销售业绩	
销售额	**姓名**
62000	

第5步 选中H3单元格，输入公式"=INDEX(B3:B12,MATCH(G3,C3:C12,))"，如下图所示。

	fx	=INDEX(B3:B12,MATCH(G3,C3:C12,))

E	F	G	H
		最高销售业绩	
奖金		**销售额**	**姓名**
4800		62000	MATCH(G3,C3:C12,))
2660			
8300			
4500			
4500			
9800			
2100			
2380			
720			
0			

第6步 按【Enter】键。即可显示最高销售额对应的员工姓名，如下图所示。

| fx | =INDEX(B3:B12,MATCH(G3,C3:C12,)) |

	E	F	G	H	I
			最高销售业绩		
	奖金		销售额	姓名	
	4800		62000	孙XX	
	2660				
	8300				
	4500				
	4500				
	9800				
	2100				
	2380				
	720				
	0				

提示

公式"=INDEX(B3:B12,MATCH(G3,C3:C12,))"的含义为 G3 的值与 C3:C12 单元格区域的值匹配时,返回 B3:B12 单元格区域中对应的值。

10.5.5 使用查找与引用函数计算应发工资和个人所得税

个人所得税根据个人收入的不同实行阶梯形式的征收方式,因此直接计算起来比较复杂。而在 Excel 中,这类问题可以使用查找和引用函数来解决,具体操作步骤如下。

1. 计算应发工资

第1步 切换至【工资表】工作表,选中 F3 单元格,如下图所示。

	C	D	E	F	G
1			员工工资表		
2	员工姓名	工龄	工龄工资	应发工资	个人所得税
3	张XX	10	¥1,000.0		
4	王XX	9	¥900.0		
5	李XX	8	¥800.0		
6	赵XX	7	¥700.0		
7	钱XX	6	¥600.0		
8	孙XX	5	¥500.0		
9	李XX	3	¥300.0		
10	胡XX	3	¥300.0		
11	马XX	2	¥200.0		
12	刘XX	1	¥100.0		
13					

第2步 在单元格中输入公式"= 员工基本信息 !D3- 员工基本信息 !E3+ 工资表 !E3+ 销售奖金表 !E3",如下图所示。

| fx | =员工基本信息!D3-员工基本信息!E3+工资表!E3+销售奖金表!E3 |

	D	E	F	G	H	I	J	K
		员工工资表						
	工龄	工龄工资	应发工资	个人所得税	实发工资			
	10	¥1,000.0	!奖金表!E3					
	9	¥900.0						
	8	¥800.0						
	7	¥700.0						
	6	¥600.0						
	5	¥500.0						
	3	¥300.0						
	3	¥300.0						
	2	¥200.0						
	1	¥100.0						

第3步 按【Enter】键确认,即可计算出应发工资数额,如下图所示。

| fx | =员工基本信息!D3-员工基本信息!E3+工资表!E3+销售奖金表!E3 |

	D	E	F	G	H	I	J	K
		员工工资表						
	工龄	工龄工资	应发工资	个人所得税	实发工资			
	10	¥1,000.0	¥11,585.0					
	9	¥900.0						
	8	¥800.0						
	7	¥700.0						
	6	¥600.0						
	5	¥500.0						
	3	¥300.0						
	3	¥300.0						
	2	¥200.0						
	1	¥100.0						

第4步 使用填充柄工具快速填充其余单元格,得出其余员工应发工资数额,效果如下图所示。

	C	D	E	F	G
1			员工工资表		
2	员工姓名	工龄	工龄工资	应发工资	个人所得税
3	张XX	10	¥1,000.0	¥11,585.0	
4	王XX	9	¥900.0	¥8,722.0	
5	李XX	8	¥800.0	¥14,262.0	
6	赵XX	7	¥700.0	¥9,650.0	
7	钱XX	6	¥600.0	¥9,372.0	
8	孙XX	5	¥500.0	¥14,038.0	
9	李XX	3	¥300.0	¥5,960.0	
10	胡XX	3	¥300.0	¥6,062.0	
11	马XX	2	¥200.0	¥4,124.0	
12	刘XX	1	¥100.0	¥2,948.0	
13					
14					
15					
16					

2. 计算个人所得税数额

第1步 选中 G3 单元格，如下图所示。

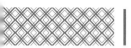

LOOKUP 函数根据税率表查找对应的个人所得税，使用 IF 函数可以返回低于起征点员工所缴纳的个人所得税为 0。

第4步 使用填充柄工具填充其余单元格，计算出其余员工应缴纳的个人所得税数额，效果如下图所示。

F	G	H	I
应发工资	个人所得税	实发工资	
¥11,585.0	¥1,062.0		
¥8,722.0	¥489.4		
¥14,262.0	¥1,685.5		
¥9,650.0	¥675.0		
¥9,372.0	¥619.4		
¥14,038.0	¥1,629.5		
¥5,960.0	¥141.0		
¥6,062.0	¥151.2		
¥4,124.0	¥18.7		
¥2,948.0	¥0.0		

3. 计算实发工资

第1步 选中 H3 单元格，输入公式"=F3-G3"，如下图所示。

fx =F3-G3

E	F	G	H	I
工 资 表				
工龄工资	应发工资	个人所得税	实发工资	
¥1,000.0	¥11,585.0	¥1,062.0	=F3-G3	
¥900.0	¥8,722.0	¥489.4		
¥800.0	¥14,262.0	¥1,685.5		
¥700.0	¥9,650.0	¥675.0		
¥600.0	¥9,372.0	¥619.4		
¥500.0	¥14,038.0	¥1,629.5		
¥300.0	¥5,960.0	¥141.0		
¥300.0	¥6,062.0	¥151.2		
¥200.0	¥4,124.0	¥18.7		
¥100.0	¥2,948.0	¥0.0		

第2步 第2步 在单元格中输入公式"=IF(F3<税率表!E$2,0,LOOKUP(工资表!F3-税率表!E$2,税率表!C$4:C$10,(工资表!F3-税率表!E$2)*税率表!D$4:D$10-税率表!E$4:E$10))"，如下图所示。

第3步 按【Enter】键即可得出员工"张 XX"应缴纳的个人所得税数额，如下图所示。

第2步 按【Enter】键确认，即可得出员工"张 XX"的实发工资数额，如下图所示。

fx =F3-G3

工资表

工龄工资	应发工资	个人所得税	实发工资
¥1,000.0	¥11,585.0	¥1,062.0	¥10,523.0
¥900.0	¥8,722.0	¥489.4	
¥800.0	¥14,262.0	¥1,685.5	
¥700.0	¥9,650.0	¥675.0	
¥600.0	¥9,372.0	¥619.4	
¥500.0	¥14,038.0	¥1,629.5	
¥300.0	¥5,960.0	¥141.0	
¥300.0	¥6,062.0	¥151.2	
¥200.0	¥4,124.0	¥18.7	
¥100.0	¥2,948.0	¥0.0	

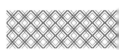

元格，得出其余员工实发工资数额，效果如
下图所示。

员工工资表

员工姓名	工龄	工龄工资	应发工资	个人所得税	实发工资
张XX	10	¥1,000.0	¥11,585.0	¥1,062.0	¥10,523.0
王XX	9	¥900.0	¥8,722.0	¥489.4	¥8,232.6
李XX	8	¥800.0	¥14,262.0	¥1,685.5	¥12,576.5
赵XX	7	¥700.0	¥9,650.0	¥675.0	¥8,975.0
钱XX	6	¥600.0	¥9,372.0	¥619.4	¥8,752.6
孙XX	5	¥500.0	¥14,038.0	¥1,629.5	¥12,408.5
李XX	3	¥300.0	¥5,960.0	¥141.0	¥5,819.0
胡XX	3	¥300.0	¥6,062.0	¥151.2	¥5,910.8
马XX	2	¥200.0	¥4,124.0	¥18.7	¥4,105.3
刘XX	1	¥100.0	¥2,948.0	¥0.0	¥2,948.0

第3步 使用填充柄工具将公式填充进其余单

10.6 使用 VLOOKUP、COLUMN 函数批量制作工资条

工资条是发放给员工的工资凭证，可以使员工知道自己工资详细发放情况。制作工资条的具体操作步骤如下。

第1步 单击工作表底部的【新工作表】按钮新建空白工作表，如下图所示。

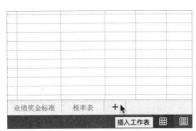

第2步 双击新建的工作表底部的标签，标签进入编辑状态，如下图所示。

第3步 输入文字"工资条"，按【Enter】键确认，如下图所示。

第4步 将鼠标光标放置在【工资条】工作表底部的标签上，按住鼠标左键并拖动工作表至【工资表】工作表前面，松开鼠标左键，如下图所示。

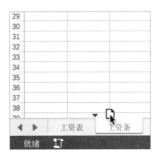

第5步 即可将【工资条】工作表放置在工作簿最前面位置，选中【工资条】工作表中

A1:H1 单元格区域，如下图所示。

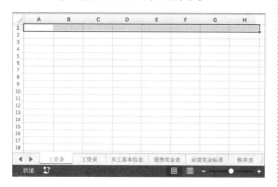

第 6 步 单击【开始】选项卡下的【合并后居中】按钮，如下图所示。

第 7 步 输入文字"员工工资条"，并将【字体】设置为【华文楷体】，【字号】设置为【20】，如下图所示。

第 8 步 在 A2~H2 单元格区域中输入如下图所示的文字，并在 A3 单元格中输入序号"1"，适当调整列宽，并将所有单元格【对齐方式】设置为【居中对齐】，如下图所示。

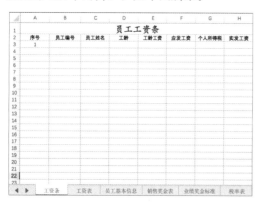

第 9 步 在 B3 单元格中输入公式"=VLOOKUP($A3, 工资表 !$A$3:$H$12, COLUMN(),0)"，如下图所示。

> **提示**
>
> 在公式"=VLOOKUP($A3, 工资表 !$A$3:$H$12,COLUMN(),0)"中，在工资表 A3:H12 单元格区域中查找 A3 单元格的值，COLUMN() 用来计数，0 表示精确查找。

第 10 步 按【Enter】键确认，即可引用员工编号至单元格中，如下图所示。

第 11 步 使用填充柄工具将公式填充至 C3~H3 单元格中，效果如下图所示。

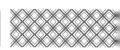

第12步 选中 A2:H3 单元格区域，单击【开始】选项卡下的【边框】下拉按钮，在弹出的下拉列表中选择【所有框线】选项，即可为所选单元格加上线框，如下图所示。

第13步 效果如下图所示。

第14步 选中 A2:H4 单元格区域，将鼠标指针放置在 H4 单元格框线右下角，待鼠标指针变为实心十字 ✚，如下图所示。

第15步 按住鼠标左键，拖动鼠标指针至 H30 单元格，即可自动填充其余员工工资条，如下图所示。

至此，员工工资明细表就制作完成了。

10.7 其他函数

在制作员工工资明细表的过程中使用了一些常用的函数，下面介绍一些其他常用函数。

1. 统计函数

统计函数可以帮助 Excel 用户从复杂的数据中筛选有效数据。由于筛选的多样性，Excel 提供了多种统计函数。

常用的统计函数有【COUNTA】函数、【AVERAGE】函数（返回其参数的算术平均值）和【ACERAGEA】函数（返回所有参数的算术平均值）等。公司考勤表中记录了员工是否缺勤，现在需要统计缺勤的总人数，这里使用【COUNTA】函数。

COUNTA 函数

功能：用于计算区域中不为空的单元格个数。

语法：COUNTA(value1,[value2], ...)

参数：value1 为必要参数。表示要计算值的第一个参数。value2 为可选参数。表示要计算的值的其他参数，最多可包含 255 个参数。

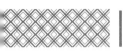
使用 COUNTA 函数统计参加运动会的人数，空白单元格为没有人参加，具体的操作步骤如下。

第1步 打开随书光盘中的"素材 \ch10\ 跑步成绩表 .xlsx"工作簿，如下图所示。

	A	B	C	D	E
1	2017春季运动会100米成绩（秒）				
2	编号	高一		高二	
3		男子	女子	男子	女子
4	1	11.58	15	11.22	14.85
5	2	13.62	16.24	11.32	16.52
6	3	12.11	14.65	15.23	15.64
7	4	13.55		14.12	14.35
8	5	17.92	14.53	12.31	
9	6	13.22	15.32	13.21	12.51
10					
11	参加运动会的人数				
12					

第2步 在单元格C11中输入公式"=COUNTA（B4:E9）"，如下图所示。

	A	B	C	D	E	F
	VLOOKUP		fx	=COUNTA(B4:E9)		
1	2017春季运动会100米成绩（秒）					
2	编号	高一		高二		
3		男子	女子	男子	女子	
4	1	11.58	15	11.22	14.85	
5	2	13.62	16.24	11.32	16.52	
6	3	12.11	14.65	15.23	15.64	
7	4	13.55		14.12	14.35	
8	5	17.92	14.53	12.31		
9	6	13.22	15.32	13.21	12.51	
10						
11	参加运动会的人数		A(B4:E9)			
12						

第3步 按【Enter】键即可返回参加 100 米比赛的人数，如下图所示。

	A	B	C	D	E
	C11		fx	=COUNTA(B4:E9)	
1	2017春季运动会100米成绩（秒）				
2	编号	高一		高二	
3		男子	女子	男子	女子
4	1	11.58	15	11.22	14.85
5	2	13.62	16.24	11.32	16.52
6	3	12.11	14.65	15.23	15.64
7	4	13.55		14.12	14.35
8	5	17.92	14.53	12.31	
9	6	13.22	15.32	13.21	12.51
10					
11	参加运动会的人数		22		
12					

2. 工程函数

工程函数可以解决一些数学问题。如果能够合理地使用工程函数，可以极大地简化程序。

常用的工程函数有【DEC2BIN】函数（将十进制转化为二进制）、【BIN2DEC】函数（将二进制转化为十进制）、【IMSUM】函数（两个或多个复数的值）。

3. 信息函数

信息函数是用来获取单元格内容信息的函数。信息函数可以在满足条件时返回逻辑值，从而获取单元格的信息。还可以确定存储在单元格中的内容的格式、位置、错误信息等类型。

常用的信息函数有【CELL】函数（引用区域的左上角单元格样式、位置或内容等信息）、【TYPE】函数（检测数据的类型）。

4. 多维数据集函数

多维数据集函数可用来从多维数据库中提取数据集和数值，并将其显示在单元格中。

常用的多维数据集函数有【CUBEKPIMEMBER】函数（返回重要性能指示器(KPI) 属性，并在单元格中显示 KPI 名称）、【CUBEMEMBER】函数（返回多维数据集中的成员或元组，用来验证成员或元组存在于多维数据集中）和【CUBEMEMBERPROPERTY】函数（返回多维数据集中成员属性的值，用来验证某成员名称存在于多维数据集中，并返回此成员的指定属性）等。

举一反三

制作凭证明细查询表

公司年度开支凭证明细表是对公司一年内费用支出的归纳和汇总，工作簿中包含多个项目的开支情况。对年度开支情况进行详细的处理和分析有利于对公司本阶段工作的总结，为公司更好地做出下一阶段的规划有很重要的作用。年度开支凭证明细表数据繁多，需要使用多个函

数进行处理，可以分为以下几个步骤进行。

第1步 **计算工资支出**

可以使用求和函数对"工资支出"工作表中每个月份的工资数额进行汇总，以便分析公司每月的工资发放情况，如下图所示。

第2步 **调用工资支出工作表数据**

需要使用 VLOOKUP 函数调用"工资支出"工作表中的数据，完成对"明细表"工作表中工资发放情况的统计，如下图所示。

第3步 **调用其他支出**

使用 VLOOKUP 函数调用"其他支出"工作表中的数据，完成对"明细表"其他项目开支情况的统计，如下图所示。

第4步 **统计每月支出**

使用求和函数对每个月的支出情况进行汇总，得出每月的总支出，如下图所示。

至此，公司年度开支明细表就统计制作完成了。

◇ **逻辑函数之间的混合运用**

在使用"是""非""或"等逻辑函数时，默认情况下返回的是"TURE"或"FALSE"等逻辑值，但是在实际工作和生活中，这些逻辑值的意义并非很大。所以，在很多情况下，可以借助 IF 函数返回"完成""未完成"等结果，具体操作步骤如下。

第1步 打开随书光盘中的"素材 \ch10\ 任务完成情况表 .xlsx"工作簿，在单元格 F3 中输入公式"=IF(AND (B3 > 100,C3 > 100,D3 > 100,E3 > 100) ," 完成 "," 未完成 ")"，如下图所示。

第2步 按【Enter】键即可显示完成工作量的信息，如下图所示。

第3步 利用快速填充功能，判断其他员工工作量的完成情况，如下图所示。

◇ 提取指定条件的不重复值

以提取销售助理人员名单为例，提取指定条件的不重复值的具体操作步骤如下。

第1步 打开随书光盘中的"素材 \ch10\ 职务表 .xlsx"工作簿，在 F2 单元格中输入"姓名"，在 G2 和 C3 单元格中分别输入"职务"和"销售助理"，如下图所示。

第2步 选中数据区域任意单元格，单击【数据】选项卡下的【高级】按钮 高级，如下图所示。

第3步 弹出【高级筛选】对话框，选中【将筛选结果复制到其他位置】单选按钮，【列表区域】为"$A$2:$D$14"单元格区域，【条件区域】为"Sheet1!$G$2:$G$3"单元格区域，【复制到】为"Sheet1!$F$2"单元格，然后选中【选择不重复的记录】复选框，单击【确定】按钮，如下图所示。

第4步 即可将职务为"销售助理"的人员姓名全部提取出来，效果如下图所示。

第**3**篇

PPT 办公应用篇

第 11 章　PPT 的基本操作

第 12 章　图形和图表的应用

第 13 章　幻灯片的放映与控制

　　本篇主要介绍 PPT 中的各种操作，通过本篇内容的学习，读者可以学习 PPT 的基本操作、图形和图表的应用、动画和多媒体的应用及放映幻灯片等操作。

第11章

PPT 的基本操作

本章导读

在职业生涯中，会遇到包含文字与图片和表格的演示文稿，如个人述职报告、公司管理培训 PPT、企业发展战略 PPT、产品营销推广方案等，使用 Microsoft PowerPoint 提供的为演示文稿应用主题、设置格式化文本、图文混排、添加数据表格、插入艺术字等操作，可以方便地对这些包含图片的演示文稿进行设计制作。

思维导图

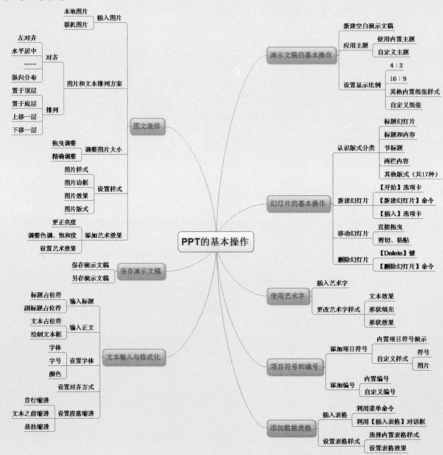

个人述职报告

制作个人述职报告要做到标准清楚、内容客观、重点突出、个性鲜明，便于领导了解工作情况。

实例名称：制作个人述职报告		
实例目的：掌握 PPT 的基本操作		
	素材	素材 \ch11\ 前言 .txt
	结果	结果 \ch11\ 个人述职报告 .pptx
	录像	录像 \11 第 11 章

11.1.1 案例概述

述职报告是指各级工作人员（一般为业务部门）以主要业绩业务为主，向上级、主管部门和下属群众陈述任职情况，包括履行岗位职责，完成工作的成绩和设想，工作中存在的问题，进行自我回顾、评估、鉴定的书面报告。

述职报告是任职者陈述个人的任职情况，评议个人任职能力，接受上级领导考核和群众监督的一种应用文，具有汇报性、总结性和理论性的特点。

述职报告从时间上可以分为任期述职报告、年度述职报告、临时述职报告。从范围上可以分为个人述职报告、集体述职报告等。本章就以制作个人述职报告为例介绍 PPT 的基本操作。

制作个人述职报告时，需要注意以下几点。

1. 清楚述职报告的作用

（1）要围绕岗位职责和工作目标来讲述自己的工作。

（2）要体现出个人的作用，不能写成工作总结。

2. 内容客观、重点突出

（1）述职报告讲究摆事实，讲道理，以叙述说明为主，不能旁征博引。

（2）述职报告要写事实，对搜集来的事实、数据、材料等进行认真的归类、整理、分析、研究，述职报告的目的在于总结经验教训，使未来的工作能在前期工作的基础上有所进步，有所提高，因此述职报告对以后的工作具有很强的指导作用。

（3）述职报告的内容应当是通俗易懂的，语言可以口语化。

（4）述职报告是工作业绩考核、评价、晋升的重要依据，述职者一定要实事求是、真实客观地陈述，力求全面、真实、准确地反映述职者在所在岗位职责的情况。对成绩和不足，既不要夸大，也不要缩小。

11.1.2 设计思路

制作个人述职报告时可以按以下思路进行。

（1）新建空白演示文稿，为演示文稿应用主题。

（2）制作主要业绩及职责页面。

（3）制作存在问题及解决方案页面。

（4）制作团队组建及后期计划页面。

（5）制作结束页面。

（6）更改文字样式，美化幻灯片并保存结果。

11.1.3 涉及知识点

本案例主要涉及以下知识点。

（1）引用主题。

（2）幻灯片页面的添加、删除、移动。

（3）输入文本并设置文本样式。

（4）添加项目符号和编号。

（5）插入图片、表格。

（6）插入艺术字。

11.2 演示文稿的基本操作

在制作个人述职报告时，首先要新建空白演示文稿，并为演示文稿应用主题，以及设置演示文稿的显示比例。

11.2.1 新建空白演示文稿

启动 Microsoft PowerPoint 软件之后，Microsoft PowerPoint 会提示创建什么样的 PPT 演示文稿，并提供模板供用户选择，选择【空白演示文稿】命令即可创建一个空白演示文稿，具体操作步骤如下。

第1步 启动 Microsoft PowerPoint，弹出如图所示 Microsoft PowerPoint 界面，选择【空白演示文稿】选项，单击【创建】按钮，如下图所示。

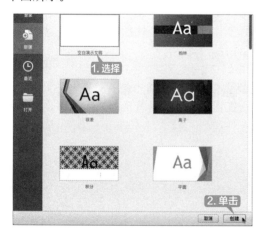

第2步 即可新建空白演示文稿，如下图所示。

11.2.2 为演示文稿应用主题

新建空白演示文稿后，用户可以为演示文稿应用主题，来满足个人述职报告模板的格式要求。具体操作步骤如下。

1. 使用内置主题

Microsoft PowerPoint 中内置了 39 种主题，用户可以根据需要使用这些主题，具体操作步骤如下。

第 1 步 单击【设计】选项卡下的【其他】按钮，在弹出的列表主题样式中任选一种样式，这里选择"离子会议室"主题，如下图所示。

第 2 步 此时，主题即可应用到幻灯片中，设置后的效果如下图所示。

2. 自定义主题

如果对系统自带的主题不满意，用户可以自定义主题，具体操作步骤如下。

第 1 步 单击【设计】选项卡下的【其他】按钮，在弹出的列表主题样式中选择【浏览主题】选项，如下图所示。

第 2 步 在弹出的【选择主题文档或幻灯片模板】对话框中，选择【自定义模板】选项，然后单击【应用】按钮，即可应用自定义的主题，如下图所示。

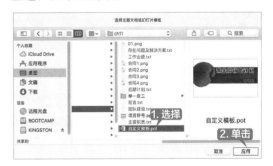

11.2.3 设置演示文稿的显示比例

PPT 演示文稿常用的显示比例有 4：3 与 16：9 两种，新建 Microsoft PowerPoint 演示文稿时默认的比例为 16：9，用户可以方便地在这两种比例之间切换。此外，用户可以自定义幻灯片页面的大小来满足演示文稿的设计需求。设置演示文稿显示比例的具体操作步骤如下。

第 1 步 单击【设计】选项卡下的【幻灯片大小】下拉按钮，在弹出的下拉列表中选择【页面设置】选项，如下图所示。

第2步 在弹出的【页面设置】对话框中，单击【幻灯片大小】文本框右侧的下拉按钮，在弹出的下拉列表中选择【全屏显示（16：10）】选项，然后单击【确定】按钮，如下图所示。

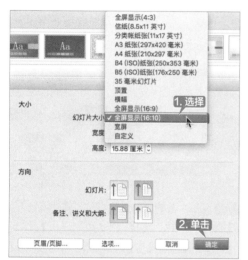

第3步 在弹出的【Microsoft PowerPoint】对话框中单击【缩放】按钮，如下图所示。

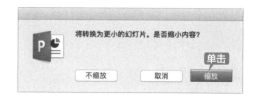

第4步 在演示文稿中即可看到设置演示文稿显示比例后的效果，如下图所示。

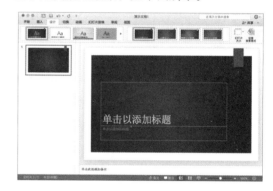

11.3 幻灯片的基本操作

使用 Microsoft PowerPoint 制作述职报告时要先掌握幻灯片的基本操作。

11.3.1 认识幻灯片的版式分类

在使用 Microsoft PowerPoint 制作幻灯片时，经常需要更改幻灯片的版式来满足幻灯片不同样式的需要。每个幻灯片版式包含文本、表格、视频、图片、图表、形状等内容的占位符，并且还包含这些对象的格式。设置幻灯片版式的具体操作步骤如下。

第1步 新建演示文稿后，会新建一张幻灯片页面，此时幻灯片版式为"标题幻灯片"版式页面，如下图所示。

第2步 单击【开始】选项卡下的【版式】下拉按钮 ，在弹出的【离子会议室】面板中即可看到包含有"标题幻灯片""标题和内容""节标题""两栏内容"等 17 种版式，如下图所示。

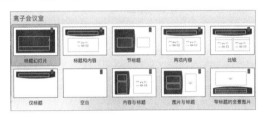

> **提示**
>
> 每种版式的样式及占位符各不相同，用户可以根据需要选择要创建或更改的幻灯片版式，从而制作出符合要求的 PPT。

第3步 在【离子会议室】面板中选择【节标题】选项，如下图所示。

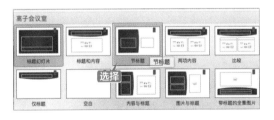

第4步 即可在演示文稿中将"标题幻灯片"版式更改为"节标题"版式，更改版式后的效果如下图所示。

第5步 重复上面的操作，再次选择【标题幻灯片】选项，即可将"节标题"版式更改为"标题幻灯片"版式，如下图所示。

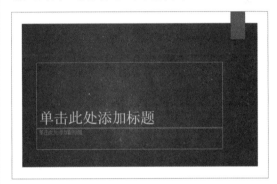

11.3.2 新建幻灯片

新建幻灯片的常见方法有 3 种，用户可以根据需要选择合适的方式快速新建幻灯片。新建幻灯片的具体操作步骤如下。

1. 使用【开始】选项卡

第1步 单击【开始】选项卡下的【新建幻灯片】下拉按钮 ，在弹出的下拉列表中选择【标题幻灯片】选项，如下图所示。

第2步 即可新建"标题幻灯片"幻灯片页面，并可在左侧的【幻灯片】窗格中显示新建的幻灯片，如下图所示。

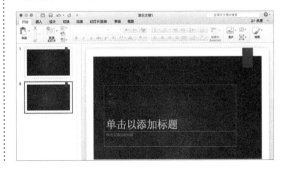

第3步 重复上述操作步骤，新建6张【仅标题】幻灯片页面，如下图所示。

第4步 重复上述操作步骤，新建一张【空白】幻灯片页面，如下图所示。

第5步 新建幻灯片的效果如下图所示。

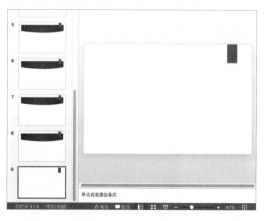

2. 使用快捷菜单

第1步 在【幻灯片】窗格中选择一张幻灯片并右击，在弹出的快捷菜单中选择【新建幻灯片】命令，如下图所示。

第2步 即可在该幻灯片的后面，快速新建幻灯片，如下图所示。

3. 使用【插入】选项卡

单击【插入】选项卡下的【新建幻灯片】下拉按钮，在弹出的下拉列表中选择一种幻灯片版式也可以完成新建幻灯片页面的操作，如下图所示。

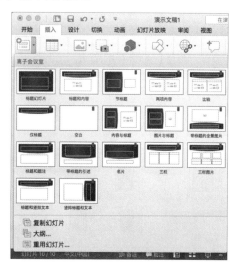

11.3.3 移动幻灯片

用户可以通过移动幻灯片的方法改变幻灯片的位置，单击需要移动的幻灯片并按住鼠标左键，拖曳幻灯片至目标位置，松开鼠标左键即可。此外，通过剪切并粘贴的方式也可以移动幻灯片，如下图所示。

11.3.4 删除幻灯片

不需要的幻灯片页面可以将其删除，删除幻灯片的常见方法有两种。

1. 使用【Delete】键

第1步 在【幻灯片】窗格中选择要删除的幻灯片页面，按【Delete】键，如下图所示。

第2步 即可快速删除选择的幻灯片页面，如下图所示。

2. 使用快捷菜单

第1步 选择要删除的幻灯片页面并右击，在弹出的快捷菜单中选择【删除幻灯片】命令，如下图所示。

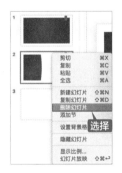

第2步 即可删除选择的幻灯片页面，如下图所示。

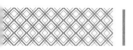

11.4 文本的输入和格式化设置

在幻灯片中可以输入文本，并对文本进行字体、颜色、对齐方式、段落缩进等格式化设置。

11.4.1 在幻灯片首页输入标题

幻灯片中【文本占位符】的位置是固定的，用户可以在其中输入文本，具体操作步骤如下。

第1步 单击标题文本占位符中的任意位置，使鼠标光标置于标题文本占位符中，如下图所示。

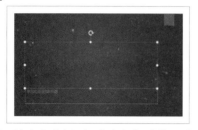

第2步 输入标题文本"述职报告"，如下图所示。

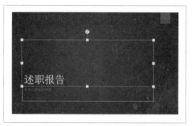

第3步 选择副标题文本占位符，在副标题文本框中输入文本"述职人：王 XX"，按【Enter】键换行，并输入" 2017 年 3 月 20 日"，如下图所示。

11.4.2 在文本框中输入内容

在演示文稿的文本框中输入内容来完善述职报告，具体操作步骤如下。

第1步 打开随书光盘中的"素材 \ch11\ 前言 .txt"文件。选中记事本中的文字，按【Command+C】组合键，复制所选内容，如下图所示。

第2步 回到 PPT 演示文稿中，选择第 2 张幻灯片中的文本框，按【Command+V】组合键，将复制的内容粘贴至文本占位符中，如下图所示。

第3步 在标题文本占位符中输入"前言"，如下图所示。

第4步 打开随书光盘中的"素材 \ch11\ 工作业绩 .txt"文件，并按【Command+C】组合键复制全部文本，如下图所示。

第5步 选择第 3 张幻灯片页面，按【Command + V】组合键，粘贴"工作业绩"文本内容，如下图所示。

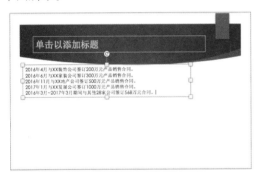

第6步 在"标题"文本框中输入"一、主要工作业绩"，如下图所示。

第7步 重复上面操作步骤，打开随书光盘中的"素材 \ch11\ 主要职责 . txt"文件，把内容复制粘贴到第 4 张幻灯片中，并输入标题"二、主要职责"，如下图所示。

第8步 重复上面操作步骤，打开随书光盘中的"素材 \ch11\ 存在问题及解决方案 . txt"文件，把内容复制粘贴到第 5 张幻灯片中，并输入标题"三、存在问题及解决方案"，如下图所示。

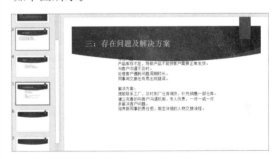

第9步 在第 6 张幻灯片页面中输入"四、团队建设"标题文本。然后在第 7 张幻灯片中输入标题"五、后期计划"，并输入随书光盘中的"素材 \ch11\ 后期计划 . txt"文件中的内容，效果如下图所示。

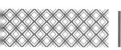
11.4.3 设置字体

PowerPoint 默认的【字体】为"宋体",【字体颜色】为"黑色",在【开始】选项卡下的【字体】文本框或【字体】对话框的【字体】选项卡中可以设置字体、字号及字体颜色等,具体操作步骤如下。

第1步 选中第 1 张幻灯片页面中的"述职报告"文本内容,单击【开始】选项卡下的【字体】文本框右侧的下拉按钮,在弹出的下拉列表中设置【字体】为"华文楷体",如下图所示。

第2步 单击【开始】选项卡下的【字号】文本框右侧的下拉按钮, 在弹出的下拉列表中设置【字号】为"66",如下图所示。

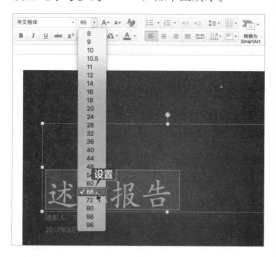

第3步 单击【开始】选项卡下的【字体颜色】下拉按钮,在弹出的下拉列表中选择一种颜色即可更改文字的颜色,如下图所示。

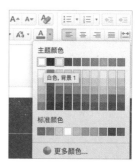

第4步 把鼠标指针放在标题文本占位符的四周控制点上,按住鼠标左键调整文本占位符的大小,并根据需要调整位置,然后根据需要设置幻灯片首页中其他内容的字体,如下图所示。

第5步 选择"前言"幻灯片页面,重复上述操作步骤设置标题内容的字体,并将正文内容的【字体】设置为"华文楷体",设置【字号】为"19"。并根据需要调整文本框的大小与位置,如下图所示。

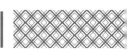

第6步 选择第3张幻灯片页面中的正文内容，单击【开始】选项卡下的【字体颜色】按钮的下拉按钮，在弹出的下拉列表中选择【紫色，强调文字颜色 6，深色 50%】选项。完成正文字体颜色的设置，然后使用同样的方法设置设置其余幻灯片页面中的正文字体颜色，如图所示。

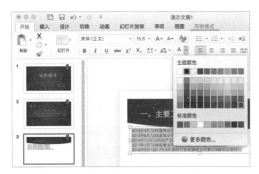

第7步 选择第 5 张幻灯片页面，并选择"存在问题"文本，右击，在弹出的快捷菜单中选择【字体】选项，弹出的【字体】对话框，在【字体】选项卡下设置【中文字体】为"华文楷体"，【大小】为"24"，设置【字体颜色】

为"蓝色"，设置完成，单击【确定】按钮。

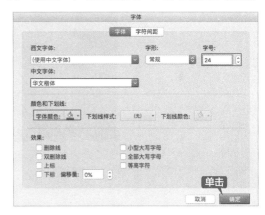

第8步 重复上述操作步骤，设置其他字体，效果如下图所示。

11.4.4 设置对齐方式

段落对齐方式包括左对齐、右对齐、居中对齐、两端对齐和分散对齐等，不同的对齐方式可以达到不同的效果。

第1步 选择第1张幻灯片页面，选中需要设置对齐方式的段落，单击【开始】选项卡下的【居中对齐】按钮。

第2步 即可看到将标题文本设置为"居中对齐"后的效果，如下图所示。

第3步 此外，还可以使用【段落】对话框设

置对齐方式，选择副标题文本框中的内容，单击鼠标右键，在弹出的快捷菜单中选择【段落】选项，弹出【段落】对话框，在【常规】区域设置【对齐】为"右对齐"，单击【确定】按钮，如下图所示。

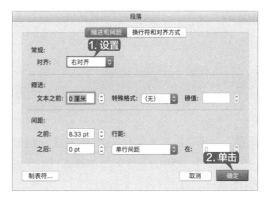

第4步 设置后的效果如下图所示。

11.4.5 设置文本的段落缩进

段落缩进指的是段落中的行相对于页面左边界或右边界的位置，段落文本缩进的方式有首行缩进、文本之前缩进和悬挂缩进 3 种。设置段落文本缩进的具体操作步骤如下。

第1步 选择第 2 张幻灯片页面，将"1068"文本的颜色设置为"黄色"，将光标定位在要设置段落缩进的段落中并右击，在弹出的快捷菜单中选择【段落】命令，如下图所示。

第2步 弹出【段落】对话框，在【缩进和间距】选项卡下【缩进】选项区域中单击【特殊格式】下拉按钮，在弹出的下拉列表中选择【第一行】选项，如下图所示。

第3步 在【间距】选项区域中单击【行距】下拉按钮，在弹出的下拉列表中选择【1.5 倍行距】选项，单击【确定】按钮，如下图所示。

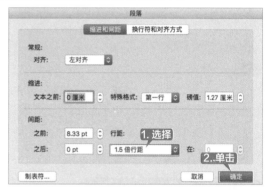

第4步 设置后的效果如下图所示。

第5步 重复上述操作步骤，把演示文稿中的其他正文【行距】设置为"1.5 倍"，如下图所示。

11.5 添加项目符号和编号

添加项目符号和编号可以美化文档，精美的项目符号、统一的编号样式可以使述职报告变得更生动、更专业。

11.5.1 为文本添加项目符号

项目符号就是在一些段落的前面加上完全相同的符号，具体操作步骤如下。

1. 使用【开始】选项卡

第1步 选择第 3 张幻灯片中的正文内容，单击【开始】选项卡下的【项目符号】下拉按钮，在弹出的下拉列表中将鼠标指针放置在某个项目符号上即可预览效果，如下图所示。

第2步 选择一种项目符号类型，即可将其应用于选择的段落中，如下图所示。

> - 2016年4月与XX装饰公司签订200万元产品销售合同。
> - 2016年6月与XX家装公司签订300万元产品销售合同。
> - 2016年11月与XX地产公司签订500万元产品销售合同。
> - 2017年1月与XX发展公司签订1000万元产品销售合同。
> - 2016年3月~2017年3月期间与其他28家公司签订568万元合同。

2. 使用快捷菜单

用户还可以选中要添加项目符号的文本内容并右击，在弹出的快捷菜单中选择【项目符号】命令，在其下一级子菜单中也可以选择项目符号类型，如下图所示。

| 提示 |

在【项目符号】级联菜单中选择【项目符号和编号】选项，即可打开【项目符号和编号】对话框，可以在对话框下方的【自定义】选项区域中设置自定义符号作为项目符号，如下图所示。

11.5.2 为文本添加编号

按照大小顺序为文档中的行或段落添加编号，具体操作步骤如下。

1. 使用【开始】选项卡

第1步 在第4张幻灯片中选择要添加编号的文本,单击【开始】选项卡下的【编号】按钮 ▤▾ 右侧的下拉按钮,在弹出的下拉列表中选择一种编号样式,如下图所示。

第2步 即可为选择的段落添加编号,效果如下图所示。

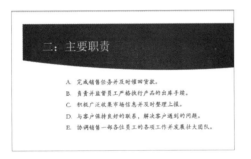

2. 使用快捷菜单

第1步 选择第5张幻灯片中"存在问题"下的正文内容,如下图所示。

第2步 在选择的正文内容中右击,在弹出的快捷菜单中选择【编号】命令,在其下一级子菜单中选择一种编号样式,如下图所示。

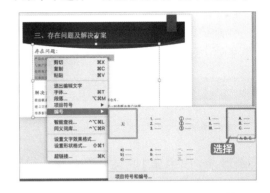

第3步 即可为选择的段落添加编号,使用同样的方法为"解决方案"下的文本添加编号,效果如下图所示。

第4步 重复添加编号的操作,为演示文稿中的其他文本添加编号,如下图所示。

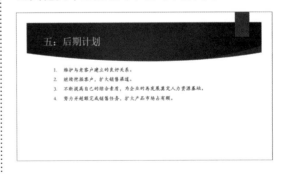

11.6 幻灯片的图文混排

在制作个人述职报告时插入适当的图片,并根据需要调整图片的大小,为图片设置样式与艺术效果,可以达到图文并茂的效果。

11.6.1 插入图片

在述职报告中插入适当的图片，可以为文本进行说明或强调，具体操作步骤如下。

第1步 选择第3张幻灯片页面，单击【插入】选项卡下的【图片】下拉按钮，在弹出的下拉菜单中选择【来自文件的图片】选项，如下图所示。

第2步 弹出【插入图片】对话框，选中需要的图片，单击【插入】按钮，如下图所示。

第3步 即可将图片插入幻灯片中，如下图所示。

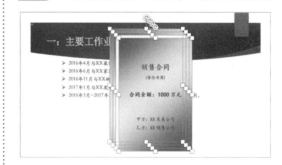

11.6.2 图片和文本框排列方案

在个人述职报告中插入图片后，选择好的图片和文本框的排列方案，可以使报告看起来更美观整洁，具体操作步骤如下。

第1步 分别选择插入的图片，按住鼠标左键并拖曳，将插入的图片分散横向排列，如下图所示。

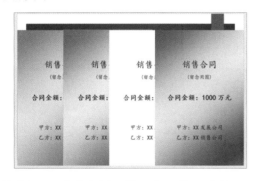

第2步 同时选中插入的4张图片，选择【图片格式】选项卡下的【对齐】下拉按钮，在弹出的下拉列表中选择【横向分布】选项，

如下图所示。

第3步 选择的图片即可在横向上等分对齐排列，如下图所示。

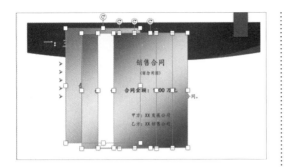

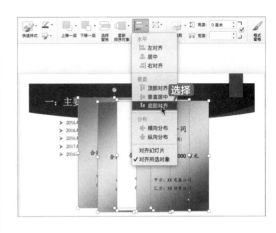

第4步 选择【图片格式】选项卡下的【对齐】下拉按钮，在弹出的下拉列表中选择【底部对齐】选项，如下图所示。

第5步 图片即可按照底端对齐的方式整齐排列，如下图所示。

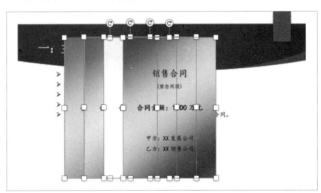

11.6.3 调整图片大小

在述职报告中，确定图片和文本框的排列方案之后，需要调整图片的大小来适应幻灯片的页码，具体操作步骤如下。

第1步 同时选中演示文稿中的图片，把鼠标指针放在任一图片4个角的控制点上，按住鼠标左键并拖曳，即可更改图片的大小，如下图所示。

第2步 选择【图片格式】选项卡下的【对齐】下拉按钮，在弹出的下拉列表中选择【横

向分布】选项，如下图所示。

第3步 即可把图片平均分布到幻灯片中，如下图所示。

第4步 最后分别拖曳图片，将图片移动至合适的位置，最终效果如下图所示。

11.6.4 为图片设置样式

用户可以为插入的图片设置边框、图片版式等样式，使述职报告更加美观，具体操作步骤如下。

第1步 同时选中插入的图片，单击【图片格式】选项卡下的【其他】按钮，在弹出的下拉列表中选择【棱台亚光，白色】选项，如下图所示。

第2步 即可改变图片的样式，如下图所示。

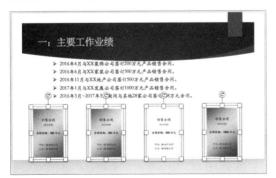

第3步 单击【图片格式】选项卡下的【图片边框】下拉按钮，在弹出的下拉列表中选择【粗细】→【1 磅】选项，如下图所示。

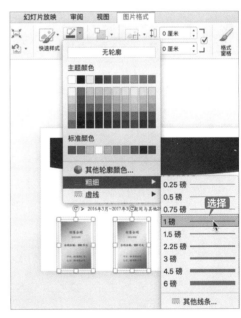

第4步 即可更改图片边框的粗细，如下图所示。

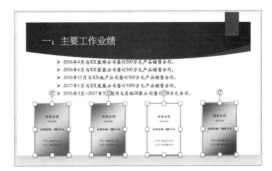

第5步 单击【图片格式】选项卡下的【图片边框】下拉按钮，在弹出的下拉列表中，选择【主题颜色】→【紫色，强调文字颜色 6，深色 50%】选项，如下图所示。

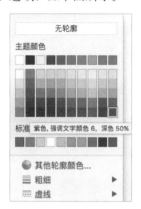

第6步 即可更改图片的边框颜色，如下图所示。

第7步 单击【图片格式】选项卡下的【图片效果】下拉按钮，在弹出的下拉列表中依次选择【阴影】→【外部】→【向右偏移】选项，如下图所示。

第8步 完成设置图片样式的操作，最终效果如下图所示。

11.6.5 为图片添加艺术效果

对插入的图片进行更正、调整等艺术效果的编辑，可以使图片更好地融入述职报告的氛围中，具体操作步骤如下。

第1步 选中一张插入的图片，单击【图片格式】选项卡下的【更正】下拉按钮，在弹出的下拉列表中选择【亮度：0%（正常）对比度：−20%】选项，如下图所示。

第2步 即可改变图片的锐化／柔化及亮度／对比度，如下图所示。

第3步 单击【图片格式】选项卡下的【颜色】下拉按钮，在弹出的下拉列表中选择【饱和度：200%】选项，如下图所示。

第4步 即可改变图片的色调色温，如下图所示。

第5步 单击【图片格式】选项卡下的【艺术效果】下拉按钮，在弹出的下拉列表中选择【影印】选项，如下图所示。

第6步 即可为图片添加艺术效果，如下图所示。

第7步 重复上述操作步骤，为其他图片添加艺术效果，如下图所示。

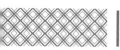
11.7 添加数据表格

在 PowerPoint 2016 中可以插入表格使述职报告中要传达的信息更加简单明了，并可以为插入的表格设置表格样式。

11.7.1 插入表格

在 Microsoft PowerPoint 中插入表格的方法包括利用菜单命令插入表格、利用对话框插入表格和绘制表格 3 种。

1. 利用菜单命令插入表格

利用菜单命令插入表格是最常用的插入表格的方式。利用菜单命令插入表格的具体操作步骤如下。

第1步 选择第 6 张幻灯片页面，单击【插入】选项卡下的【表格】按钮，在插入表格区域中选择要插入表格的行数和列数，如下图所示。

第2步 释放鼠标左键即可在幻灯片中创建 7 行 5 列的表格，如下图所示。

第3步 打开随书光盘中的"素材 \ch11\ 团队建设 .txt"文件，把内容复制到表格中，如下图所示。

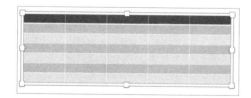

第4步 选中第一行的第 2 列～第 5 列的单元格区域，如下图所示。

职务	成员			
销售经理	王XX			
销售副经理	李XX、马XX			
	组长	组员		
销售一组	刘XX	段XX	郭XX	吕XX
销售二组	冯XX	张XX	朱XX	毛XX
销售三组	周XX	赵XX	卫XX	徐XX

第5步 单击【布局】选项卡下的【合并单元格】按钮，如下图所示。

第6步 即可合并选中的单元格，如下图所示。

职务	成员			
销售经理	王XX			
销售副经理	李XX、马XX			
	组长	组员		
销售一组	刘XX	段XX	郭XX	吕XX
销售二组	冯XX	张XX	朱XX	毛XX
销售三组	周XX	赵XX	卫XX	徐XX

第7步 单击【布局】选项卡下的【居中】按钮，即可使文字居中显示，如下图所示。

职务	成员			
销售经理	王XX			
销售副经理	李XX、马XX			
	组长	组员		
销售一组	刘XX	段XX	郭XX	吕XX
销售二组	冯XX	张XX	朱XX	毛XX
销售三组	周XX	赵XX	卫XX	徐XX

第8步 重复上述操作步骤，根据表格内容合

并需要合并的单元格，如下图所示。

职务	成员			
销售经理	王XX			
销售副经理	李XX、马XX			
	组长	组员		
销售一组	刘XX	段XX	郭XX	吕XX
销售二组	冯XX	张XX	朱XX	毛XX
销售三组	周XX	赵XX	卫XX	徐XX

2. 利用【插入表格】对话框插入表格

用户还可以利用【插入表格】对话框来插入表格，具体操作步骤如下。

第1步 将光标定位至需要插入表格的位置，单击【插入】选项卡下的【表格】下拉按钮，在弹出的下拉列表中选择【插入表格】选项，如下图所示。

第2步 弹出【插入表格】对话框，分别在【行数】和【列数】微调框中输入行数和列数，单击【确定】按钮，即可插入一个表格，如下图所示。

11.7.2 设置表格的样式

在 Microsoft PowerPoint 中可以设置表格的样式，使述职报告看起来更加美观，具体操作步骤如下。

第1步 选择表格，单击【表设计】选项卡下【表格样式】组中的【其他】按钮，在弹出的下拉列表中选择【中度样式 2- 强调 5】选项，如下图所示。

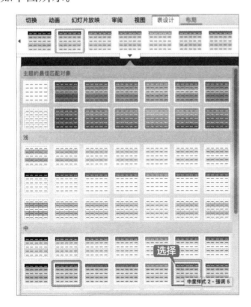

第2步 更改表格样式后的效果如下图所示。

职务	成员			
销售经理	王XX			
销售副经理	李XX、马XX			
	组长	组员		
销售一组	刘XX	段XX	郭XX	吕XX
销售二组	冯XX	张XX	朱XX	毛XX
销售三组	周XX	赵XX	卫XX	徐XX

第3步 单击【表设计】选项卡下的【效果】下拉按钮，在弹出的下拉列表中选择【阴影】→【内部居中】选项，如下图所示。

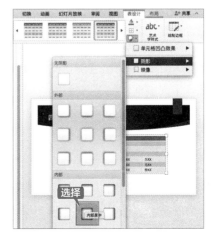

第4步 设置阴影后的效果如下图所示。

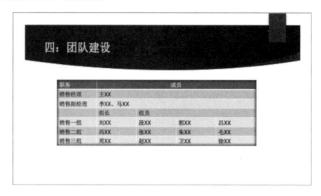

11.8 使用艺术字作为结束页

艺术字与普通文字相比，有更多的颜色和形状可以选择，表现形式更加多样化，在述职报告中插入艺术字可以达到锦上添花的效果。

11.8.1 插入艺术字

在 Microsoft PowerPoint 中插入艺术字作为结束页的结束语，具体操作步骤如下。

第1步 选择最后一张幻灯片，单击【插入】选项卡下的【艺术字】下拉按钮，在弹出的下拉列表中选择一种艺术字样式，如下图所示。

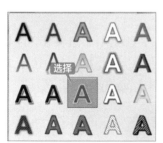

第2步 文档中即可弹出【请在此放置您的文字】艺术字文本框，如下图所示。

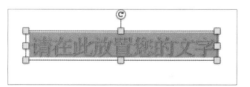

第3步 删除艺术字文本框中的文字并输入"谢谢！"，如下图所示。

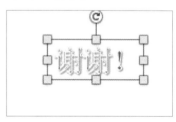

第4步 选中艺术字，调整艺术字的边框，当鼠标指针变为＋形状时，拖曳鼠标，即可改变文本框的大小。使艺术字处于文档的正中位置，如下图所示。

第5步 选中艺术字，在【开始】选项卡下设置艺术字的【字号】为【96】，如下图所示。

第6步 设置字号后的效果如下图所示。

11.8.2 更改艺术字样式

插入艺术字之后，可以更改艺术字的样式，使述职报告更加美观，具体操作步骤如下。

第1步 选中艺术字，单击【形状格式】选项卡下的【文本效果】下拉按钮 A 文本效果▼ ，在弹出的下拉列表中选择【阴影】→【左下斜偏移】选项，如下图所示。

第2步 为艺术字添加阴影的效果如下图所示。

第3步 选中艺术字，单击【形状格式】选项卡下的【文本效果】下拉按钮 A 文本效果▼ ，在弹出的下拉列表中选择【映像】→【紧密映像，4pt 偏移量】选项，如下图所示。

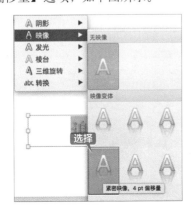

第4步 为艺术字添加映像的效果如下图所示。

第5步 单击【形状格式】选项卡下的【形状填充】下拉按钮 ，在弹出的下拉列表中选择【紫色，强调文字颜色 6，深色 50%】选项，如下图所示。

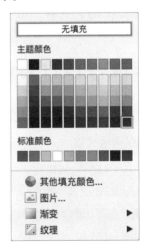

第6步 单击【形状格式】选项卡下的【形状填充】下拉按钮 ，在弹出的下拉列表中选择【渐变】→【深色变体】→【线性向下】选项，如下图所示。

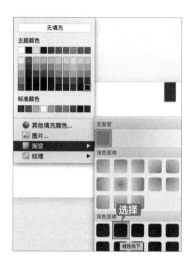

第7步 单击【形状格式】选项卡下的【形状效果】下拉按钮 ，在弹出的下拉列表中选择【阴影】→【外部】→【左下斜偏移】选项，如下图所示。

第8步 单击【形状格式】选项卡下的【形状效果】下拉按钮 ，在弹出的下拉列表中选择【映像】→【映像变体】→【半映像，8pt 偏移量】选项，如下图所示。

第9步 艺术字样式设置效果如下图所示。

11.9 保存设计好的演示文稿

个人述职报告演示文稿设计完成之后，需要进行保存。保存演示文稿有以下几种方法。

1. 保存演示文稿

保存演示文稿的具体操作步骤如下。

第1步 在 PowerPoint 菜单中选择【文件】→【保存】选项，在弹出的界面中单击【存储为】文本框右侧的 按钮，如下图所示。

第2步 在弹出的下拉列表中，选择文件要保

存的位置，在【存储为】文本框中输入 "述职报告"，并单击【存储】按钮，即可保存演示文稿，如下图所示。

首次保存演示文稿时，单击快速访问工具栏中的【保存】按钮或按【Command+S】组合键，都会弹出保存界面，然后按照上面的操作步骤保存新文档。

保存已经保存过的文档时，可以直接单击【快速访问】工具栏中的【保存】按钮、选择【文件】→【保存】命令或按【Command+S】组合键都可快速保存文档。

第 2 步 在弹出的界面中单击【存储为】文本框右侧的 ☑ 按钮，在弹出的下拉列表中，选择文件要保存的位置，在【存储为】文本框中输入 "述职报告"，单击【存储】按钮，即可保存演示文稿，如下图所示。

2. 另存演示文稿

如果需要将述职报告演示文稿另存至其他位置或以其他的名称另存，可以使用【另存为】命令。将演示文稿另存的具体操作步骤如下。

第 1 步 已保存过的演示文稿，在 PowerPoint 菜单中选择【文件】→【另存为】选项，如下图所示。

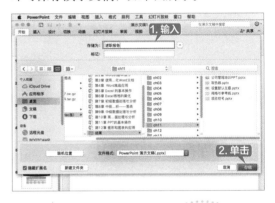

举一
反三

设计公司管理培训 PPT

与个人述职报告类似的演示文稿还有公司管理培训 PPT、企业发展战略 PPT 等。设计制作这类演示文稿时，都要做到内容客观、重点突出、个性鲜明，使公司能了解演示文稿的重点内容，并突出个人魅力。下面就以设计公司管理培训 PPT 为例进行介绍。

第 1 步 新建演示文稿

新建空白演示文稿，为演示文稿应用主题，并设置演示文稿的显示比例，如下图所示。

第 2 步 新建幻灯片

新建幻灯片，并在幻灯片中输入文本，设置字体格式、段落对齐方式、段落缩进等，如下图所示。

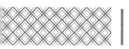

第3步 添加项目符号，进行图文混排

为文本添加项目符号与编号，并插入图片，为图片设置样式，添加艺术效果，如下图所示。

第4步 添加数据表格，并插入艺术字做结束页

插入表格，并设置表格的样式。插入艺术字，对艺术字的样式进行更改。并保存设计好的演示文稿，如下图所示。

◇ 将常用的主题设置为默认主题

将常用的主题设置为默认主题，可以提高操作效率，具体操作步骤如下。

第1步 打开"素材\ch11\自定义模板.pot"文件。单击【设计】选项卡下的【其他】按钮，在弹出的下拉列表中选择【保存当前主题】选项，如下图所示。

第2步 在弹出的界面的【导出为】文本框中输入"公司模板.thmx"，单击【存储】按钮，如下图所示。

第3步 单击【设计】选项卡下的【其他】按钮，在弹出的下拉面板中的【自定义】选项组下的【公司模板】选项中右击，在弹出的快捷菜单中选择【设置为默认主题】命令，即可更改默认主题，如下图所示。

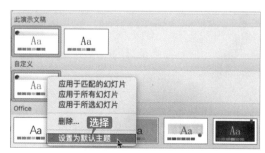

第12章

图形和图表的应用

本章导读

在职业生活中，会遇到包含自选图形、SmartArt 图形和图表的演示文稿，如产品营销推广方案、设计企业发展战略 PPT、个人述职报告、设计公司管理培训 PPT 等，使用 Microsoft PowerPoint 提供的自定义幻灯片母版、插入自选图形、插入 SmartArt 图形、插入图表、添加动画效果等操作，可以方便地对这些包含图形图表的幻灯片进行设计制作。

思维导图

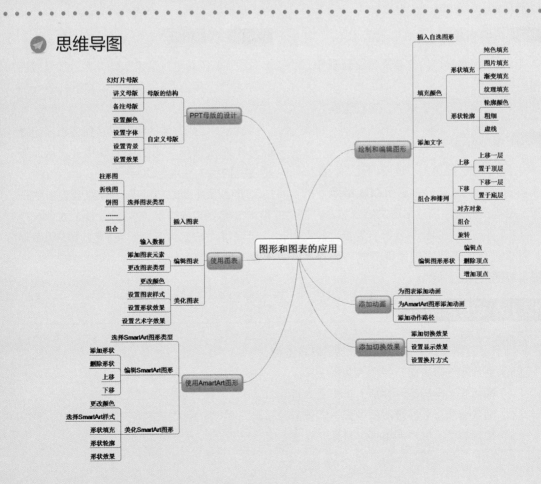

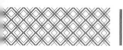
12.1 产品营销推广方案

设计产品营销推广方案 PPT 要做到内容客观、重点突出、气氛相融，便于领导更好地阅览方案的内容。

实例名称：制作产品营销推广方案	
实例目的：学习图形和图表的应用	
素材	素材 \ch12\ 市场背景 .txt
结果	结果 \ch12\ 产品营销推广方案 .pptx
录像	录像 \12 第 12 章

12.1.1 案例概述

产品营销推广方案是一个以销售为目的的计划，是在市场销售和服务之前，为了达到预期的销售目标而进行的各种销售促进活动的整体性策划。一份完整的营销方案应至少包括三方面的主题，即基本问题、项目市场优劣势和解决问题的方案。设计产品营销推广方案时，需要注意以下几点。

1. 内容客观

（1）要围绕推广的产品进行设计制作，紧扣内容。

（2）必须基于事实依据，客观实在。

2. 重点突出

（1）现在已经进入"读图时代"，图形是人类通用的视觉符号，它可以吸引读者的注意，在推广方案中要注重图文结合。

（2）图形图片的使用要符合宣传页的主题，可以进行加工提炼来体现形式美，并产生强烈鲜明的视觉效果。

3. 气氛相融

（1）色彩可以渲染气氛，并且加强版面的冲击力，用以烘托主题，容易引起公众的注意。

（2）推广方案的色彩要从整体出发，并且各个组成部分之间的色彩要相关，从而形成主题内容的基本色调。

产品营销推广方案属于企业管理中的一种，气氛要与推广的产品相符合。本章以产品营销推广方案为例介绍在 PPT 中应用图形和图表的操作。

12.1.2 设计思路

设计产品营销推广方案时可以按以下思路进行。

（1）制作宣传页页面，并插入背景图片。

（2）插入艺术字标题，并插入正文文本框。

（3）插入图片，放在合适的位置，调整图片布局，并对图片进行编辑、组合。

（4）添加表格，并对表格进行美化。

（5）使用自选图形为标题，添加自选图形为背景。

（6）根据插入的表格添加折线图，来表示活动力度。

（7）为内容页添加动画效果，为幻灯片添加切换效果。

12.1.3 涉及知识点

本案例主要涉及以下知识点。

（1）设计母版的结构。

（2）插入艺术字。

（3）插入图片。

（4）插入表格。

（5）插入自选图形。

（6）插入图表。

（7）添加动画效果。

（8）添加切换效果。

12.2 PPT 母版的设计

幻灯片母版与幻灯片模板相似，用于设置幻灯片的样式，可制作演示文稿中的背景、颜色主题和动画等。

12.2.1 认识母版的结构

演示文稿的母版视图包括幻灯片母版、讲义母版、备注母版 3 种类型；包含标题样式和文本样式。进入母版视图的具体操作步骤如下。

第1步 启动 Microsoft PowerPoint，弹出如下图所示的界面，选择【空白演示文稿】选项，单击【创建】按钮。

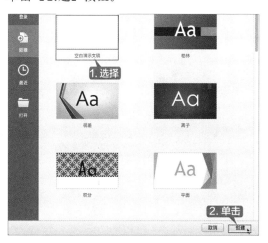

第2步 即可新建空白演示文稿，如下图所示。

第3步 单击快速访问工具栏中的【保存】按钮，弹出保存界面，单击【存储为】文本框右侧的 按钮，如下图所示。

第4步 在弹出的下拉列表中，选择文件要保存的位置，在【存储为】文本框中输入 "产品营销推广方案"，并单击【存储】按钮，即可保存演示稿，如下图所示。

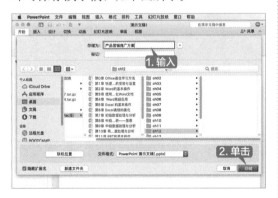

第5步 单击【视图】选项卡下的【幻灯片母版】按钮 ，即可进入幻灯片母版视图，如下图所示。

第6步 在幻灯片母版视图中，主要包括左侧的幻灯片窗口和右侧的幻灯片母版编辑区域，在幻灯片母版编辑区域中包含页眉、页脚、标题与文本框，如下图所示。

12.2.2 自定义母版

自定义母版模板可以为整个演示文稿设置相同的颜色、字体、背景和效果等，具体操作步骤如下。

第1步 在左侧的幻灯片窗格中选择第1张幻灯片，单击【插入】选项卡下的【图片】下拉按钮，在弹出的下拉列表中选择【来自文件的图片】选项，如右图所示。

第2步 弹出【插入图片】对话框，选择"背景1.jpg"文件，单击【插入】按钮，如下图所示。

第3步 图片即可插入到幻灯片母版中，如下图所示。

第4步 把鼠标指针移到图片的4个角的控制点上，当鼠标指针变为 ↖ 形状时拖曳图片右下角的控制点，把图片放大到合适的大小，如下图所示。

第5步 在幻灯片上右击，在弹出的快捷菜单中选择【置于底层】→【置于底层】命令，

如下图所示。

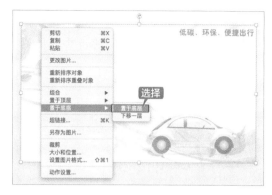

第6步 即可把图片置于底层，使文本占位符显示出来，如下图所示。

第7步 选中幻灯片标题中的文字，单击【开始】选项卡下的【字体】文本框右侧的下拉按钮，在弹出的下拉列表中选择【华文行楷】选项，如下图所示。

第8步 在【字号】文本框中，输入字号"46"，按【Enter】键，完成设置字号的操作，如下图所示。

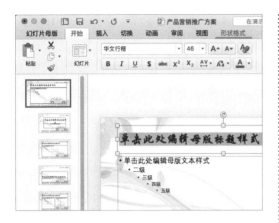

第9步 再次单击【插入】选项卡下的【图片】下拉按钮，在弹出的下拉列表中选择【来自文件的图片】选项，在弹出的界面中选择"背景2.png"文件，单击【插入】按钮，将图片插入到演示文稿中，如下图所示。

第10步 选择插入的图片，当鼠标指针变为形状时，按住鼠标左键将其拖曳到合适的位置，释放鼠标左键，如下图所示。

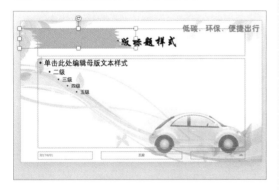

第11步 在标题文本框上右击，在弹出的快捷菜单中选择【置于顶层】→【置于顶层】命令，使图片位于文本框的下面，如下图所示。

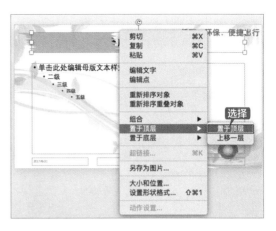

第12步 根据需要调整标题文本框的位置，如下图所示。

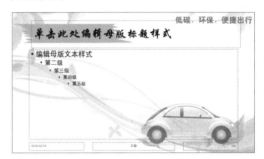

第13步 在幻灯片窗格中，选择第2张幻灯片，在【幻灯片母版】选项卡下，选中【隐藏背景图形】复选框，隐藏背景图形，如下图所示。

第14步 单击【插入】选项卡下的【图片】下拉按钮，在弹出的下拉列表中选择【来自文件的图片】选项，在弹出的界面中选择"背景3.jpg"图片，单击【插入】按钮，即可使图片插入到幻灯片中，如下图所示。

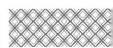

第15步 根据需要调整图片的大小，并将插入的图片置于底层。完成自定义幻灯片母版的操作，如下图所示。

第16步 单击【幻灯片母版】选项卡下的【关闭母版视图】按钮，关闭母版视图，返回至普通视图，如下图所示。

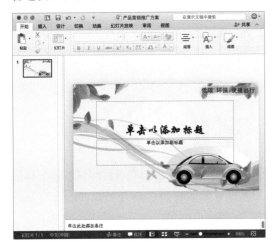

在插入自选图形之前，首先需要制作产品营销推广方案的首页、目录页和市场背景

页面，具体操作步骤如下。

第1步 在首页幻灯片中，删除所有的文本占位符。

第2步 单击【插入】选项卡下的【艺术字】下拉按钮，在弹出的下拉列表中选择一种艺术字样式，如下图所示。

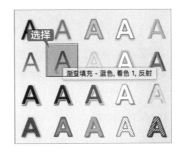

第3步 即可在幻灯片页面插入【请在此放置您的文字】艺术字文本框，如下图所示。

第4步 删除艺术字文本框中的文字，输入"XX电动车营销推广方案"，如下图所示。

第5步 选中艺术字，单击【形状格式】选项卡下的【文本填充】下拉按钮，在弹出的下拉列表中选择【绿色】选项，如下图所示。

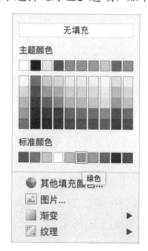

第6步 单击【形状格式】选项卡下的【文本效果】下拉按钮，在弹出的下拉列表中选择【映像】→【紧密映像，接触】选项，如下图所示。

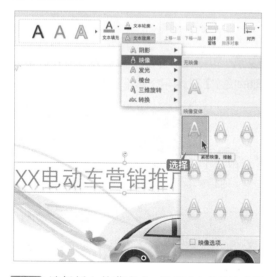

第7步 选择插入的艺术字，设置【字体】为"楷体"，【字号】为"66"，然后将鼠标指针放在艺术字的文本框上，按住鼠标左键并拖曳至合适位置，释放鼠标左键，即可完成对艺术字位置的调整，如下图所示。

第8步 重复上述操作步骤，插入制作部门与日期文本。并单击【开始】选项卡下的【右对齐】按钮，使艺术字右对齐显示，如下图所示。

第9步 下面制作目录页，单击【开始】选项卡下的【新建幻灯片】下拉按钮，在弹出的下拉列表中选择【标题和内容】选项，如下图所示。

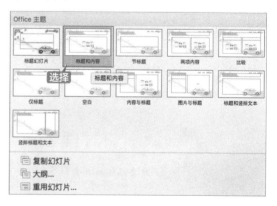

第10步 新建【标题和内容】幻灯片，在标题文本框中输入"目录"并修改标题文本框的大小，如下图所示。

第11步 选择"目录"文本，单击【开始】选项卡下的【居中】按钮，使标题居中显示，如下图所示。

第12步 重复上面的操作步骤，在文档文本框中输入相关内容。并设置【字体】为"楷体"，【字号】为"28"，【字体颜色】为"绿色"。完成目录页的制作，最终效果如下图所示。

第13步 制作"市场背景"幻灯片页面，新建【仅标题】幻灯片，在【标题】文本框中输入"市场背景"文本，如下图所示。

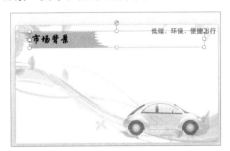

第14步 打开随书光盘中的"素材\ch12\市场背景.txt"文件，把文本内容复制粘贴到"市场背景"幻灯片中，如下图所示。

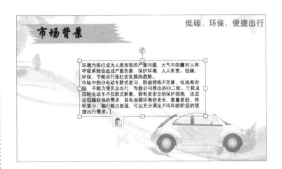

第15步 并设置文本的【字体】为"华文楷体"，【字号】为"20"，【字体颜色】为"绿色"，并设置【行距】为"1.5倍行距"，如下图所示。

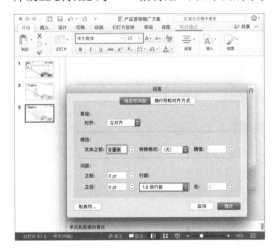

第16步 完成"市场背景"幻灯片页面的制作，最终效果如下图所示。

12.3 绘制和编辑图形

在产品营销推广方案演示文稿中，绘制和编辑图形可以丰富演示文稿的内容，美化演示文稿。

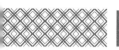

12.3.1 插入自选图形

在制作产品营销推广方案时，需要在幻灯片中插入自选图形，具体操作步骤如下。

第1步 单击【开始】选项卡下的【新建幻灯片】下拉按钮，在弹出的下拉列表中选择【仅标题】选项，新建一张幻灯片，如下图所示。

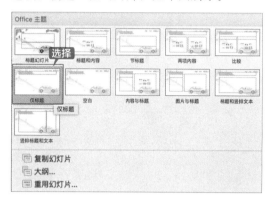

第2步 在【标题】文本框中输入"推广目的"，如下图所示。

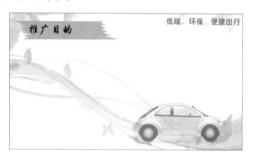

第3步 单击【插入】选项卡下的【形状】下拉按钮，在弹出的下拉列表中选择【基本形状】→【椭圆】选项，如下图所示。

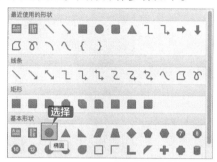

第4步 此时鼠标指针在幻灯片中的形状显示为"十"，在幻灯片绘图区空白位置处单击，确定图形的起点，按住【Shift】键的同时拖曳鼠标指针至合适位置，释放鼠标左键与【Shift】键，即可完成圆形的绘制，如下图所示。

第5步 重复第3步和第4步的操作，在幻灯片中依次绘制【椭圆】【右箭头】【六边形】及【矩形】等其他自选图形，如下图所示。

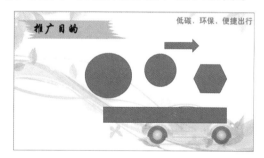

12.3.2 填充颜色

插入自选图形后，需要对插入的图形填充颜色，使图形与幻灯片氛围相融。为自选图形填充颜色的具体操作步骤如下。

第1步 选择要填充颜色的基本图形，这里选择较大的"圆形"，单击【形状格式】选项卡下的【形

状填充】下拉按钮 ![icon]，在弹出的下拉列表中选择【浅绿】选项，如下图所示。

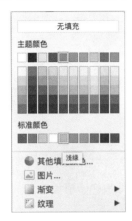

第2步 单击【形状格式】选项卡下的【形状轮廓】下拉按钮 ![icon]，在弹出的下拉列表中选择【无轮廓】选项，如下图所示。

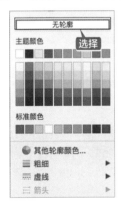

第3步 再次选择要填充颜色的基本图形，单击【形状格式】选项卡下的【形状填充】下拉按钮 ![icon]，在弹出的下拉列表中选择【绿色，个性色6，深色25%】选项，如下图所示。

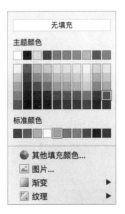

第4步 单击【形状格式】选项卡下的【形状轮廓】下拉按钮 ![icon]，在弹出的下拉列表中选择【无轮廓】选项，如下图所示。

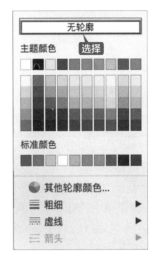

第5步 单击【形状格式】选项卡下的【形状填充】下拉按钮 ![icon]，在弹出的下拉列表中选择【渐变】→【深色变体】→【线性向左】选项，如下图所示。

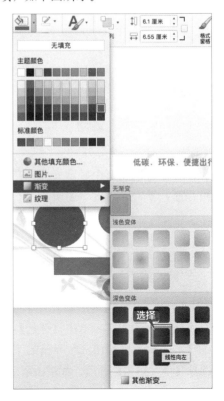

第6步 填充颜色完成后的效果如下图所示。

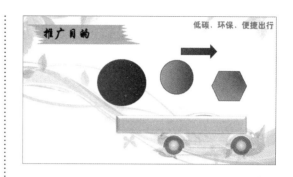

第7步 重复上述操作步骤，为其他自选图形填充颜色，效果如下图所示。

12.3.3 在图形上添加文字

设置好自选图形颜色后，可以在自选图形上添加文字，具体操作步骤如下。

第1步 选择要添加文字的自选图形并右击，在弹出的快捷菜单中选择【编辑文字】命令，如下图所示。

第2步 即可在自选图形中显示光标，在其中输入相关的文字"1"，如下图所示。

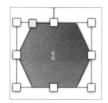

第3步 选择输入的文字，单击【开始】选项卡下的【字体】下拉按钮，在弹出的下拉列表中选择【华文楷体】选项，如下图所示。

第4步 单击【开始】选项卡下的【字号】下拉按钮，在弹出的下拉列表中选择【20】选项，如下图所示。

第5步 单击【开始】选项卡下的【字体颜色】下拉按钮，在弹出的下拉列表中选择【绿色，强调文字颜色6，深色50%】选项，如下图所示。

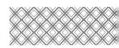

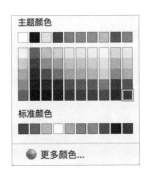

第6步 重复上述操作步骤，选择【矩形】自选图形并右击，在弹出的下拉列表中选择【编辑文字】选项，输入文字"消费群快速认知新产品的功能、效果"，并设置字体格式，如下图所示。

第7步 在图形上添加文字并设置文字格式的效果如下图所示。

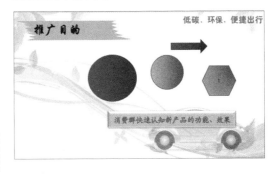

12.3.4 图形的组合和排列

用户绘制自选图形与编辑文字之后要对图形进行组合与排列，使幻灯片更加美观，具体操作步骤如下。

第1步 选择要进行排列的图形，按住【Shift】键再次选择另一个图形,同时选中这两个图形,如下图所示。

第2步 单击【形状格式】选项卡下的【对齐】下拉按钮，在弹出的下拉列表中选择【右对齐】选项，如下图所示。

第3步 使选中的图形靠右对齐，如下图所示。

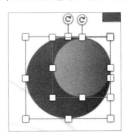

第4步 再次单击【形状格式】选项卡下的【对齐】下拉按钮，在弹出的下拉列表中选择【垂直居中】选项，如下图所示。

第5步 使选中的图形靠右并垂直居中对齐，如下图所示。

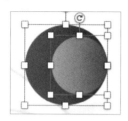

第6步 单击【形状格式】选项卡下的【组合】下拉按钮，在弹出的下拉列表中选择【组合】选项，如下图所示。

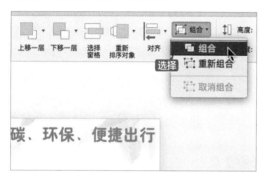

第7步 即可使选中的两个图形进行组合。拖曳鼠标，把图形移动到合适的位置，如下图所示。

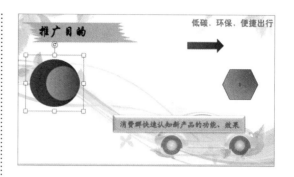

｜提示｜:::::::

如果要取消组合，再次选择【形状格式】选项卡下的【组合】下拉按钮，在弹出的下拉列表中选择【取消组合】选项，即可取消已组合的图形，如下图所示。

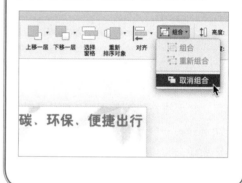

12.3.5 绘制不规则的图形——编辑图形形状

在绘制图形时，通过编辑图形的顶点来编辑图形，具体操作步骤如下。

第1步 选择要编辑的小圆形自选图形，单击【形状格式】选项卡下的【编辑形状】下拉按钮，在弹出的下拉列表中选择【编辑点】选项，如下图所示。

第2步 即可看到选择图形的顶点处于可编辑的状态，如下图所示。

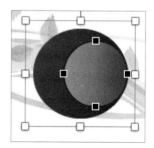

第3步 将鼠标指针放置在图形的一个顶点上，向上或向下拖曳至合适位置处释放鼠标左键，即可对图形进行编辑操作，如下图所示。

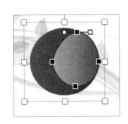

第4步 使用同样的方法编辑其余的顶点，如下图所示。

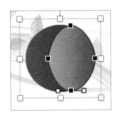

第5步 编辑完成后，在幻灯片空白位置单击即可完成对图形顶点的编辑，如下图所示。

第6步 重复上述操作，为其他自选图形编辑顶点，如下图所示。

第7步 调整颜色，并在【格式】选项卡下的【形状样式】组中为自选图形填充渐变色，如下图所示。

第8步 使用同样的方法插入新的【椭圆】形状。并根据需要设置填充颜色与渐变颜色，如下图所示。

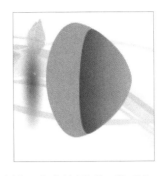

第9步 选择一个自选图形，按【Command】键再选择其余的图形，并释放鼠标左键与【Command】键，如下图所示。

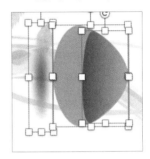

第10步 单击【形状格式】选项卡下的【组合】下拉按钮 组合▾，在弹出的下拉列表中选择【组合】选项，如下图所示。

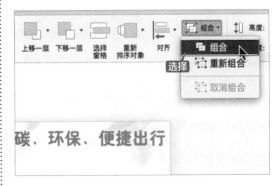

第11步 即可将选中的所有图形组合为一个图形，如下图所示。

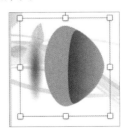

第12步 选中插入的【右箭头】形状，将其拖曳至合适的位置，如下图所示。

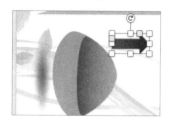

第13步 将鼠标指针放在图形上方的【旋转】按钮上，按住鼠标左键向左拖曳，为图形设置合适的角度，旋转完成，释放鼠标左键即可，如下图所示。

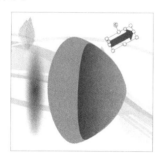

第14步 选择插入的【六边形】形状，将其拖曳到【矩形】形状的上方，如下图所示。

第15步 同时选中【六边形】形状与【矩形】形状，选择【形状格式】选项卡下【排列】组中的【组合】下拉按钮 ，在弹出的下拉列表中选择【组合】选项，如下图所示。

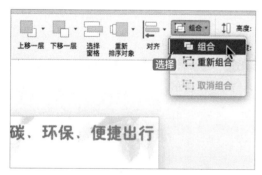

第16步 即可组合选中的形状，如下图所示。

第17步 调整组合后的图形至合适的位置，如下图所示。

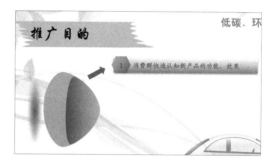

第18步 选择【右箭头】形状与组合后的形状，并对其进行复制粘贴，如下图所示。

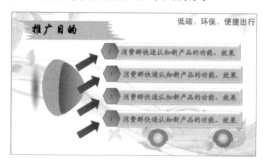

第19步 调整【右箭头】形状的角度，并移动至合适的位置，如下图所示。

第20步 更改图形中的内容，就完成了推广目的幻灯片页面的制作，如下图所示。

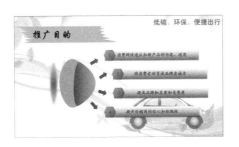

第 21 步 新建【仅标题】幻灯片页面，并在【标题】文本框中输入"前期调查"，如下图所示。

第 22 步 重复上述操作，在【前期调查】幻灯片页面中添加文字并设置文字格式，如下图所示。

第 23 步 插入【椭圆】形状与【矩形】形状，并为插入的图形填充颜色并设置图形效果，如下图所示。

第 24 步 在【矩形】图形上添加文字，并复制调整图形，如下图所示。

第 25 步 修改复制后图形中的文字，制作完成的前期调查幻灯片页面效果如下图所示。

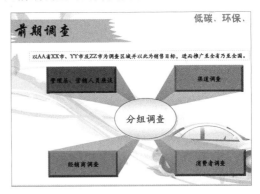

12.4 使用 SmartArt 图形展示推广流程

SmartArt 图形是信息和观点的视觉表示形式。可以在多种不同的布局中创建 SmartArt 图形。SmartArt 图形主要应用在创建组织结构图、显示层次关系、演示过程或者工作流程的各个步骤或阶段、显示过程、程序或其他事件流，以及显示各部分之间的关系等方面。配合形状的使用，可以制作出更精美的演示文稿。

12.4.1 选择 SmartArt 图形类型

SmartArt 图形主要分为列表、流程、循环、层次结构、关系、矩阵、棱锥图和图片等几大类。

创建 SmartArt 图形的具体操作步骤如下。

第1步 单击【开始】选项卡下的【新建幻灯片】按钮，在弹出的下拉列表中选择【仅标题】选项，如下图所示。

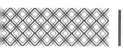

第2步 在【标题】文本框中输入"产品定位"文本，如下图所示。

第3步 单击【插入】选项卡下的【SmartArt】按钮，如下图所示。

第4步 在弹出的下拉列表中选择【图片】→【六边形群集】选项，如下图所示。

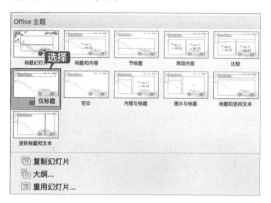

第5步 即可将选择的 SmartArt 图形插入到"产品定位"幻灯片页面中，如下图所示。

第6步 将鼠标指针放置在 SmartArt 图形上方，按住鼠标左键并拖曳可以调整 SmartArt 图形的位置，如下图所示。

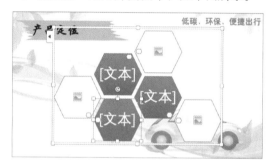

第7步 单击 SmartArt 图形左侧的【图片】按钮，在弹出的界面中选择要插入图片的位置，如下图所示。

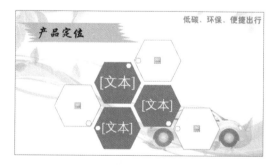

第8步 选择要插入的图片，单击【插入】按钮，如下图所示。

第9步 即可把图片插入到 SmartArt 图形中，如下图所示。

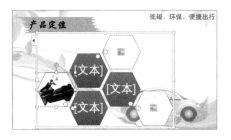

第10步 重复上述操作步骤插入其余的图片到 SmartArt 图形中，如下图所示。

第11步 将鼠标光标定位至第一个文本框中，在其中输入相关内容，如下图所示。

第12步 根据需要在其余的文档中输入相关文字，即可完成 SmartArt 图形的创建，如下图所示。

12.4.2 编辑 SmartArt 图形

创建 SmartArt 图形之后，用户可以根据需要来编辑 SmartArt 图形，具体操作步骤如下。

第1步 选择创建的 SmartArt 图形，单击【SmartArt 设计】选项卡下的【添加形状】下拉按钮，在弹出的下拉列表中选择【在后面添加形状】选项，如下图所示。

第2步 即可在图形中添加新的 SmartArt 形状，用户可以根据需要在新添加的 SmartArt 图形中添加图片与文本，如下图所示。

第3步 要删除多余的 SmartArt 图形时，选择要删除的图形，按【Delete】键即可删除，如下图所示。

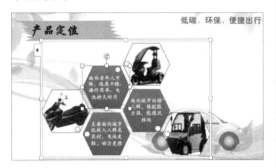

第4步 用户可以自主调整 SmartArt 图形的位置，选择要调整的 SmartArt 图形，单击【SmartArt 设计】选项卡下的【上移】按钮，即可把图形上移一个位置，如下图所示。

第5步 单击【下移】按钮，即可把图形下移一个位置，如下图所示。

第6步 单击【SmartArt 设计】选项卡下【更改布局】按钮，在弹出的下拉列表中选择【垂直图片重点列表】选项，如下图所示。

第7步 即可更改 SmartArt 图形的版式，如下图所示。

第8步 重复上述操作，把 SmartArt 图形的版式换回【六边形群集】版式，即可完成编辑 SmartArt 图形的操作，如下图所示。

12.4.3 美化 SmartArt 图形

编辑完 SmartArt 图形，还可以对 SmartArt 图形进行美化，具体操作步骤如下。

第 1 步 选择 SmartArt 图形，单击【SmartArt 设计】选项卡下的【更改颜色】按钮，如下图所示。

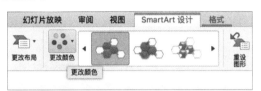

第 2 步 在弹出的下拉列表中，包含彩色、强调文字颜色 1、强调文字颜色 2、强调文字颜色 3 等多种颜色，这里选择【强调文字颜色 1】→【彩色范围 - 强调文字颜色 5 至 6】选项，如下图所示。

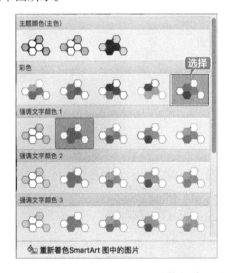

第 3 步 即可更改 SmartArt 图形的颜色，如下图所示。

第 4 步 单击【SmartArt 设计】选项卡下的【其他】按钮，在弹出的下拉列表中选择【三维】→【嵌入】选项，如下图所示。

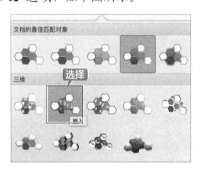

第 5 步 即可更改 SmartArt 图形的样式，如下图所示。

第 6 步 此外，还可以根据需要设计单个 SmartArt 图形的样式，选择要设置样式的图形，单击【格式】选项卡下【形状填充】下拉按钮，在弹出的下拉列表中选择一种颜色，如下图所示。

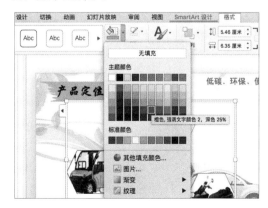

第7步 单击【形状轮廓】下拉按钮 ，在弹出的下拉列表中选择一种颜色，可以更改形状轮廓的颜色，如下图所示。

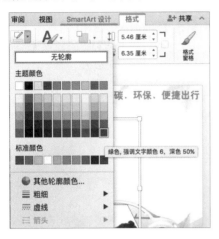

第8步 选择形状中的文本，单击【格式】选项卡下的【其他】按钮，在弹出的下拉列表中选择一种艺术字样式，如下图所示。

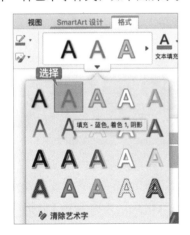

第9步 单击【开始】选项卡下的【字体】下拉按钮，在弹出的下拉列表中选择一种字体样式可以更改艺术字的字体，如下图所示。

第10步 单击【字号】下拉按钮，在弹出的下拉列表中可以设置字号，如下图所示。

第11步 单击【字体颜色】下拉按钮 ，在弹出的下拉列表中选择【白色，背景1】选项，如下图所示。

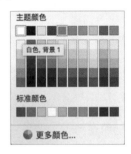

第12步 即可改变艺术字的颜色，设置SmartArt图形中字体后的效果如下图所示。

第13步 选择SmartArt图形中的图片，单击【图片格式】选项卡的【更正】下拉按钮 ，在弹出的下拉列表中选择【亮度／对比度】→【亮度：−20% 对比度：−20%】选项，如下图所示。

第14步 单击【颜色】下拉按钮 颜色·，在弹出的下拉列表中可以更改图片的颜色饱和度、色调、重新着色等。这里选择【蓝色，个性色1深色】选项，如下图所示。

第15步 单击【艺术效果】下拉按钮，在弹出的下拉列表中选择【铅笔素描】选项，如下图所示。

第16步 即可完成对 SmartArt 图形的艺术效

果设置，如下图所示。

第17步 如果要撤销设置的图片样式，可以在选择图片后，单击【图片格式】选项卡下的【重置图片】按钮，在弹出的下拉列表中选择【重置图片】选项，即可取消图片样式的设置，如下图所示。

第18步 将鼠标光标定位至设置艺术字样式后的文本中，双击【开始】选项卡下的【格式刷】按钮，将其格式应用在其他文本中，如下图所示。

第19步 按【Esc】键取消格式刷，即可完成对 SmartArt 图形的美化操作，如下图所示。

第20步 新建"仅标题"幻灯片页面，在文本

框中输入"推广理念"，并添加图形，制作完成的【推广理念】幻灯片页面效果如下图所示。

框中输入"推广渠道"，并添加图形，制作完成的【推广渠道】幻灯片页面效果如下图所示。

第21步 新建"仅标题"幻灯片页面，在文本

12.5 使用图表展示产品销售数据情况

在 Microsoft PowerPoint 中插入图表，可以使产品营销推广方案中要传达的信息更加简单明了。

12.5.1 插入图表

在产品营销推广方案中插入图表，丰富演示文稿的内容，具体操作步骤如下。

第1步 单击【开始】选项卡下的【新建幻灯片】按钮，在弹出的下拉列表中选择【仅标题】选项，如下图所示。

第2步 新建【仅标题】幻灯片页面，如下图所示。

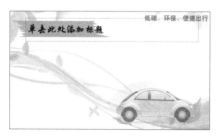

第3步 在【标题】文本框中输入"推广时间及安排"文本，如下图所示。

第4步 单击【插入】选项卡下的【表格】按钮，在弹出的下拉列表中选择【插入表格】选项，如下图所示。

第5步 弹出【插入表格】对话框，设置【列数】

为"5"，【行数】为"5"，单击【确定】按钮，如下图所示。

第6步 即可在幻灯片中插入表格，如下图所示。

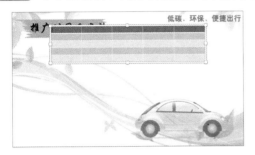

第7步 将鼠标指针放在表格上，按住鼠标左键并拖曳，即可调整表格的位置，拖曳至合适位置处释放鼠标左键，即可调整图表的位置，如下图所示。

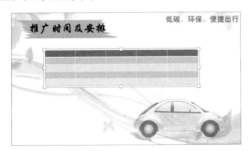

第8步 打开随书光盘中的"素材 \ch12\ 推广时间及安排 .txt"文件，根据其内容在表格中输入相应的文本，即可完成表格的创建，如下图所示。

第9步 单击【表设计】选项卡下的【其他】按钮，

在弹出的下拉列表中选择一种表格样式，如下图所示。

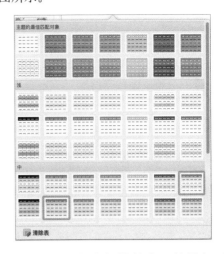

第10步 即可改变表格的样式，效果如下图所示。

第11步 选择表格第一行的文字，单击【开始】选项卡下的【字体】下拉按钮，在弹出的下拉列表中，选择【华文楷体】选项，如下图所示。

第 12 步 单击【字号】下拉按钮，在弹出的下拉列表中选择【18】选项，如下图所示。

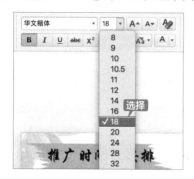

第 13 步 设置表格首行文本后的效果如下图所示。

第 14 步 重复上面的操作步骤，设置表格中其他文本的【字体】为"楷体"，【字号】为"14"，效果如下图所示。

第 15 步 选择表格，在【布局】选项卡下设置【高度】为"9.27厘米"，【宽度】为"28.2厘米"，如下图所示。

第 16 步 即可调整表格的行高与列宽，效果如下图所示。

第 17 步 再次新建【仅标题】幻灯片页面，并设置标题为"效果预期"，如下图所示。

第 18 步 插入5列4行的表格，并调整表格的位置，如下图所示。

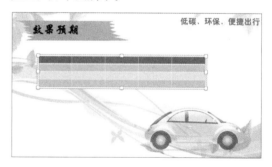

第 19 步 打开随书光盘中的"素材\ch12\效果预期.txt"文件，并把文本内容输入到表格中，如下图所示。

第20步 选择【表设计】选项卡下的【其他】按钮，在弹出的下拉列表中选择一种表格样式，如下图所示。

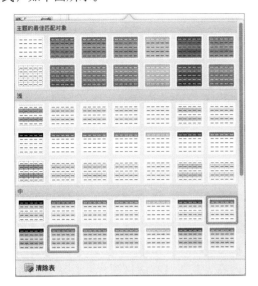

第21步 即可改变表格的样式，效果如下图所示。

第22步 设置表格中的文本格式，并调整表格的大小和位置，完成表格的插入与编辑，如下图所示。

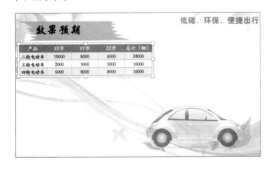

第23步 选择插入的表格，单击【插入】选项

卡下的【图表】按钮。在弹出的下拉列表中选择【柱形图】→【簇状柱形图】选项，如下图所示。

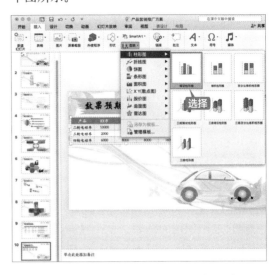

第24步 即可在幻灯片中插入图表，并打开【Microsoft PowerPoint中的图表】工作表，如下图所示。

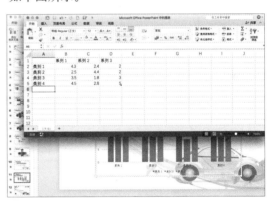

第25步 在工作表中，根据插入的表格输入相关的数据，在完成数据的输入后，拖曳鼠标选择数据源，并删除多余的内容，如下图所示。

第26步 关闭【Microsoft PowerPoint 中的图表】工作表，即可完成插入图表的操作，如下图所示。

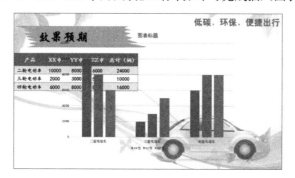

12.5.2 编辑图表

插入图表之后，可以根据需要编辑图表，具体操作步骤如下。

第1步 选择创建的图表，单击【图表设计】选项卡下的【添加图表元素】按钮，如下图所示。

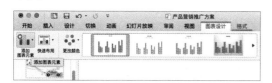

第2步 在弹出的下拉列表中选择【数据标签】→【数据标签外】命令，如下图所示。

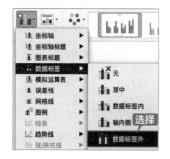

第3步 即可在图表中添加数据标签，如下图所示。

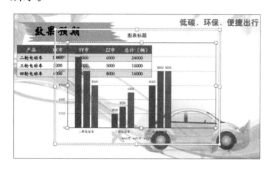

第4步 单击【图表设计】选项卡下的【添加图表元素】按钮，在弹出的下拉列表中选择【模拟运算表】→【有图例项标示】命令，如下图所示。

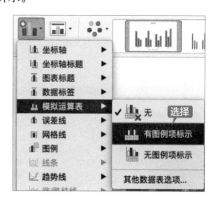

第5步 即可在图表中添加数据表，效果如下图所示。

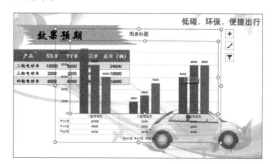

第6步 选择【图表标题】文本框，删除文本框中的内容，并输入"效果预期"文本，如下图所示。

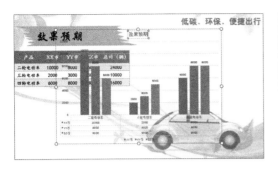

第 7 步 如果要改变图表的类型，可以单击【图表设计】选项卡下的【更改图表类型】按钮，如下图所示。

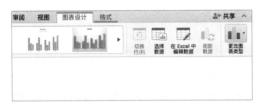

第 8 步 在弹出的下拉列表中选择要更改的图表类型，这里选择【折线图】组中的【折线图】选项，如下图所示。

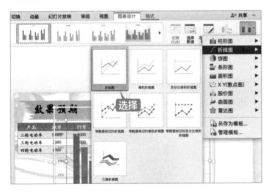

第 9 步 即可将簇状柱形图表更改为折线图图表类型，效果如下图所示。

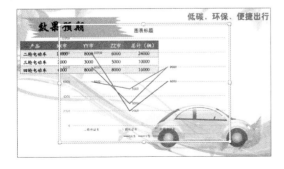

第 10 步 在图表上右击，在弹出的快捷菜单中

选择【更改图表类型】→【柱形图】→【簇状柱形图】命令，如下图所示。

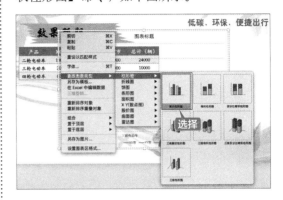

第 11 步 即可再次将图表的类型更改为【簇状柱形图】类型，如下图所示。

第 12 步 选择插入的图表，将鼠标指针放置在四周的控制点上，按住鼠标左键并拖曳至合适大小后释放鼠标左键，即可更改图表的大小，如下图所示。

第 13 步 选择插入的图表，将鼠标指针放置在图表上，按住鼠标左键并拖曳至合适的位置，释放鼠标左键即可完成移动图表的操作。编辑图表后的效果如下图所示。

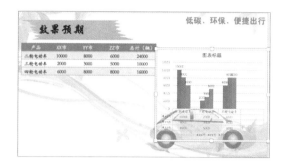

12.5.3 美化图表

编辑图表之后，用户可以根据需要美化图表，具体操作步骤如下。

第1步 选择创建的图表，单击【图表设计】选项卡下的【更改颜色】按钮，在弹出的下拉列表中根据需要选择颜色，这里选择【彩色 调色板 3】选项，如下图所示。

第2步 即可更改图表的颜色，效果如下图所示。

第3步 单击【图表设计】选项卡下的【其他】按钮，在弹出的下拉列表中选择【样式8】选项，如下图所示。

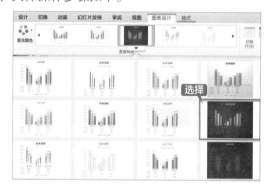

第4步 即可完成图表样式的更改，效果如下图所示。

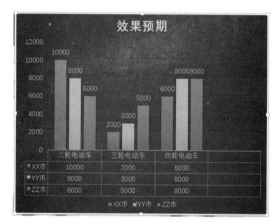

第5步 选择图表，单击【格式】选项卡下的【形状填充】下拉按钮，在弹出的下拉列表中选择【绿色，强调文字颜色6，深色25%】选项，如下图所示。

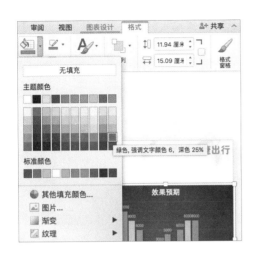

第6步 即可完成更改图表形状填充的操作，效果如下图所示。

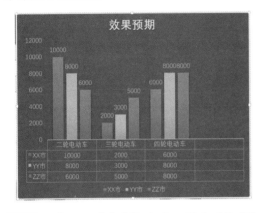

第7步 选择【图表标题】文本，单击【格式】选项卡下的【快速样式】按钮，在弹出的下拉列表中选择一种艺术字样式，如下图所示。

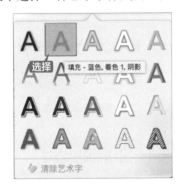

第8步 即可完成更改图表标题艺术字样式的操作，效果如下图所示。

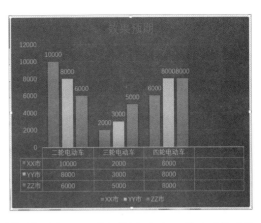

第9步 选择【图表标题】文本，单击【格式】选项卡下的【文本填充】下拉按钮，在弹出的下拉列表中选择【黑色，文字1】选项，如下图所示。

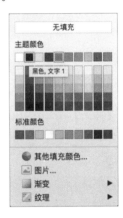

第10步 即可完成美化图表的操作，最终效果如下图所示。

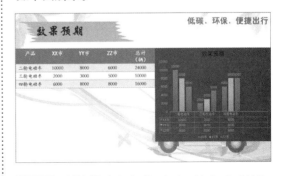

第11步 制作结束幻灯片页面，单击【开始】选项卡下的【新建幻灯片】下拉按钮，在弹出的下拉列表中选择【标题幻灯片】选项，如下图所示。

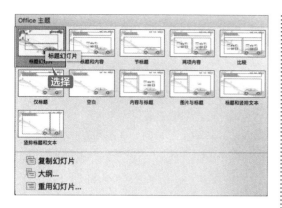

第12步 插入【标题】幻灯片页面后，删除幻灯片中的文本占位符，如下图所示。

第13步 单击【插入】选项卡下的【艺术字】按钮，在弹出的下拉列表中选择一种艺术字样式，如下图所示。

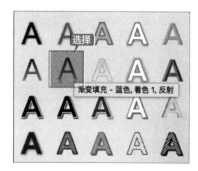

第14步 即可在幻灯片页面中添加【请在此放置您的文字】艺术字文本框，并在文本框中输入"谢谢欣赏！"，如下图所示。

第15步 选择输入的艺术字，单击【开始】选项卡下的【字体】下拉按钮，在弹出的下拉列表中选择【华文楷体】选项，如下图所示。

第16步 单击【字号】下拉按钮，在弹出的下拉列表中选择【66】选项，如下图所示。

第17步 单击【字体颜色】下拉按钮，在弹出的下拉列表中选择【绿色】选项，如下图所示。

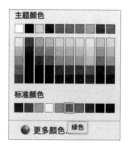

第18步 即可将艺术字的颜色设置为绿色，效

果如下图所示。

第 19 步 选择【艺术字】文本框，按住鼠标左

键将其拖曳至合适的位置释放鼠标。即可完成对产品营销推广方案结束幻灯片页面的制作，如下图所示。

12.6 为内容页添加动画

过多的文本会影响幻灯片的阅读效果，可以为文字设置逐段显示的动画效果，避免同时出现大量文字。为产品营销推广方案 PPT 文本内容添加动画效果，具体操作步骤如下。

第 1 步 选择第 3 张幻灯片，选中市场背景内容文本框，如下图所示。

第 2 步 选择【动画】选项卡下的"飞入"效果，如下图所示。

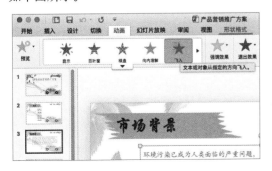

第 3 步 单击【动画】选项卡下的【效果选项】

按钮，在弹出的下拉列表中选择【按段落】选项，如下图所示。

第 4 步 即可对每个段落添加动画效果，效果如下图所示。

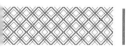

12.6.1 为图表添加动画

为图表添加合适的动画效果，可以更形象地展示图表内容。为图表添加动画效果的具体操作步骤如下。

第1步 选择第10张幻灯片，选中"效果预期"表格，如下图所示。

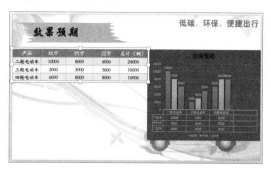

第2步 为表格添加"棋盘"动画效果，然后单击【效果选项】按钮，在弹出的下拉列表中选择【横跨】选项，如下图所示。

第3步 即可完成表格动画效果的添加，效果如下图所示。

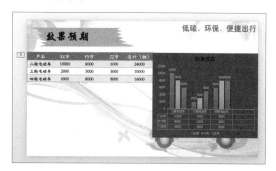

第4步 选中"效果预期"图表，为图表添加"飞入"动画效果，单击【效果选项】按钮，在弹出的下拉列表中选择【按类别】选项，如下图所示。

第5步 即可对图表中每个类别添加动画效果，效果如下图所示。

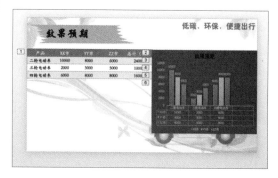

第6步 单击【动画】选项卡下的【动画窗格】按钮，弹出【动画】任务窗格，如下图所示。

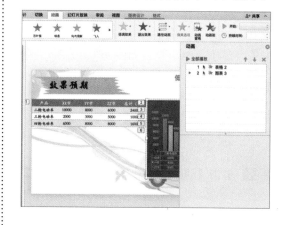

第 7 步 在任务窗格中选择【图表】动画，弹出【效果选项】【计时】【图表动画】下拉列表，在【计时】选项组中设置【开始】为"单击时"，【持续时间】为"1 秒（快速）"，【延迟】为"0.5"秒，如下图所示。

第 8 步 选择第 4 张幻灯片，使用前面的方法将图中文字和所在图片进行组合，并为幻灯片中的图形添加"飞入"效果，如下图所示。

|提示|

添加动画的过程中需要注意添加顺序，图形左上角的数字代表了动画顺序，如果想要更改顺序，可以单击【动画】选项卡下的【动画窗格】按钮，在弹出的【动画】窗格中对动画进行排序。

12.6.2 为 SmartArt 图形添加动画

为 SmartArt 图形添加动画效果可以使图形更加突出，更好地表达图形要表述的意义，具体操作步骤如下。

第 1 步 选择第 6 张幻灯片，选中 SmartArt 图形，单击【格式】选项卡下的【排列】组中的【组合】按钮，在弹出的下拉列表中选择【取消组合】选项，如下图所示。

第 2 步 SmartArt 图形变成图片格式，单击【图片格式】选项卡下的【排列】组中的【组合】按钮，在弹出的下拉列表中选择【取消组合】选项，如下图所示。

第 3 步 即可看到 SmartArt 图形中的各个形状独立出来，如下图所示。

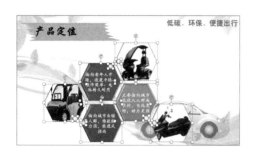

第4步 依次为各个形状添加"飞入"动画效果，

最终效果如下图所示。

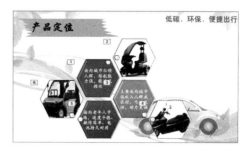

12.6.3 添加动作路径

除了对 PPT 应用动画样式外，还可以为 PPT 添加动作路径，具体操作步骤如下。

第1步 选择第8张幻灯片，选择电视报纸包含的文本和图形，如下图所示。

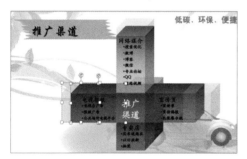

第2步 单击【动画】选项卡下的【路径动画】按钮，在弹出的下拉列表中选择【动作路径】组内的【弧】样式，如下图所示。

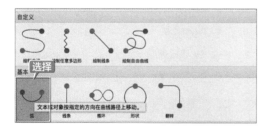

第3步 即可为所选图形和文字添加所选动作路径，效果如下图所示。

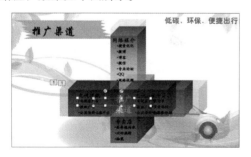

第4步 单击【效果选项】按钮，在弹出的下拉列表中选择【右】选项，如下图所示。

第5步 再次单击【效果选项】按钮，在弹出的下拉列表中选择【反转路径方向】选项，如下图所示。

第6步 即可为所选图形和文字添加动作路径，如下图所示。

第7步 将网络媒介、宣传页和专卖店图形和关联文字分别进行组合操作，效果如下图所示。

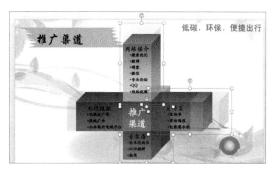

第8步 选中设置动画的图形，单击【动画】选项卡下的【动画刷】按钮★，如下图所示。

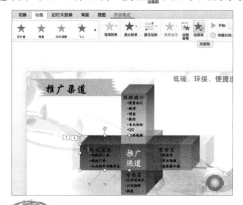

第9步 单击网络媒介图形组合，即可将所选图形应用的动画复制到公司愿景图形组合，如下图所示。

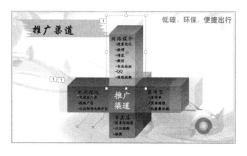

第10步 使用同样的方法将动画应用于宣传页和专卖店图形组合，如下图所示。

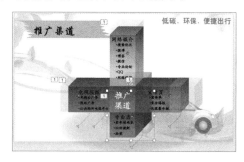

第11步 选择第11张幻灯片，对"谢谢欣赏！"文本添加"飞入"动画效果，效果如下图所示。

第12步 依次为其他的幻灯片中的内容添加动画效果。

12.7 为幻灯片添加切换效果

在幻灯片中添加幻灯片切换效果可以使切换幻灯片显得更加自然，使幻灯片各个主题的切换更加流畅。

12.7.1 添加切换效果

在商务企业宣传 PPT 各张幻灯片之间添加切换效果的具体操作步骤如下。

第1步 选择第1张幻灯片，单击【切换】选项卡下的【其他】按钮▼，在弹出的下拉列表中选择【百叶窗】样式，如下图所示。

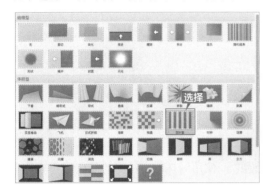

第2步 即可为第1张幻灯片添加"百叶窗"切换效果，效果如下图所示。

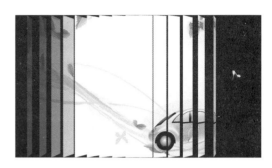

第3步 使用同样的方法可以为其他幻灯片页面添加切换效果，如下图所示。

12.7.2 设置显示效果

对幻灯片添加切换效果之后，可以更改其显示效果，具体操作步骤如下。

第1步 选择第1张幻灯片，单击【切换】选项卡下的【效果选项】按钮，在弹出的下拉列表中选择【水平】选项，如下图所示。

第2步 单击【切换】选项卡下的【声音】文本框右侧的下拉按钮，在弹出的下拉列表中选择【疾驰】选项，在【持续时间】微调框中将持续时间设置为"01.00"，如下图所示。

12.7.3 设置换片方式

对于设置了切换效果的幻灯片，可以设置幻灯片的换片方式，具体操作步骤如下。

第1步 选中【切换】选项卡下的【单击鼠标时】复选框和【自动换片间隔】复选框，在【自动换片间隔】微调框中设置自动切换时间为"01.10"，如下图所示。

第2步 单击【切换】选项卡下的【全部应用】

按钮，即可将设置的显示效果和切换效果应用到所有幻灯片，如下图所示。

至此，就完成了产品推广方案 PPT 的制作，最终效果如下图所示。

举一反三

设计企业发展战略 PPT

与产品营销推广方案类似的演示文稿还有设计企业发展战略 PPT、市场调查 PPT、年终销售分析 PPT 等。设计这类演示文稿时，可以使用自选图形、SmartArt 图形及图表等来表达幻灯片内容，不仅使幻灯片内容更丰富，还可以更直观地展示数据。下面就以设计"企业发展战略 PPT"为例进行介绍。

第 1 步　设计幻灯片母版

新建空白演示文稿并进行保存，自定义母版模板，如下图所示。

第 2 步　绘制和编辑图形

在幻灯片中插入自选图形并为图形填充颜色，在图形上添加文字，对图形进行排列，如下图所示。

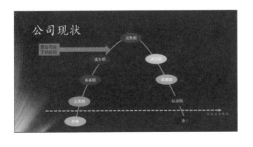

第 3 步　插入和编辑 SmartArt 图形

插入 SmartArt 图形，并进行编辑与美化，如下图所示。

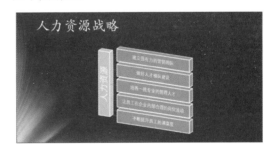

第 4 步　插入图表

在企业发展战略幻灯片中插入图表，并进行编辑与美化，如下图所示。

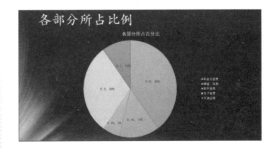

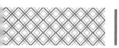

◇ 为幻灯片添加动作按钮

在幻灯片中适当添加动作按钮，可以方便地对幻灯片的播放进行操作，具体操作步骤如下。

第1步 单击【插入】选项卡下的【形状】按钮，在弹出的下拉列表中选择【动作按钮：主页】图形，如下图所示。

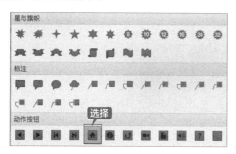

第2步 在最后一张幻灯片页面中绘制选择动作按钮自选图形，如下图所示。

第3步 绘制完成后，弹出【动作设置】对话框，选中【超链接到】单选按钮，在其下拉列表中选择【第一张幻灯片】选项，单击【确定】按钮，完成动作按钮的添加，如下图所示。

第4步 放映幻灯片至最后一页时，单击添加的动作按钮即可快速返回第一张幻灯片页面，如下图所示。

◇ 将文本转换为 SmartArt 图形

将文本转换为 SmartArt 图形是一种将现有幻灯片转换为设计插图的快速方案，可以有效地传达演讲者的想法，具体操作步骤如下。

第1步 新建空白演示文稿，删除所有的文本占位符，输入"SmartArt 图形"文本，如下图所示。

第2步 选中文本，单击【开始】选项卡下的【转换为 SmartArt】按钮，在弹出的下拉列表中选择一种 SmartArt 图形，如下图所示。

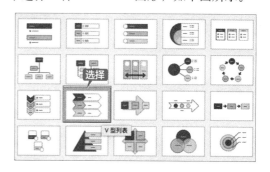

第3步 即可将文本转换为 SmartArt 图形，如下图所示。

第13章

幻灯片的放映与控制

本章导读

　　在商务办公中，完成商务会议 PPT 后，需要放映幻灯片。放映时要做好放映前的准备工作，选择 PPT 的放映方式，并要控制放映幻灯片的过程。例如，商务会议 PPT 的放映、论文答辩 PPT 的放映等，使用 Microsoft PowerPoint 提供的排练计时、自定义幻灯片放映、使用画笔来做标记等操作，可以方便地对这些幻灯片进行放映与控制。

思维导图

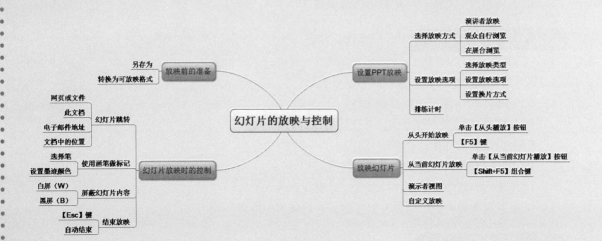

13.1 商务会议 PPT 的放映

放映商务会议 PPT 时要做到简洁清楚、重点明了，便于公众快速地接收 PPT 中的信息。

实例名称：放映商务会议 PPT	
实例目的：掌握幻灯片的放映与控制	
素材	素材 \ch13\ 商务会议 PPT.pptx
结果	结果 \ch13\ 商务会议 PPT.pptx
录像	录像 \13 第 13 章

13.1.1 案例概述

放映商务会议 PPT 时需要注意以下几点。

1. 简洁

（1）放映 PPT 时要简洁流畅，并将 PPT 中的文件打包保存，避免资料丢失。

（2）选择合适的放映方式，可以预先进行排练计时。

2. 重点明了

（1）在放映幻灯片时，对重点信息需要放大幻灯片局部进行播放。

（2）重点信息可以使用画笔来进行注释，并可以选择荧光笔来进行区分。

（3）需要观众进行思考时，要使用黑屏或白屏来屏蔽幻灯片中的内容。

商务会议 PPT 气氛以淡雅冷静为主。本章以商务会议 PPT 的放映为例介绍 PPT 放映的方法。

13.1.2 设计思路

放映商务会议 PPT 时可以按以下思路进行。

（1）做好 PPT 放映前的准备工作。

（2）选择 PPT 的放映方式，并进行排练计时。

（3）自定义幻灯片的放映。

（4）在幻灯片放映时快速跳转幻灯片。

（5）使用画笔来为幻灯片的重点信息进行标注。

（6）在需要屏蔽幻灯片内容的页码，使用黑屏与白屏。

13.1.3 涉及知识点

本案例主要涉及以下知识点。

（1）转换 PPT 格式为可放映格式。

（2）设置 PPT 放映。

（3）放映幻灯片。

（4）幻灯片放映时要控制播放过程。

13.2 放映前的准备工作

在商务会议 PPT 放映之前，要做好准备工作，将 PPT 转换为可放映格式，将 PPT 检查一遍，避免放映过程中出现错误。

将商务会议 PPT 转换为可放映格式，打开 PPT 即可进行播放，具体操作步骤如下。

第1步 打开随书光盘中的"素材 \ch13\ 商务会议 PPT.pptx"文件，在 PowerPoint 菜单中选择【文件】→【另存为】选项，如下图所示。

第2步 弹出保存界面，在【存储为】文本框中输入"商务会议 PPT"文本，单击【文件格式】文本框右侧的下拉按钮，在弹出的下拉列表中选择【PowerPoint 97-2003 放映（.pps）】选项，如下图所示。

第3步 单击【保存】按钮，如下图所示。

第4步 弹出信息提示界面，单击【仍然保存】按钮，如下图所示。

第5步 即可将 PPT 转换为可放映的格式，如下图所示。

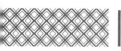

13.3 设置 PPT 放映

用户可以对商务会议 PPT 的放映进行放映方式、排练计时等设置。

13.3.1 选择 PPT 的放映方式

在 Microsoft PowerPoint 中，演示文稿的放映方式包括演讲者放映、观众自行浏览和在展台浏览 3 种。

具体演示方式的设置可以通过单击【幻灯片放映】选项卡中的【设置幻灯片放映】按钮，然后在弹出的【设置放映方式】对话框中进行放映类型、放映选项及换片方式等设置。

（1）演讲者放映。演讲者放映是指由演讲者一边讲解一边放映幻灯片，此演示方式一般用于比较正式的场合，如专题讲座、学术报告等，在本案例中也使用演讲者放映的方式。

将演示文稿的放映方式设置为演讲者放映的具体操作步骤如下。

第 1 步 打开"商务会议 PPT.pps"文件。单击【幻灯片放映】选项卡下的【设置幻灯片放映】按钮，如下图所示。

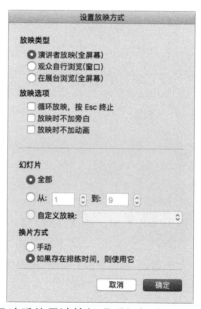

第 2 步 弹出【设置放映方式】对话框，默认设置即为演讲者放映状态，如下图所示。

（2）观众自行浏览。观众自行浏览是指由观众自己动手使用计算机观看幻灯片。如果希望让观众自己浏览多媒体幻灯片，可以将多媒体演讲的放映方式设置成观众自行浏览。

将演示文稿的放映方式设置为观众自行浏览的具体操作步骤如下。

第 1 步 单击【幻灯片放映】选项卡下的【设置幻灯片放映】按钮，弹出【设置放映方式】对话框，在【放映类型】选项区域中选中【观众自行浏览（窗口）】单选按钮；在【放映选项】选项区域选中【循环放映，按 Esc 终止】复选框；在【幻灯片】选项区域选中【从…到…】单选按钮，并在第 2 个文本框中输入"4"，设置从第 1 页到第 4 页的幻灯片放映方式为观众自行浏览；在【换片方式】选项区域选中【手动】单选按钮。

第2步 单击【确定】按钮完成设置，按【F5】键进行演示文稿的放映。这时可以看到，设置后的前 4 页幻灯片以窗口的形式出现，如下图所示。

第3步 按【Esc】键，可以将演示文稿切换到普通视图状态，如下图所示。

（3）在展台浏览。在展台浏览这一放映方式可以让多媒体幻灯片自动放映而不需要演讲者操作，例如，在展览会的产品展示等。

打开演示文稿后，在【幻灯片放映】选项卡下单击【设置幻灯片放映】按钮，在弹出的【设置放映方式】对话框的【放映类型】选项区域选中【在展台浏览（全屏幕）】单选按钮，在【幻灯片】选项区域选中【全部】单选按钮，即可将演示方式设置为在展台浏览，如下图所示。

| 提示 |

可以将展台演示文稿设置为当看完整个演示文稿或演示文稿保持闲置状态达到一段时间后，自动返回至演示文稿首页。这样，演讲者就不必一直守着展台了。

在本案例中，切换回演讲者放映的放映方式。

13.3.2 设置PPT放映选项

选择PPT的放映方式后，用户需要设置PPT的放映选项，具体操作步骤如下。

第1步 单击【幻灯片放映】选项卡下的【设置幻灯片放映】按钮，如下图所示。

第2步 弹出【设置放映方式】对话框，选中【演讲者放映（全屏幕）】单选按钮，如下图所示。

第3步 在【设置放映方式】对话框的【放映选项】选项区域选中【循环放映，按Esc终止】复选框，可以在最后一张幻灯片放映结束后自动返回到第一张幻灯片重复放映，直到按【Esc】键才能结束放映，如下图所示。

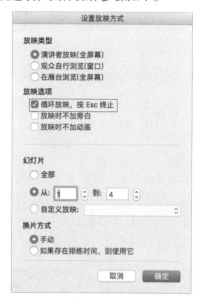

第4步 在【幻灯片】选项区域选中【全部】单选按钮，即可选择放映全部幻灯片，如下图所示。

第5步 在【换片方式】选项区域选中【手动】单选按钮，设置演示过程中的换片方式为手动，如下图所示。可以取消使用排练计时。

| 提示 |

　　选中【放映时不加旁白】复选框，表示在放映时不播放在幻灯片中添加的声音。选中【放映时不加动画】复选框，表示在放映时设定的动画效果将被屏蔽。

13.3.3 排练计时

　　用户可以通过排练计时为每张幻灯片确定适当的放映时间，可以实现更好地自动放映幻灯片，具体操作步骤如下。

第1步　单击【幻灯片放映】选项卡下的【排练计时】按钮，如下图所示。

第2步　即可开始放映幻灯片，左上角会出现【录制】对话框，在【录制】对话框内可以设置暂停、继续等操作。下方可以预览全部幻灯片，右侧提示下一个动画，如下图所示。

第3步　幻灯片播放完成后，单击左上角的【结束放映】按钮，如下图所示。

第4步　弹出信息提示框，单击【是】按钮，即可保存幻灯片计时，如下图所示。

第5步　返回幻灯片预览界面，可以查看每张幻灯片的排练时间，如下图所示。

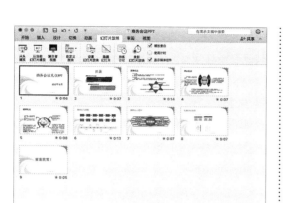

第6步 单击【幻灯片放映】选项卡下的【从头播放】按钮，即可播放幻灯片，如下图所示。

第7步 若幻灯片不能自动放映，单击【幻灯

片放映】选项卡下的【设置幻灯片放映】按钮，弹出【设置放映方式】对话框，在【换片方式】选项区域选中【如果存在排练时间，则使用它】单选按钮，并单击【确定】按钮，即可使用幻灯片排练计时，如下图所示。

13.4 放映幻灯片

默认情况下，幻灯片的放映方式为普通手动放映。用户可以根据实际需要设置幻灯片的放映方法，如从头开始放映、从当前幻灯片开始放映、联机放映等。

13.4.1 从头开始放映

放映幻灯片一般是从头开始放映的，从头开始放映的具体操作步骤如下。

第1步 在【幻灯片放映】选项卡下单击【从头播放】按钮或按【F5】键，如下图所示。

第2步 系统将从头开始播放幻灯片。由于前面使用了排练计时，幻灯片可以自动往下播放，如下图所示。

提示

若幻灯片中没有设置排练计时，则单击鼠标、按【Enter】键或【Space】键均可切换到下一张幻灯片。按键盘上的方向键也可以向上或向下切换幻灯片。

13.4.2 从当前幻灯片开始放映

在放映幻灯片时可以从选定的当前幻灯片开始放映，具体操作步骤如下。

第1步 选中第 2 张幻灯片，在【幻灯片放映】选项卡下单击【从当前幻灯片播放】按钮或按【Shift+F5】组合键，如下图所示。

第2步 系统将从当前幻灯片开始播放幻灯片。按【Enter】键或【Space】键可切换到下一张幻灯片，如下图所示。

13.4.3 演示者视图

Microsoft PowerPoint 新增的演示者视图功能方便演讲者在使用时查看添加的备注信息，使用演示者视图功能的具体操作步骤如下。

第1步 单击【幻灯片放映】选项卡下的【演示者视图】按钮，如下图所示。

第2步 即可开始放映幻灯片。在放映界面的左上角，演讲者可以使用相应的功能实现对幻灯片放映的操作，放映界面中最大的幻灯片是显示在观众面前的，而右侧窗格的幻灯片只有演讲者可以看到，如下图所示。

第3步 在右侧幻灯片窗格的"单击此处添加备注"处单击，即可添加演讲者备注。放映界面下方显示幻灯片导航窗格，如下图所示。

第4步 单击最大的幻灯片左下角的【笔】工具 ✐，在弹出的下拉列表中选择【笔】选项，即可在当前放映的幻灯片上添加批注，如下图所示。

第5步 添加批注的效果如下图所示。

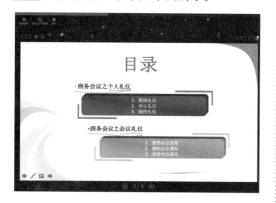

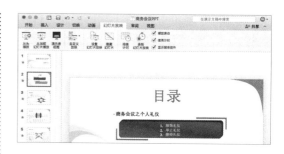

第6步 单击左上角的【结束放映】按钮,即可退出演示者视图,返回普通视图,如下图所示。

13.4.4 自定义幻灯片放映

利用 PowerPoint 的【自定义幻灯片放映】功能,可以为幻灯片设置多种自定义放映方式,具体操作步骤如下。

第1步 在【幻灯片放映】选项卡下单击【自定义放映】按钮,在弹出的下拉菜单中选择【自定义幻灯片放映】选项,如下图所示。

第2步 弹出【自定义放映】对话框,单击左下角的【新建】按钮,如下图所示。

第3步 弹出【定义自定义放映】对话框,在【在演示文稿中的幻灯片】列表框中选择需要放映的幻灯片,然后单击【添加】按钮即可将选中的幻灯片添加到【在自定义放映中的幻灯片】列表框中,如下图所示。

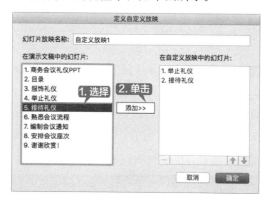

第4步 单击【确定】按钮,返回到【自定义放映】对话框,单击【开始放映】按钮,如下图所示。

第 5 步 即可从选中的页码开始放映，如下图所示。

13.5 幻灯片放映时的控制

在商务会议 PPT 的放映过程中，可以控制幻灯片的跳转、放大幻灯片局部信息、为幻灯片添加注释等。

13.5.1 幻灯片的跳转

在播放幻灯片的过程中需要幻灯片的跳转，但又要保持逻辑上的关系，具体操作步骤如下。

第 1 步 选择目录幻灯片页面，将鼠标指针放置在【3. 安排会议座次】文本框内并右击，在弹出的快捷菜单中选择【超链接】命令，如下图所示。

第 2 步 弹出【插入超链接】对话框，在【要显示的文本】文本框中输入"安排会议座次"，在【网页或文件】【此文档】【电子邮件地址】区域可以选择连接的文件位置，这里选择【此文档】选项，在【选择此文档中的一个位置】列表框的【幻灯片标题】下选择【8. 安排会议座次】选项，单击【确定】按钮，如下图所示。

第 3 步 即可在【目录】幻灯片页面插入超链接，如下图所示。

第 4 步 单击【幻灯片放映】选项卡下的【从当前幻灯片播放】按钮，从【目录】页面开始播放幻灯片，如下图所示。

第5步 在幻灯片播放时,单击【安排会议座次】超链接,如下图所示。

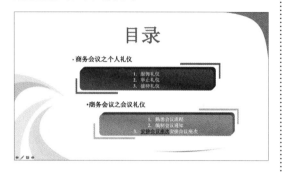

第6步 幻灯片即可跳转至超链接的幻灯片并继续播放,如下图所示。

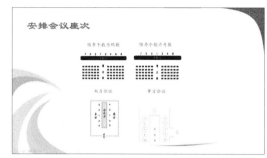

13.5.2 使用画笔来做标记

要想使观看者更加了解幻灯片所表达的意思,就需要在幻灯片中添加标记以达到演讲者的目的。添加标记的具体操作步骤如下。

第1步 选择第4张幻灯片,单击【幻灯片放映】选项卡下的【从当前幻灯片播放】按钮或按【Shift+F5】组合键放映幻灯片,如下图所示。

第2步 在幻灯片上右击,在弹出的快捷菜单中选择【指针选项】→【笔】命令,如下图所示。

第3步 当鼠标指针变为一个笔的形状时,即可在幻灯片中添加标注,如下图所示。

13.5.3 屏蔽幻灯片内容——使用黑屏或白屏

在PPT的放映过程中,需要观众关注别的材料时,可以使用黑屏或白屏来屏蔽幻灯片中的内容,具体操作步骤如下。

第1步 在【幻灯片放映】选项卡下单击【从头播放】按钮或按【F5】键放映幻灯片,如下图所示。

第2步 在放映幻灯片时，按【W】键，即可使屏幕变为白屏，如下图所示。

第3步 再次按【W】键或按【Esc】键，即可返回幻灯片放映页面，如下图所示。

第4步 按【B】键，即可使屏幕变为黑屏，如下图所示。

第5步 再次按【B】键或按【Esc】键，即可返回幻灯片放映页面，如下图所示。

13.5.4 结束幻灯片放映

在放映幻灯片的过程中，可以根据需要中止幻灯片放映，具体操作步骤如下。

第1步 在【幻灯片放映】选项卡下单击【从头播放】按钮或按【F5】键放映幻灯片，如下图所示。

第2步 按【Esc】键即可停止放映幻灯片，如下图所示。

论文答辩 PPT 的放映

与商务会议 PPT 类似的演示文稿还有论文答辩 PPT、产品营销推广方案 PPT、企业发展战略 PPT 等，放映这类演示文稿时，都可以使用 Microsoft PowerPoint 提供的排练计时、自定义幻灯片放映、放大幻灯片局部信息、使用画笔来做标记等操作，方便地对这些幻灯片进行放映。下面就以论文答辩 PPT 的放映为例进行介绍。

第1步 放映前的准备工作

将 PPT 转换为可放映格式，并对 PPT 进行打包，检查硬件，如下图所示。

第2步 设置 PPT 放映

选择 PPT 的放映方式，并设置 PPT 的放映选项，进行排练计时，如下图所示。

第3步 放映幻灯片

选择放映幻灯片的方式，从头开始放映、从当前幻灯片开始放映或自定义幻灯片放映等，如下图所示。

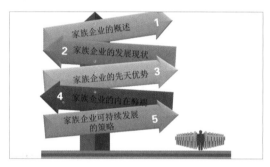

第4步 幻灯片放映时的控制

在论文答辩 PPT 的放映过程中，可以使用幻灯片的跳转，放大幻灯片局部信息、为幻灯片添加注释等来控制幻灯片的放映，如下图所示。

◇ 如何让演说不冷场

为了防止在演说过程中出现冷场的情况，用户可以使用幻灯片的备注功能，其具体操作步骤如下。

第1步 打开随书光盘中的"素材\ch13\商务会议PPT.pptx"文件，选择第1张幻灯片，并单击状态栏中的【备注】按钮━备注，如下图所示。

第2步 出现"单击此处添加备注"空白区域，在空白区域处单击，并输入备注信息"介绍商务会议的定义及特点"，如下图所示。

第3步 使用同样的方法为其他幻灯片添加备注信息，如下图所示。

第4步 备注添加完成后，选择第1张幻灯片，在 PowerPoint 菜单中选择【视图】→【演示者视图】选项，如下图所示。

第5步 在演示者视图界面中即可看到在下一个动画区域添加的备注信息，如下图所示。

在切换幻灯片时，下一张幻灯片的演讲者注释会提前显示出来，这样在幻灯片切换时就不会出现大脑一片空白，避免冷场的情况出现。

◇ 如何将多张照片导出为一个 PDF 文档

将多张照片导出为一个 PDF 文档，方便浏览查看，具体操作步骤如下。

第1步 选中多张图片后右击，在弹出的快捷菜单中选择【打开方式】→【预览】命令，如下图所示。

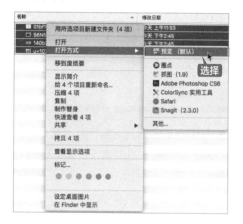

第2步 在预览菜单中选择【文件】→【打印】选项，如下图所示。

│提示│

如果直接在预览菜单中选择【文件】→【导出为 PDF】选项，只能将当前图片导出为 PDF，并不包含其他图片。

第3步 在弹出的界面中单击左下角的【PDF】文本框右侧的下拉按钮，在弹出的下拉菜单中选择【存储为 PDF】选项，如下图所示。

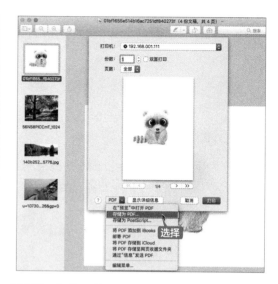

第4步 在弹出的界面中选择文件保存的位置，在【存储为】文本框中输入文件名称，设置完成后，单击【存储】按钮，如下图所示。

第5步 打开存储的 PDF 文档,效果如下图所示。

第**4**篇

高效办公篇

本篇主要介绍 Office 高效办公。通过本篇的学习，读者可以学习 Outlook 和 OneNote 办公应用等操作。

第14章

Outlook 办公应用——
使用 Outlook 处理办公事务

📄 本章导读

Microsoft Outlook 是 Office 2016 办公软件中的电子邮件管理组件，其方便的可操作性和全面的辅助功能为用户进行邮件传输和个人信息管理提供了极大的方便。本章主要介绍配置 Microsoft Outlook、Microsoft Outlook 的基本操作、管理邮件和联系人、安排任务及使用日历等内容。

✈ 思维导图

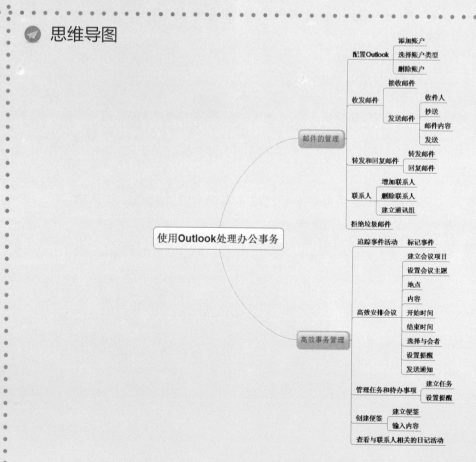

14.1 处理日常办公文档——邮件的管理

使用 Microsoft Outlook 可以处理日常办公文档，如收发电子邮件、转发和回复邮件等。

14.1.1 配置 Outlook

在使用 Outlook 来管理邮件之前，需要对 Outlook 进行配置。在 Mac 系统中如果使用 Microsoft 账户登录则可以直接使用该账号登录 Microsoft Outlook，如果使用本地账户登录，则需要首先创建数据文件，然后再添加账户。配置 Microsoft Outlook 的具体操作步骤如下。

第 1 步 打开 Microsoft Outlook 软件后，单击【工具】选项卡下的【账户】按钮，如下图所示。

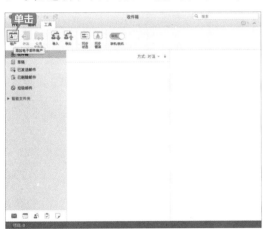

第 2 步 弹出【账户】对话框，在【添加账户】选项区域选择要添加的账户类型，这里选择【Outlook.com】账户类型，如下图所示。

第 3 步 在弹出的界面中输入【电子邮件地址】和【密码】，如下图所示。

第 4 步 输入完成后，单击【添加账户】按钮，界面左下角会显示"正在检测服务器"，如下图所示。

输入你的 Microsoft 帐户信息。

| 电子邮件地址: | ████████@outlook.com |
| 密码: | ********* |

正在检测服务器...

取消　　添加账户

第 5 步 配置完成后，系统会直接跳转到 Microsoft Outlook 界面中，即可看到 Outlook 已配置完成，如下图所示。

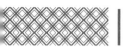

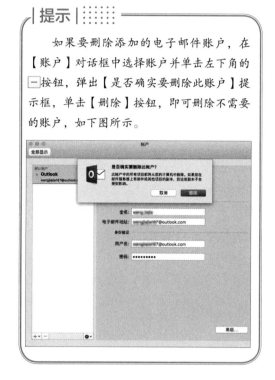

提示

如果要删除添加的电子邮件账户，在【账户】对话框中选择账户并单击左下角的□按钮，弹出【是否确实要删除此账户】提示框，单击【删除】按钮，即可删除不需要的账户，如下图所示。

14.1.2 收发邮件

接收与发送电子邮件是用户最常用的操作。

（1）接收邮件。

在Microsoft Outlook中配置邮箱账户后，就可以方便地接收邮件，具体操作步骤如下。

第1步 在【邮件】视图中选择【收件箱】选项，显示出【收件箱】窗格，单击【开始】选项卡下的【发送和接收】按钮，如下图所示。

第2步 如果有邮件到达，在左侧窗格中则会显示收件箱中收到的邮件数量，而【收件箱】窗格中则会显示邮件的基本信息，如下图所示。

第3步 在邮件列表中双击需要浏览的邮件，可以打开【邮件】工作界面并浏览邮件内容，如下图所示。

（2）发送邮件。

电子邮件是 Microsoft Outlook 中最主要的功能，使用"电子邮件"功能，可以很方便地发送电子邮件，具体操作步骤如下。

第1步 单击【开始】选项卡下的【新建电子邮件】按钮，弹出【无标题】工作界面，如下图所示。

第2步 在【收件人】文本框中输入收件人的 E-mail 地址，在【主题】文本框中输入邮件的主题，在邮件正文区中输入邮件的内容，如下图所示。

第3步 使用【邮件】选项卡下的相关工具按钮，对邮件文本内容进行调整，调整完毕后单击【发送】按钮，如下图所示。

| 提示 |

若在【抄送】文本框中输入电子邮件地址，那么所填收件人将收到邮件的副本。

第4步 【邮件】工作界面会自动关闭并返回主界面，在导航窗格中的【已发送邮件】窗格中便多了一封已发送的邮件信息，Outlook 会自动将其发送出去，如下图所示。

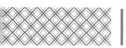

14.1.3 转发和回复邮件

使用 Microsoft Outlook 可以转发和回复邮件，实现与联系人之间的互动交流。

（1）转发邮件。

转发邮件即将邮件原文不变或稍加修改后发送给其他联系人，用户可以利用 Microsoft Outlook 将所收到的邮件转发给一个或多个人，具体操作步骤如下。

第1步 选中需要转发的邮件并右击，在弹出的快捷菜单中选择【转发】命令，如下图所示。

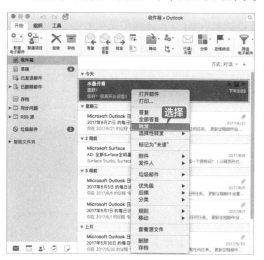

第2步 弹出【转发邮件】工作界面，在【主题】下方的邮件正文区中输入需要补充的内容，Outlook 系统默认保留原邮件内容，可以根据需要删除。在【收件人】文本框中输入收件人的邮箱地址，单击【发送】按钮，即可完成邮件的转发，如下图所示。

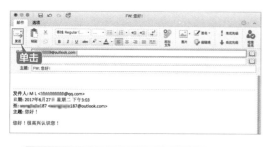

（2）回复邮件。

回复邮件是邮件操作中必不可少的一项，在 Microsoft Outlook 中回复邮件的具体操作步骤如下。

第1步 先选中需要回复的邮件，然后单击【开始】选项卡下的【答复】按钮，也可以使用【Command+R】组合键，如下图所示。

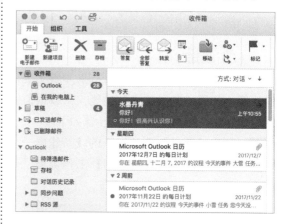

第2步 系统弹出【回复】工作界面，在【主题】下方的邮件正文区中输入需要回复的内容，Outlook 系统默认保留原邮件的内容，可以根据需要删除。内容输入完成后单击【发送】按钮，即可完成邮件的回复，如下图所示。

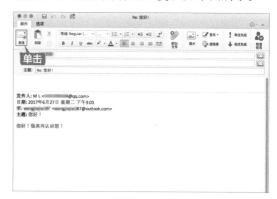

14.1.4 拥有自己的联系人

在 Microsoft Outlook 中用户可以拥有自己的联系人，并对其进行管理。

（1）增加和删除联系人。

在 Outlook 中可以方便地增加或删除联系人，具体操作步骤如下。

第1步 在 Outlook 主界面单击【开始】选项卡下的【新建项目】下拉按钮，在弹出的下拉列表中选择【联系人】选项，如下图所示。

第2步 弹出【新建联系人】工作界面，在【名字】和【姓氏】文本框中分别输入名和姓；单击左边的照片区，可以添加联系人的照片或代表联系人形象的照片；根据实际情况填写公司、部门、职务和办公室等信息。填写完联系人信息后单击【保存并关闭】按钮，即可完成一个联系人的添加，如下图所示。

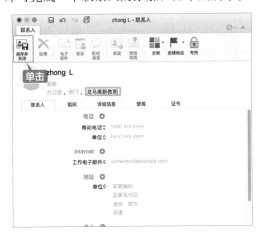

第3步 要删除联系人，只需在【联系人】视图中选择要删除的联系人，单击【开始】选项卡下的【删除】按钮即可，如下图所示。

（2）建立通讯组。

如果需要批量添加一组联系人，可以采取建立通讯组的方式，具体操作步骤如下。

第1步 在【联系人】视图下单击【开始】选项卡下的【新建联系人组】按钮，如下图所示。

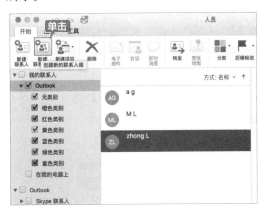

第2步 弹出【未命名组】工作界面，在【组名】文本框中输入通讯组的名称，如"我的家人"，如下图所示。

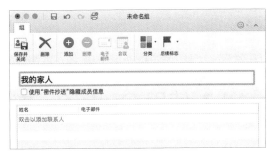

第3步 单击【组】选项卡下的【添加】按钮，

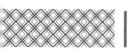
在【姓名】和【电子邮件】文本框中分别输入相应的内容，在输入联系人的前几个字母时，如果是之前有过联系的联系人，则会弹出【联系人和最近使用过的地址】下拉列表，可以从中选择需要的联系人，如下图所示。

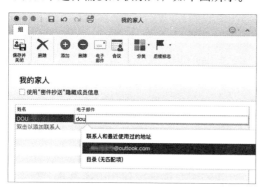

第4步 重复上述步骤，添加多名成员，构成一个"我的家人"通讯组，然后单击【保存并关闭】按钮，即可完成通讯组列表的添加，如下图所示。

14.1.5 拒绝垃圾邮件

针对大量的邮件管理工作，Microsoft Outlook 为用户提供了垃圾邮件筛选功能，可以根据邮件发送的时间或内容，评估邮件是否为垃圾邮件，同时用户也可手动设置，定义某个邮件地址发送的邮件为垃圾邮件，具体操作步骤如下。

第1步 选中要阻止的垃圾邮件，单击【开始】选项卡下的【垃圾邮件】按钮，在弹出的下拉列表中选择【垃圾邮件】选项，如下图所示。

第2步 Microsoft Outlook 会自动将垃圾邮件放入垃圾邮件文件夹中，如下图所示。

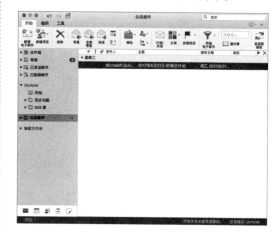

14.2 使用 Outlook 进行 GTD——高效事务管理

使用 Outlook 可以进行高效事务管理，包括追踪事件活动、高效安排会议、管理任务和待办事项、创建便签、查看与联系人相关的日记活动等。

14.2.1 追踪事件活动

用户还可以给邮件添加标志来分辨邮件的类别，追踪事件活动，具体操作步骤如下。

第1步 单击【开始】选项卡下的【后续标志】按钮，在下拉列表中选择【今天】选项，如下图所示。

第2步 即可为"今天"的邮件添加标志，如下图所示。

第3步 在添加标志的邮件右侧区域即可看到邮件需要追踪的后续工作，如下图所示。

14.2.2 高效安排会议

使用 Outlook 可以安排会议，然后将会议相关内容发送给参会者，具体操作步骤如下。

第1步 单击【开始】选项卡下的【新建项目】按钮，在弹出的下拉列表中选择【会议】选项，如下图所示。

第2步 在弹出的界面中填写会议主题、地点、会议内容、会议的开始时间与结束时间等。

单击【收件人】文本框右侧的按钮，如下图所示。

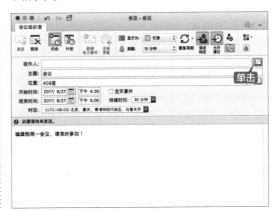

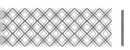
第3步 弹出【搜索人员】对话框，选择联系人后单击【必需】按钮，如下图所示。

第4步 单击【会议组织者】选项卡下的【提醒】下拉按钮，在弹出的下拉列表中选择提醒时间，如下图所示。

第5步 完成设置后，单击【发送】按钮，即可发送会议邀请，如下图所示。

第6步 如果要临时取消会议，可以在【日历】视图中单击选中会议，则会在功能区中显示【会议】选项卡，如下图所示。

第7步 单击【会议】选项卡下的【取消】按钮，弹出【会议】界面，如下图所示。

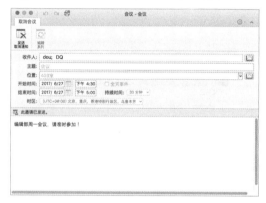

第8步 编辑"取消会议"文本后，单击【发送取消通知】按钮，如下图所示。

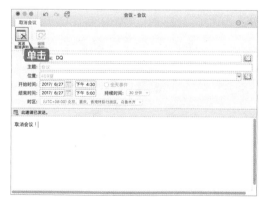

第9步 即可完成取消会议通知的操作，如下图所示。

14.2.3 管理任务和待办事项

使用 Outlook 可以管理个人任务列表，并设置待办事项提醒，具体操作步骤如下。

第1步 选择【开始】选项卡下的【新建项目】下拉按钮，在弹出的下拉列表中选择【任务】选项，如下图所示。

第2步 弹出【未命名任务】工作界面，在【新建任务】文本框中输入任务名称，然后选择任务的开始和到期时间，并在【提醒】文本框中设置任务的提醒时间，输入任务的内容，如下图所示。

第3步 单击【任务】选项卡下的【保存并关闭】按钮，关闭【任务】工作界面。在【待办事项列表】视图中可以看到新添加的任务。单击需要查看的任务，在右侧的【阅读窗格】中可以预览任务内容，如下图所示。

第4步 到提示时间时，系统会弹出【1 个提醒】对话框，单击【暂停】按钮，即可在选定的时候后再次打开提醒对话框，如下图所示。

14.2.4 创建便签

Outlook 便签可以记录一些简单信息以做短期的备忘和提醒。创建便签的具体操作步骤如下。

第1步 单击【开始】选项卡下的【新建项目】下拉按钮，在弹出的下拉列表中选择【注释】选项，如下图所示。

第2步 弹出【新建便签】面板，如下图所示。

第3步 在【新建便签】文本框中输入标题，在下方空白区域输入内容，如下图所示。

第4步 输入完成后，单击【关闭】按钮，弹出信息提示框，单击【保存】按钮，即可保存便签，如下图所示。

第5步 再次打开时，双击便签文件夹即可重新打开，如下图所示。

14.2.5 查看与联系人相关的日记活动

Outlook 中可以查看与联系人相关的日记活动，方便地记录办公日记，具体操作步骤如下。

第1步 在【收件箱】视图右上角的【搜索】文本框中输入联系人的名字，如"Microsoft Outlook 日历"，如下图所示。

第2步 单击【搜索】选项卡下的【所有项目】按钮，即可在右侧出现该联系人所有的相关活动，如下图所示。

◇ 打开 Mac 中的 Mail Drop 传送文件

在使用邮件发送文件时，如果文件过大，会导致服务器发送失败。用户可以使用 Mac 中的 Mail Drop 传送较大的文件，其具体操作步骤如下。

第1步 打开邮件，选择邮件菜单中的【邮件】→【偏好设置】选项，如下图所示。

第2步 在弹出的对话框中选择【账户】选项卡，在左侧列表中选择一个账户，在右侧区域中选择【账户信息】选项卡，在下方区域中选中【使用 Mail Drop 发送较大附件】复选框。设置完成后，单击【关闭】按钮，关闭【账户】对话框，如下图所示。

一般情况下，文件大小超过 36MB 就会出现附件超载警告，设置完成后选择一个文件大小超过 36MB 的文件发送，则不会出现警告。

◇ 打开 Mac 邮件隐藏的绘图功能

在使用 Mac 系统自带的邮件程序发送图片时，可以使用邮件自带的绘图功能编辑图片，其具体操作步骤如下。

第1步 打开邮件，新建一个带有图片的邮件，如下图所示。

第2步 选择邮件中的图片，单击图片右上角的下拉按钮✓，在弹出的下拉列表中选择【标记】选项，如下图所示。

第3步 进入图片编辑页面，单击编辑栏中的

【文本】按钮Ｔ，如下图所示。

第4步 即可在图片中添加一个文本框，在文本框中输入"萌宠"，拖动文本框，将其移动到合适的位置，如下图所示。

另外，还可以使用编辑栏中的其他功能，如【速写】【形状】【签名】等功能给图片添加线条、签名等，还可以使用【形状样式】【边框颜色】【填充颜色】【文字风格】等功能对添加的文字、线条等进行设置。

第15章
OneNote 办公应用——
收集和处理工作信息

😊 本章导读

Microsoft OneNote 是一款数字笔记本，用户使用它可以快速收集和组织工作、生活中的各种图文资料，与 Office 2016 的其他办公组件结合使用，可以大大提高办公效率。

🕓 思维导图

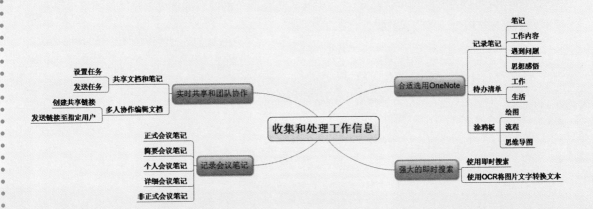

15.1 在办公时什么时候选用 OneNote

OneNote 是一款自由度很高的笔记应用软件，OneNote 用户界面的工具栏设计层次清晰，而且 OneNote 的【自由编辑模式】使用户不需要再遵守一行行的段落格式进行文字编辑，用户可以在任意位置安放文本、图片或表格等。用户可以在任何位置随时使用 OneNote 记录自己的想法、添加图片、记录待办事项，甚至是即兴的涂鸦。OneNote 支持多平台保存和同步，因此在任何设备上都可以看到最新的笔记内容。

用户可以将 OneNote 作为一个简单的笔记使用，随时记录工作内容，将工作中遇到的问题和学到的知识记录到笔记中，如下图所示。

还可以将 OneNote 作为一个清单应用使用，将生活和工作中需要办理的事一一记录下来，有计划地去完成，可以有效防止工作内容的遗漏和混乱，如下图所示。

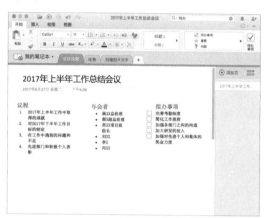
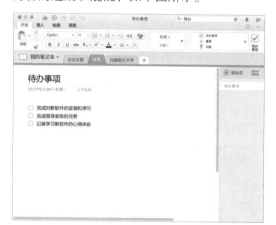

用户同样可以将 OneNote 作为一个涂鸦板，进行简单的绘图操作或创建简单的思维导图，或者在阅读文件时做一些简单的批注，如下图所示。

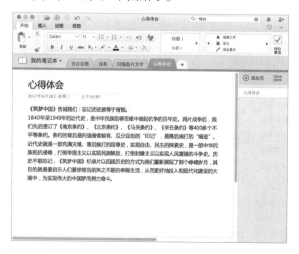

无论是电脑版还是移动版，OneNote 的使用方式都非常简单，结合越来越多的插件，用户可以发挥自己的创意去创建各种各样的笔记，发挥其最大的功能。

15.2 记录会议笔记

在会议过程中，由记录人员把会议的组织情况和具体内容记录下来，就形成了会议记录，会议记录有着特定的格式和要求，用户可以根据要求使用 OneNote 快速记录会议笔记，具体操作步骤如下。

第1步 打开 Microsoft OneNote，创建一个新分区，并在"新分区 1"标签上右击，在弹出的快捷菜单中选择【重命名】命令，如下图所示。

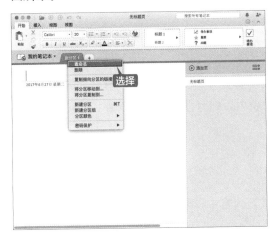

第2步 将"新分区 1"重命名为"会议议题"，并输入文本内容，如下图所示。

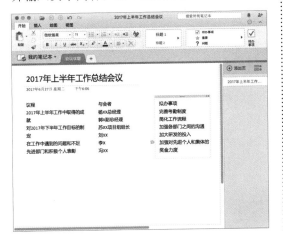

第3步 依次选择"议程""与会者"和"拟办事项"文本，选择【开始】选项卡下的【标题 1】样式，为标题快速应用样式，效果如下图所示。

第4步 选择"议程"标题下的文本内容，单击【开始】选项卡下的【编号】下拉按钮，在弹出的下拉列表中选择一种编号样式，效果如下图所示。

第5步 选中"与会者"标题下的文本内容，单击【开始】选项卡下的【项目符号】下拉按钮，在弹出的下拉列表中选择一种符号样式，效果如下图所示。

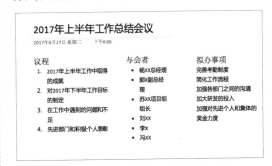

第6步 选中"拟办事项"标题下的文本内容，

单击【开始】选项卡下的【待办事项】按钮，效果如下图所示。

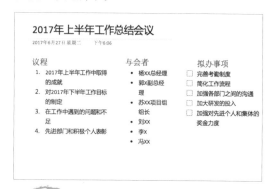

第7步 调整字体大小及文本框的位置，最终效果如下图所示。

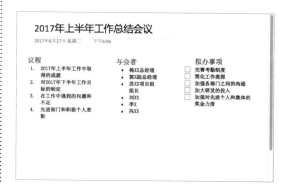

15.3 强大的即时搜索

OneNote 的即时搜索功能是提高工作效率的又一有效方法，随着时间的推移，笔记的数量和内容会越来越多，逐一查找笔记内容就会很费时费力。即时搜索可以精确查找笔记内容，输入关键字，就可以找到相应内容。

15.3.1 使用即时搜索

使用 OneNote 的即时搜索功能可以在海量的笔记内容中找到自己想要的笔记内容，具体操作步骤如下。

第1步 打开 OneNote 应用，在右上角搜索框中输入需要搜索的信息"待办"，即可显示所有包含"待办"字段的笔记内容，如下图所示。

第2步 单击需要查看的内容，即可跳转至该笔记页面，效果如下图所示。

15.3.2 使用 OCR 将图片文字转换为文本

OneNote 为用户提供了 OCR（光学字符识别）功能，在联机状态下，用户只需要将需要识别文字的图片插入笔记中，就可以使用该功能识别图片中的文字，其具体操作步骤如下。

第1步 打开 Microsoft OneNote，新建一个名为"扫描图片文字"的页面，如下图所示。

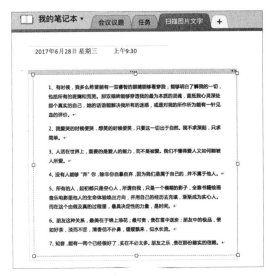

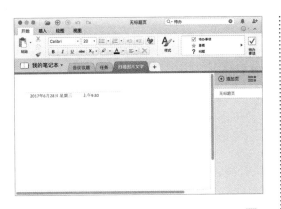

第 2 步 单击【插入】选项卡下的【图片】按钮，如下图所示。

第 5 步 选中插入的图片并右击，在弹出的快捷菜单中选择【复制图片中的文字】选项，如下图所示。

第 3 步 在弹出的对话框中选择图片，单击【插入】按钮，如下图所示。

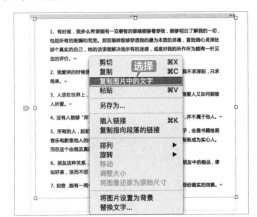

第 6 步 在笔记空白处右击，在弹出的快捷菜单中选择【粘贴】选项，如下图所示。

第 4 步 即可将图片插入笔记，效果如下图所示。

第 7 步 即可将图片中识别出的文字粘贴在笔记中，效果如下图所示。

| 提示 |

　　扫描识别出的文字并不能完成正确，也可能会出现排版错误，因此需要对扫描的文本中的排版或个别错误进行手动修改。

15.4 实时共享和团队协作

　　OneNote 有着很强大的共享功能，不仅可以在多个平台之间进行共享，还可以通过多种方式在不同用户之间进行共享，达到信息的最大化利用。在共享创建的笔记内容之前，需要将笔记保存至 OneDrive 中。

15.4.1 减少邮件来往——共享文档和笔记

　　创建的笔记内容可以与他人进行共享，具体操作步骤如下。

第1步 在 OneNote 菜单中选择【文件】→【共享】→【邀请他人加入笔记本】选项，如下图所示。

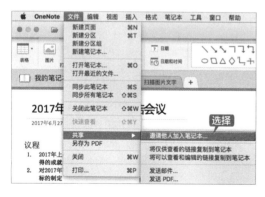

第2步 弹出【邀请其他人加入笔记本】对话框，在【输入名称或电子邮件地址】文本框中输入对方的邮箱地址或联系人姓名，在左下角选中【可编辑】复选框。输入完成后，单击【共享】按钮，即可与其他用户共享笔记内容，如下图所示。

15.4.2 多人协作编辑文档

　　OneNote 还支持多人同时编辑，提高工作效率，具体操作步骤如下。

第1步 在 OneNote 菜单中选择【文件】→【共享】→【将可以查看和编辑的链接复制到笔记本】选项，如下图所示。

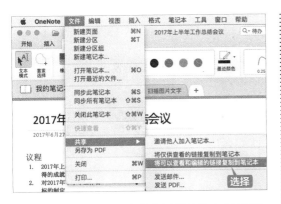

命令，如下图所示。

第 2 步 弹出【正在加载共享链接】信息提示框，加载完成后，提示框会自动消失，如下图所示。

第 4 步 即可看到生成的共享链接，复制该链接发送给指定用户，即可与获取该超链接的用户共同编辑笔记内容，如下图所示。

第 3 步 即可生成一个超链接，在 OneNote 空白处右击，在弹出的快捷菜单中选择【粘贴】

◇ 将笔记导出为 PDF 文件

创建好的笔记可以导出为 PDF 格式的文件，具体操作步骤如下。

第 1 步 打开 Microsoft OneNote，选择会议笔记内容，效果如下图所示。

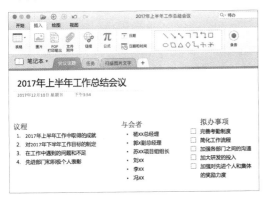

第 2 步 在 OneNote 菜单中选择【文件】→【另存为 PDF】选项，如下图所示。

第 3 步 弹出【另存为】对话框，选择保存位置，单击【存储】按钮，如下图所示。

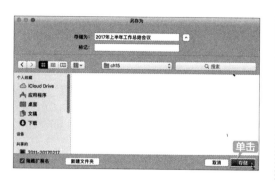

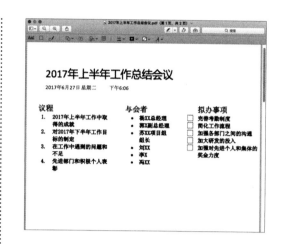

第 4 步 即可将当前页面导出为 PDF 格式，打开效果如下图所示。

第 **5** 篇

办公秘籍篇

　　本篇主要介绍 Office 的办公秘籍。通过本篇的学习，读者可以学习到办公中不得不了解的技能及 Office 组件间的协作等操作。

第16章

办公中不得不了解的技能

📖 本章导读

打印机是自动化办公中不可缺少的组成部分，是重要的输出设备之一，具备办公管理所需的知识与经验，能够熟练操作常用的办公设备是十分必要的。本章主要介绍连接并设置打印机、打印 Word 文档、打印 Excel 表格、打印 PowerPoint 演示文稿的方法。

🖂 思维导图

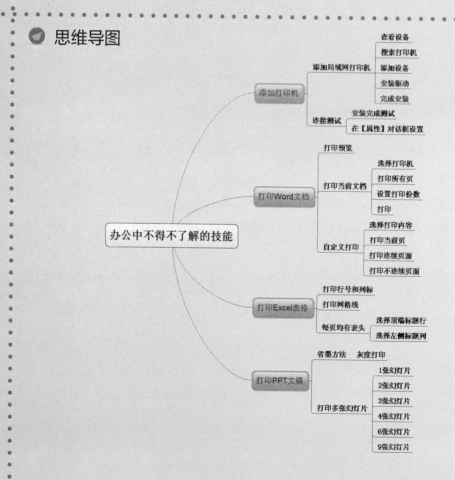

16.1 在 Mac 中添加打印机

打印机是自动化办公中不可缺少的一个组成部分，是重要的输出设备之一。用户通过打印机可以将在计算机中编辑好的文档、图片等资料打印输出到纸上，从而方便将资料进行存档、报送及做其他用途。

添加局域网打印机的具体操作步骤如下。

第1步 单击【苹果菜单】按钮，在弹出的苹果菜单中选择【系统偏好设置】选项，打开【系统偏好设置】对话框，单击【打印机与扫描仪】图标，如下图所示。

第2步 弹出【打印机与扫描仪】对话框，单击左下角的【添加】按钮 + ，如下图所示。

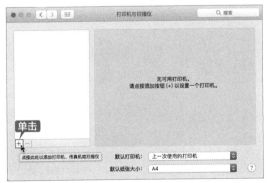

第3步 弹出【添加】对话框，单击【IP】按钮，如下图所示。

第4步 在【地址】文本框中输入打印机地址，输入完成后，单击【添加】按钮，如下图所示。

第5步 弹出信息提示框，单击【跳过】按钮，如下图所示。

第6步 弹出信息提示框，单击【好】按钮，如下图所示。

第7步 返回到【打印机与扫描仪】对话框，即可看到在左侧【打印机】列表框中新添加的打印机，如下图所示。

16.2 打印 Word 文档

文档打印出来，可以方便用户进行存档或传阅。本节讲解打印 Word 文档的相关知识。

16.2.1 打印预览

在进行文档打印之前，最好先使用打印预览功能查看即将打印文档的效果，以免出现错误，浪费纸张。

打印 Word 文档的具体操作步骤如下。

第1步 打开随书光盘中的"素材 \ch16\ 培训资料 .docx"文档，如下图所示。

第2步 在 Word 菜单中选择【文件】→【打印】选项，弹出【打印】对话框，在左侧即可显示打印预览效果，如下图所示。

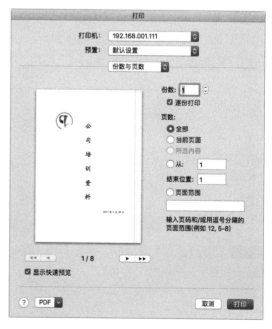

16.2.2 打印当前文档

当用户在打印预览中对所打印文档的效果感到满意时，就可以对文档进行打印，其具体操作步骤如下。

第1步 打开"培训资料 .docx"文档，在 Word 菜单中选择【文件】→【打印】选项，弹出【打印】对话框，在【打印机】下拉列表中选择打印机，如下图所示。

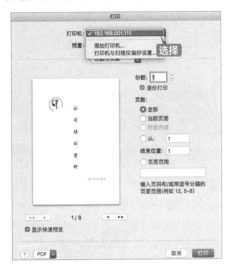

第3步 在【份数】微调框中设置需要打印的份数，如这里输入"3"，单击【打印】按钮，即可打印当前文档，如下图所示。

第2步 在【页数】选项区域选中【全部】单选按钮，如下图所示。

16.2.3 自定义打印内容和页面

打印文本内容时，并没有要求一次至少要打印一张。有的时候对于精彩的文字内容，可以只打印所需要的，而不打印那些无用的内容，具体操作步骤如下。

1. 自定义打印内容

第1步 打开"培训资料 .docx"文档，选择要打印的文档内容，如下图所示。

第2步 在 Word 菜单中选择【文件】→【打印】选项，弹出【打印】对话框，在【页数】选项区域选中【所选内容】单选按钮，如下图所示。

第3步 设置要打印的份数，单击【打印】按钮，即可进行打印，如下图所示。

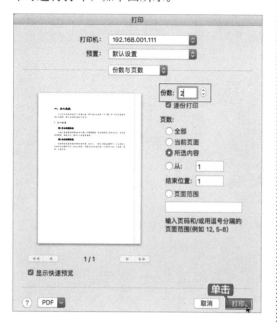

2. 打印当前页面

第1步 将鼠标光标定位至要打印的文档页面，如下图所示。

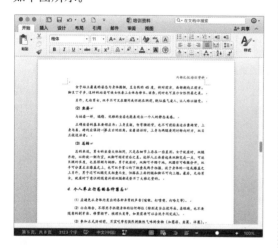

第2步 在 Word 菜单中选择【文件】→【打印】选项，弹出【打印】对话框，在【页数】选

项区域选中【当前页面】单选按钮，如下图所示。

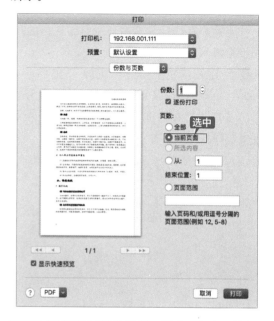

第3步 设置要打印的份数，单击【打印】按钮，即可进行打印，如下图所示。

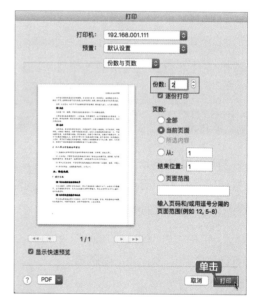

3. 打印连续或不连续页面

第1步 在 Word 菜单中选择【文件】→【打印】选项，弹出【打印】对话框，在【页数】选项区域选中【页面范围】单选按钮，如下图所示。

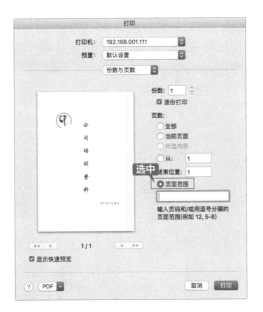

第2步 在【页面范围】下方的文本框中输入要打印的页码，并设置要打印的份数，单击【打印】按钮，即可进行打印，如下图所示。

提示

连续页码可以使用英文半角连接符，不连续的页码可以使用英文半角逗号分隔。

16.3 打印 Excel 表格

打印 Excel 表格时，用户也可以根据需要设置 Excel 表格的打印方法，如在同一页面打印不连续的区域、打印行号、列标或每页都打印标题行等。

16.3.1 打印行号和列标

在打印 Excel 表格时可以根据需要将行号和列标打印出来，具体操作步骤如下。

第1步 打开随书光盘中的"素材 \ch16\ 客户信息管理表 .xlsx"文件，在 Excel 菜单中选择【文件】→【打印】选项，弹出【打印】对话框，在打印预览区域即可查看打印预览效果，如下图所示。

第2步 单击对话框右下角的【取消】按钮，返回编辑界面，单击【页面布局】选项卡下的【打印标题】按钮，弹出【页面设置】对话框，在【工作表】选项卡的【打印选项】选项区域取消选中【行和列标题】复选框，单击【确定】按钮，如下图所示。

第3步 再次打开【打印】对话框，在打印预览区域即可查看取消行和列标题后的打印预览效果，如下图所示。

16.3.2 打印网格线

在打印 Excel 表格时默认情况下不打印网格线，如果表格中没有设置边框，可以在打印时将网格线显示出来，具体操作步骤如下。

第1步 在打开的"客户信息管理表 .xlsx"文件中选择 Excel 菜单中的【文件】→【打印】选项，打开【打印】对话框，在打印预览区域可以看到没有显示网格线，如下图所示。

第2步 返回编辑界面，单击【页面布局】选项卡下的【打印标题】按钮，弹出【页面设置】对话框，在【工作表】选项卡的【打印选项】选项区域选中【网格线】复选框，单击【确定】按钮，如下图所示。

第3步 再次打开【打印】对话框，此时即可查看显示网格线后的打印预览效果，如下图所示。

16.3.3 打印每一页都有表头

如果工作表中内容较多，那么除了第 1 页外，其他页面都不显示标题行。设置每页都打印标题行的具体操作步骤如下。

第1步 打开"客户信息管理表.xlsx"，在 Excel 菜单中选择【文件】→【打印】选项，弹出【打印】对话框，在打印预览区域可看到第 1 页显示标题行。单击预览界面下方的【下一页】按钮，即可看到第 2 页不显示标题行，如下图所示。

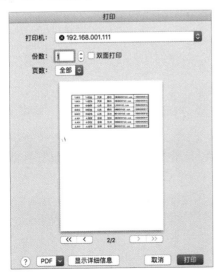

第2步 返回工作表操作界面，单击【页面布局】选项卡下的【打印标题】按钮，如下图所示。

第3步 弹出【页面设置】对话框，在【工作表】选项卡的【打印标题】选项区域单击【顶端标题行】文本框右侧的按钮，如下图所示。

第4步 弹出【页面设置】对话框，选择第1行至第6行，单击按钮，如下图所示。

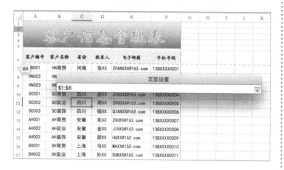

第5步 返回至【页面设置】对话框，单击【确定】按钮，如下图所示。

第6步 再次打开【打印】对话框，在打印预览区选择第2页，即可看到第2页上方显示的标题行，如下图所示。

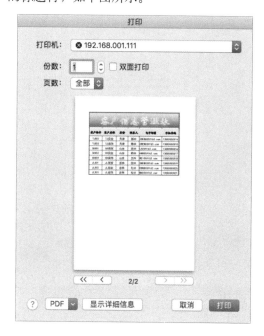

提示

使用同样的方法还可以在每页都打印左侧标题列。

16.4 打印 PPT 演示文稿

常用的 PPT 演示文稿打印主要包括打印当前幻灯片、灰度打印及在一张纸上打印多张幻灯片等。

16.4.1 打印 PPT 的省墨方法

幻灯片通常是彩色的，并且内容较少。在打印幻灯片时，以灰度的形式打印可以节约油墨。设置灰度打印 PPT 演示文稿的具体操作步骤如下。

第1步 打开随书光盘中的"素材 \ch16\ 推广方案 .pptx"文件，如下图所示。

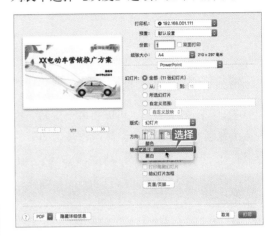

【出】文本框右侧的下拉按钮，在弹出的下拉列表中选择【灰度】选项，如下图所示。

第2步 在 PowerPoint 菜单中选择【文件】→【打印】选项，弹出打印设置界面，单击【输

第3步 此时可以看到预览区域幻灯片以灰度的形式显示，如下图所示。

16.4.2 一张纸打印多张幻灯片

在一张纸上可以打印多张幻灯片以节省纸张，具体操作步骤如下。

第1步 打开"推广方案 .pptx"演示文稿，在 PowerPoint 菜单中选择【文件】→【打印】选项，在弹出的界面中单击【版式】文本框右侧的下拉按钮，在弹出的下拉列表中选择【讲义（每页 6 张幻灯片）】选项，设置每张纸打印 6 张幻灯片，如下图所示。

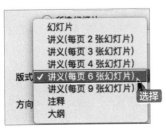

第2步 此时可以看到左侧的预览区域一张纸上显示了 6 张幻灯片，如下图所示。

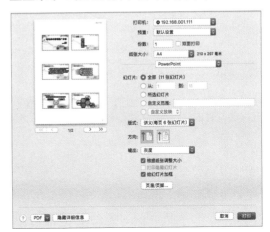

◇ 将打印内容缩放到一页上

打印 Word 文档时，可以将多个页面上的内容缩放到一页上打印，具体操作步骤如下。

第1步 打开"培训资料.docx"文档，在Word 菜单中选择【文件】→【打印】选项，如下图所示。

第2步 弹出【打印】对话框，设置打印份数为"2"，在默认为"份数与页数"下拉列表中选择【布局】选项，如下图所示。

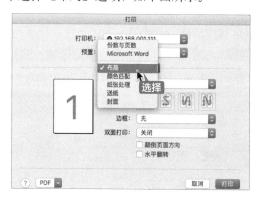

第3步 单击【每张页数】下拉按钮，在弹出的下拉列表中选择【6】选项，如下图所示。

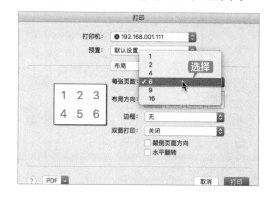

第4步 设置完成后，单击【打印】按钮，即可将6页的内容缩放到一页上打印，如下图所示。

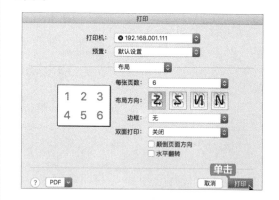

第17章

Office 组件之间的协作

📖 本章导读

在办公过程中，经常会遇到诸如在 Word 文档中使用表格的情况，而 Office 组件之间可以很方便地进行相互调用，提高工作效率。

📍 思维导图

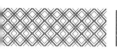

17.1 Word 与 Excel 之间的协作

在 Microsoft Word 中可以创建 Excel 工作表，这样不仅可以使文档的内容更加清晰、表达的意思更加完整，还可以节约时间。插入 Excel 表格的具体操作步骤如下 。

第1步 打开随书光盘中的"素材 \ch17\ 公司年度报告 .docx"文档，如下图所示。

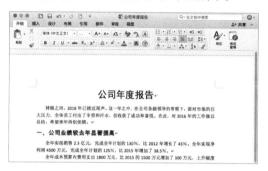

第2步 将鼠标光标定位于"二、举办多次促销活动"文本上方，单击【插入】选项卡下的【对象】按钮 对象 ，如下图所示。

第3步 弹出【对象】对话框，单击【来自文件】按钮，如下图所示。

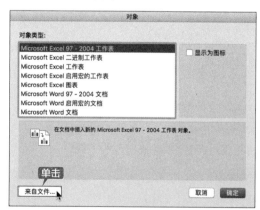

第4步 在弹出的对话框中选择随书光盘中的"素材 \ch17\ 公司业绩表 .xlsx"文档，单击【插入】按钮，如下图所示。

第5步 插入工作表的效果如下图所示。

第6步 双击工作表之后，弹出【工作表在公司年度报告】界面，可以对工作表进行修改，如下图所示。

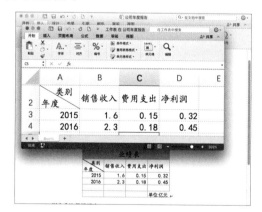

> **提示**
>
> 除了在 Word 文档中插入 Excel 工作簿，还可以在 Word 中新建 Excel 工作簿，也可以对工作簿进行编辑。

17.2 Word 与 PowerPoint 之间的协作

Word 和 PowerPoint 各自具有鲜明的特点，两者结合使用，会使办公的效率大大提高。

用户可以将 Word 文稿中的内容转换为 PPT 演示文稿，其具体操作步骤如下。

第1步 打开随书光盘中的"素材 \ch17\ 绿化植物简介 .docx"文档，单击【视图】选项卡下的【大纲】按钮，如下图所示。

第2步 在大纲视图下，为文本设置大纲级别，这里选中"合欢"文本，单击【大纲级别】文本框右侧的下拉按钮，在弹出的下拉列表中选择【1级】选项，如下图所示。

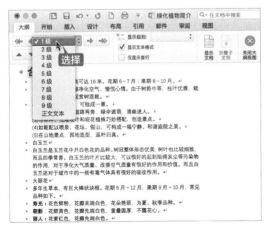

第3步 使用相同的方法为其他文本设置大纲级别，最终效果如下图所示。

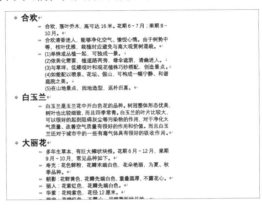

第4步 设置完成后，在 Word 菜单中选择【文件】→【另存为】选项，在弹出的界面中单击【文件格式】文本框右侧的按钮，在弹出的下拉列表中选择【RTF 格式 (.rtf)】选项，将文件另存为 RTF 格式，如下图所示。

第5步 打开随书光盘中的"素材 \ch17\ 产品宣传展示PPT.pptx"文档，在界面左侧幻灯片缩略图的第 2 张与第 3 张幻灯片的中间位置处单击，如下图所示。

第6步 选择【开始】选项卡,单击【新建幻灯片】下拉按钮,在弹出的下拉列表中选择【大纲】选项,如下图所示。

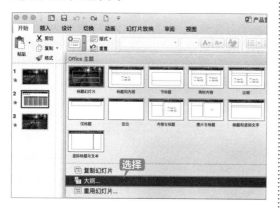

第7步 在弹出的对话框中选择要插入的文件,单击【插入】按钮,如下图所示。

第8步 即可将 Word 文档中的内容转换到 PPT 演示文稿中,效果如下图所示。

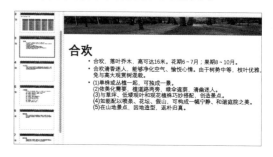

第9步 对 PPT 演示文稿进行适当的设置,这样,一个完整的"产品宣传展示 PPT"就制作完成了,最终效果如下图所示。

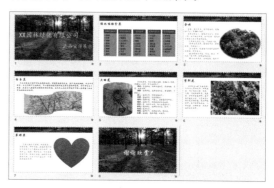

17.3 Excel 与 PowerPoint 之间的协作

在文档的编辑过程中,Excel 和 PowerPoint 之间可以很方便地进行相互调用,制作出更专业高效的文件。

在 PowerPoint 中调用 Excel 文档的具体操作步骤如下。

第1步 打开随书光盘中的"素材 \ch17\ 调用 Excel 工作表 .pptx"文档,选择第2张幻灯片,单击【开始】选项卡下的【新建幻灯片】按钮,在弹出的下拉列表中选择【仅标题】选项,如下图所示。

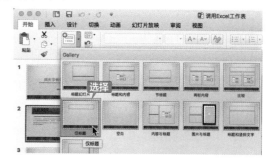

第2步 新建一张标题幻灯片,在"单击此处

添加标题"文本框中输入"各店销售情况"，并根据需要设置样式，效果如下图所示。

第 3 步 单击【插入】选项卡下的【对象】按钮，如下图所示。

第 4 步 弹出【插入对象】对话框，单击【来自文件】按钮，如下图所示。

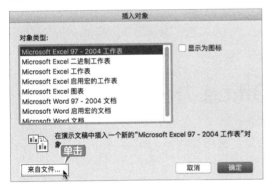

第 5 步 在弹出的界面中选择随书光盘中的"素材 \ch17\ 销售情况表 .xlsx"文档，然后单击【插入】按钮，如下图所示。

第 6 步 返回【插入对象】对话框，即可看到

插入文档的路径，单击【确定】按钮，如下图所示。

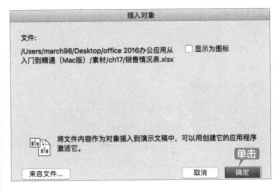

第 7 步 此时就在演示文稿中插入了 Excel 表格，双击表格，即可打开 Excel 工作表界面，如下图所示。

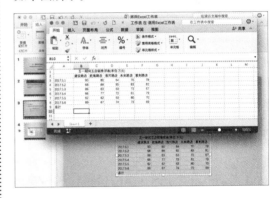

第 8 步 单击 B9 单元格，单击编辑栏中的【插入函数】按钮，弹出【公式生成器】任务窗格，在下方列表框中选择【SUM】函数，单击【插入函数】按钮，如下图所示。

第9步 弹出【SUM】函数任务窗格，在【number1】文本框中输入"B3:B8"，单击【完成】按钮，如下图所示。

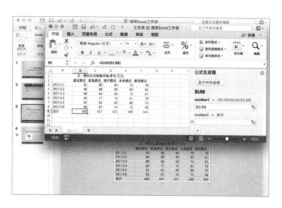

第10步 此时就在 B9 单元格中计算出了总销售额，使用快速填充功能填充 C9:F9 单元格区域，计算出各店总销售额，如下图所示。

第11步 单击【关闭】按钮，关闭 Excel 工作表，退出编辑状态，返回演示文稿中，适当调整图表大小，最终效果如下图所示。

17.4 使用 Outlook 发送 Office 办公文件

Outlook 也可以和其他 Office 组件之间进行协作，使用 Outlook 编写邮件的过程中，可以添加 Office 办公文件，具体操作步骤如下。

第1步 打开 Microsoft Outlook，在【收件箱】视图中单击【开始】选项卡下的【新建电子邮件】按钮，如下图所示。

第2步 弹出邮件编辑窗口，在【收件人】文本框内输入收件人地址，在【主题】文本框内输入"销售情况"文本，输入邮件正文内容，单击【邮件】选项卡下的【附加文件】按钮，如下图所示。

第3步 在弹出的界面中选择要添加的文件，这里选择"销售情况表"文件，单击【选择】按钮，如下图所示。

第4步 返回邮件编辑界面，即可看到添加的附件，单击【邮件】选项卡下的【发送】按钮，即可发送邮件，如下图所示。

◇ 如何设置邮件过滤自动化

打开邮件，收件箱里未读邮件中重要的邮件和一些广告邮件夹杂在一起，这样不仅看起来非常乱，而且也影响重要邮件的处理。在 Mac 系统中可以通过设置邮箱，将这些垃圾邮件自动清理掉。

第1步 打开邮件，在邮件菜单中选择【邮件】→【偏好设置】选项，如下图所示。

第2步 在弹出的【规则】对话框中选择【规则】选项卡，单击右侧的【添加规则】按钮，如下图所示。

第3步 在弹出的界面中可以设置邮件规则，在【描述】文本框中输入名称，在【如果符合下列 [任一] 条件】下的第一个文本框中选择【发件人】选项，第二个文本框中选择【等于】选项，第三个文本框中输入"Microsoft Surface"，在【就执行下列操作】文本框中选择【删除邮件】选项，设置完成后单击【好】按钮，如下图所示。

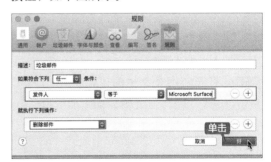

第4步 弹出信息提示框，单击【应用】按钮，如下图所示。

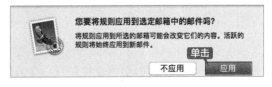

第5步 返回【规则】对话框，即可在左侧看

到添加的规则，单击【关闭】按钮，关闭【规则】对话框，如下图所示。

第6步 返回收件箱界面，即可看到"Microsoft Surface"的邮件已被自动删除，如下图所示。

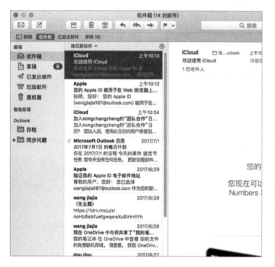

◇ 将 Excel 中的内容转成表格插入 Word 中

可以将 Excel 文件转换成表格插入 Word 中，具体操作步骤如下。

第1步 打开随书光盘中的"素材 \ch17\ 销售情况表 . xlsx"工作簿，如下图所示。

第2步 在 Excel 菜单中选择【文件】→【另存为】选项，如下图所示。

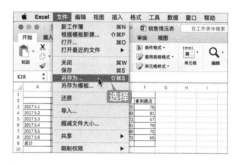

第3步 在弹出的界面中单击【文件格式】文本框右侧的下拉按钮，在弹出的下拉列表中选择【单个文件网页（.mht）】选项，选中下方的【工作簿】单选按钮，单击【存储】按钮，如下图所示。

第4步 选择保存的文件并右击，在弹出的快捷菜单中选择【打开方式】→【Microsoft Word 默认】选项，如下图所示。

第5步 即可将 Excel 中的内容转成表格插入 Word 中，效果如下图所示。

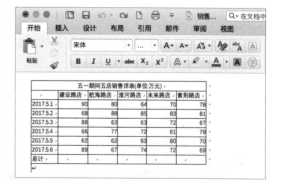